云计算那些事儿
从 IaaS 到 PaaS 进阶

陈晓宇　编著◎

电子工业出版社

Publishing House of Electronics Industry

北京·BEIJING

内 容 简 介

本书系统地介绍了云计算相关知识，分为两大部分。前半部分主要介绍了 IaaS 相关技术，主要包括了云计算基础概念、虚拟化及 OpenStack；后半部分主要介绍了 PaaS 相关技术，主要包括 Docker、Kubernetes、PaaS 平台的构建和落地实践，以及云原生应用。本书既有理论阐述，也有操作实践和源码分析，让读者可以充分了解云计算技术的使用场景和原理。

本书适合已经从事云计算相关岗位的研发和运维人士，或者对云计算技术感兴趣的读者阅读。

图书在版编目（CIP）数据

云计算那些事儿：从 IaaS 到 PaaS 进阶 / 陈晓宇编著 . —北京：电子工业出版社，2020.1

ISBN 978-7-121-37746-4

Ⅰ . ①云… Ⅱ . ①陈… Ⅲ . ①云计算—研究 Ⅳ.①TP393.027

中国版本图书馆 CIP 数据核字（2019）第 240259 号

责任编辑：刘志红

印　　刷：北京虎彩文化传播有限公司

装　　订：北京虎彩文化传播有限公司

出版发行：电子工业出版社

　　　　　北京市海淀区万寿路 173 信箱　邮编　100036

开　　本：787×1 092　1/16　印张：25　字数：640 千字

版　　次：2020 年 1 月第 1 版

印　　次：2022 年 9 月第 6 次印刷

定　　价：138.00 元

凡所购买电子工业出版社图书有缺损问题，请向购买书店调换。若书店售缺，请与本社发行部联系，联系及邮购电话：（010）88254888，88258888。

质量投诉请发邮件至 zlts@phei.com.cn，盗版侵权举报请发邮件至 dbqq@phei.com.cn。

本书咨询联系方式：（010）88254479，lzhmails@phei.com.cn。

推 荐 序

云计算、大数据、人工智能、物联网、5G 等一系列新技术的发展都离不开计算、存储和网络资源的合理配置、调度和管理，这正是云计算技术解决的核心问题。云计算技术的发展历程，是一个逐步将资源虚拟、共享和服务化的过程，这带来两大收益：一方面，它最大限度地提高了资源利用率；另一方面，它更便于应用，应用开发者只需要管理好自己的应用和数据，把底层资源分配、调度及备份、安全等复杂的问题留给了云计算平台。本书概述了云计算技术的发展历史，系统地介绍了不同阶段云计算技术的演变及功能，介绍了最新的云技术及其应用，是运维工程师管理应用系统环境的操作指南，是应用开发者全方位了解云计算技术的百科全书，是系统架构师平台设计的教科书，也是技术管理者技术选型的参考书。

愿这本书成为运维工程师、应用开发者、系统架构师、技术管理者的良师益友。

宜信 CTO　向江旭

推　荐　序

　　我与本书作者陈晓宇在新智云数据服务有限公司（新奥集团 IT 服务公司）共事过一段时间，期间，作者带领团队主持了基于 K8S 容器调度平台 PaaS 和 DevOps 的整体架构设计和核心模块开发。在 2017 年年底，该 PaaS 生产环境平台运行在 100 多台物理服务器上，承载了集团部分关键业务 2 000 多个 Docker 的运行实例。DevOps 与容器 PaaS 的天然集成，极大地提升了研发、测试、上线的整体效率。

　　作者是云计算科班出身，北京航空航天大学云计算专业 2014 年硕士毕业。毕业后一直致力于 IaaS 和 PaaS 平台的开发和推广，经验丰富，为行业用户 IT 容器虚拟化的推广做了不少铺垫性的基础工作。目前作者在宜信担任容器云架构师，快速推进了 K8S 引擎在宜信的落地。在快速迁移传统应用至容器化部署架构方面成果卓越，得到业务方的一致认可。

　　近日喜闻陈晓宇编著了本书，拿到样稿后，我一口气看完了本书的样稿，深深地为作者的知识全面、云平台技术功力深厚而折服。作者多年容器云平台的研发经验积累，使得整本书的逻辑性很强，从传统的 IaaS 到目前流行的以容器云 K8S 为核心的 PaaS，从逐渐老去的 OpenStack 到迸发勃勃生机的 K8S，一直到将会给应用体系架构带来革命性变革的 Service Mesh，作者文笔如同闲庭信步一般自如，娓娓道来，深入浅出，特别适合作为有志于云平台方向工程技术人员的入门读物。通过本书，读者可以快速了解云计算技术的前生后世，了解云计算技术发展的最新动向。

　　本书全面的知识体系，简单易懂的原理阐述，云计算技术发展方向的指引，必能为读者带来新的视角、新的起点，反复仔细研读必能受益良多。

　　这是一本图文并茂的云平台技术科普书籍。

　　这是一本迟到而不过时的云计算好书。

　　这是一本值得反反复复、仔细研读的技术经典。

　　希望此书能带领大家进入云计算的科学神殿，希望大家能喜欢这本好书！

平安城科北京研发中心 CTO　城市资产运营事业群 CTO　　胡鹏飞

推　荐　语

　　行业数字化转型之际，云计算俨然成为 IT 能力交付的一种事实趋势。本书从云计算的基本概念入手，结合云计算技术和云业务模式，较为全面地介绍了云计算的发展现状。同时，在云发展的历史必然下，阐述了"云原生"理念对于 IT 行业及云计算市场的重要性。总而言之，这是一本值得所有 IT 从业人员花时间研读的指导性书籍。

——阿里云技术专家　孙宏亮

　　云计算这些年在各公司快速落地，对大规模服务架构优化、管理有非常大的帮助。本书理论与实践结合，从基础概念到流行的 Service Mesh 都进行了详细阐述，结合晓宇对云技术多年落地实践经验，本书在技术深度及广度上均有兼顾，对相关从业者来说，是一本不错的参考读物。

——快手 SRE 及容器云负责人　刘君

前　言

为什么要写这本书

云计算对于大家并不陌生，每个公司技术部门都或多或少会接触到云。有的是使用 AWS 或者阿里云等公有云，有的是自建私有云，还有的公司使用混合云。

但目前市面上还没有一本书系统地介绍云计算整体的技术架构和技术实现。要么是停留在模糊的概念介绍，要么只是针对某个技术的源码分析，很难让读者系统地了解云计算。因此，笔者结合多年工作经验想和大家一起分享一下云计算的发展历程和技术实现，让更多的人了解云计算。

云计算相关的知识涉及很多方面，并没有速成的秘诀，希望这本书能够帮助大家厘清云计算的核心概念。人生如逆旅，我亦是行者。希望和每一位读者一起交流学习，砥砺前行。

由于篇幅有限，在源代码介绍部分只能介绍核心代码，后续详细代码分析会发布到个人的 blog（https://chenxy.blog.csdn.net/）。关于本书的勘误可以在 GitHub（https://github.com/timchenxiaoyu/ bookerror）看到。

本书概要

第 1 章主要介绍云计算相关基础概念和分类，然后介绍云计算的关键技术和云计算优势，接着以 AWS 为例介绍了云计算中一些常用的服务，包括 EC2、IAM 等。最后比较了云计算与边缘计算、网格计算、并行计算的差别。

第 2 章主要介绍虚拟化和 IaaS 核心概念，首先介绍了虚拟化的定义和优势，然后着重介绍了 IaaS 平台的主要功能，包括资源管理、监控告警、计量计费等。

第 3 章主要介绍计算虚拟化，首先介绍 CPU 和内存虚拟化的实现原理，然后简单介绍各种虚拟化软件，着重以 KVM 为例介绍具体使用方法和优化实践，最后介绍一个云主机初始化神器 cloud-init 的使用和原理。

第 4 章主要介绍存储虚拟化，首先介绍存储虚拟化的定义和存储相关的基础知识，然后介绍存储虚拟化的分类，最后以 Ceph 和 minio 为例介绍常用的开源存储。

第 5 章主要介绍网络虚拟化，首先介绍网络虚拟化的定义，以及网络相关的基础知识。然后介绍虚拟网络设备，例如 veth、ovs 等。最后介绍软件定义网络 SDN 及 OpenFlow 协议解析。

第 6 章主要介绍 OpenStack 常用组件，首先介绍 OpenStack 整体架构，然后详细介绍 OpenStack 常用组件，包括计算组件 Nova、存储组件 Cinder、镜像组件 Glance，以及网络组件 Neutron 等。

第 7 章主要介绍 Docker，前几节主要介绍 Docker 基本概念，包括 Docker 的安装部署、常用命令，以及 Dockerfile 的编写等。后面主要介绍一些 Docker 的高级用法和 Docker 源码分析。最后介绍两款其他容器产品 Pouch 和 Kata Containers。

第 8 章主要介绍 Docker 实现的内核原理，包括各种 namespace 和 cgroup 的使用，以及 UnionFS、chroot 和 pivot_root 的使用。让读者充分了解 Docker 底层相关知识。

第 9 章主要介绍 Kubernetes 基础概念，首先介绍 Kubernetes 对各种资源定义（如 Pod、Deployment 等），然后介绍 Kubernetes 编译、安装部署、运维等常用命令。

第 10 章主要介绍 Kubernetes 高级功能和源码解析。首先详细分析每个组件的工作原理和 Pod 生命周期管理，然后介绍 Kubernetes 规范中的 CRI、CNI、CSI，最后针对部分 Kubernetes 进行源码导读。

第 11 章主要介绍 Kubernetes 的生态圈，着重介绍 Prometheus、Harbor、CoreDNS 等常用组件的原理和使用方式。

第 12 章主要介绍 PaaS 平台的构建和落地原理，首先介绍 PaaS 平台常用概念，然后从功能设计到实现原理，详细介绍 PaaS 平台在宜信的落地实践经验。

第 13 章主要介绍云原生应用，首先介绍云原生组织背景，然后介绍云原生的三个核心概念：微服务、容器化和 DevOps。最后分析了当前最流行 Service Mesh 开源项目 Istio 和 Envoy。

致谢

感谢妻子和父母的一路相伴，感谢宜信公司和熠青对我写书的支持，感谢各位大佬（按拼音排序：胡鹏飞、刘君、孙宏亮、向江旭）在百忙之中抽出时间提供宝贵建议，并写推荐语，感谢刘志红编辑对本书编写过程的全力支持。谢谢大家！

陈晓宇

2019 年 11 月

目 录

第 1 章　云计算概览

Chapter One

1.1　云计算的定义

　　云计算已经兴起多年，并逐步成熟，相信大家对此并不陌生。云计算（Cloud Computing）在维基百科的定义是：一种基于互联网的计算方式，通过这种方式，共享的软硬件资源和信息可以按需求提供给计算机终端和其他设备。其中有几个关键词，第一是互联网，这个词阐述了获取云服务的途径，即通过网络获取服务。云用户不需要关心云主机到底在什么位置，部署在哪个数据中心，哪个机柜，只需要通过网络便可以获取需要的资源。如果没有最近几十年互联网的快速发展，尤其是网络带宽的提速，就没有云计算蓬勃发展的今天。第二是共享，它对用户隐藏了资源的使用方式，每个用户独立使用属于自己的资源，然而不同的用户又可能是在共享同一个资源池，甚至是同一台物理服务器。比如，一个来自中国的用户和一个来自美国的用户，他们的服务独立地运行在同一台物理服务器，彼此隔离，但又共享硬件资源，这便是云计算中的多租户设计方案，即将每台机器上空闲的计算能力提供给更多的用户，从而充分利用资源。第三是按需计费，这种计费方式不但抛弃了传统的固定容量计费模式，而且当前的公有云计费可以精确到分钟级别，用户可以根据实际需要灵活地增加或者减少资源的购买量和使用量。

　　云计算的本质是按需提供 IT 服务，服务的类型有多个方面，包括虚拟机计算服务、网络存储服务、数据库服务和物联网机器学习等，通过网络接入的方式将这些服务提供给终端用户。云计算正在成为 IT 技术的标配，当前任何 IT 相关技术推广和研发过程都会考虑到和云的结合，程序的设计架构更要考虑到云环境的部署运行，尽量符合云原生应用架构。云计算正在成为物联网、大数据、人工智能、机器学习等技术的基石。

1.2　云计算的发展

计算机的发展是从 20 世纪四五十年代起步的，当时一台计算机要占用好几个房间的空间，直到 20 世纪 80 年代后期，集成芯片进入快速发展阶段，16 位、32 位和 64 位的 CPU 逐渐诞生，网络带宽也从 KB 升级到了 GB，除了在高性能计算领域，通常服务器的性能都有空余，在此背景下才有了云计算的产生。

从 2007 年至今，云计算从技术发展上看，经历了多个阶段。首先是单纯的计算虚拟化阶段，这个阶段是 KVM、Xen 等各种虚拟化软件兴起的时代，当时还基本停留在单机操作的时代，后来出现了一些虚拟机的管理系统（如 CloudStack 等），但功能也比较简单，主要提供了控制虚拟机的开启和关闭等功能；第二个阶段是整合存储和网络的全面软件定义时代，虚拟机需要连接网络和挂载存储，网络虚拟化通过软件定义网络（SDN）实现在既定的物理网络拓扑之下自定义网络数据包的传输，从而构建虚拟的网络拓扑，存储虚拟化技术通过软件定义的存储提供块存储、文件存储，以及对象存储服务。这两个阶段都是在 IaaS 层面上，伴随着容器和 Kubernetes 技术的兴起，PaaS 开始逐渐落地，到了云原生时代，此时应用架构转向微服务，从原来复杂的有状态的单体架构逐渐演变成简单的无状态的微服务架构。云原生架构希望所有的服务能够做到无状态、容器化，并且能够结合 Devops 技术迅速迭代，甚至有些公司已经在生产环境尝试 Service Mesh 的架构了。在这个阶段，云计算提供更多的是平台服务，摆脱了资源的束缚，直接面向服务编程、运维和管理。虽然云计算技术在很早就被构想出来，但现实发展并非一帆风顺。PaaS 的概念在很早就被提出，但 Google 等很多厂商的 PaaS 平台都没有取得很好的效果，直到 Docker 技术兴起，才将 PaaS 平台重新翻出，旧瓶装新酒，重新焕发活力。云计算的发展与时俱进，现在，云计算早已经不限于单纯的计算，而是全方位的云服务。

从商业化发展来看，AWS 于 2006 年首次推出弹性云计算服务，紧接着 Google 等公司相继推出公有云产品，此时的云计算还不被大众认知，都是行业巨头在参与。在 2009 年，美国金融危机、经济衰退之际，salesforce 公司公布了 2008 财年年度报告，数据显示公司云服务收入超过了 10 亿美元，整个云市场开始躁动，微软、IBM、VMware 纷纷加入云计算市场，国内的阿里云也是在 2009 年起步，其中，VMware 另辟蹊径主推私有云，此时云计算已经迅速普及，进入疯狂厮杀的阶段。2010 年起，随着 CloudStack、OpenStack 和 KVM 等开源技术的发展，开源的私有云案例越来越多，在 2012 年到 2015 年达到了巅峰，此时可谓百家争鸣。但硝烟散尽后，整个私有云的市场回归理性，很多企业又开始反思是否真正需要构建私有云。公有云则稳步发展，逐步扩大市场份额，其中 AWS 在 2017 年营收达 175 亿美元，成全球第五大商业软件提供商。

1.3　云计算的分类

云计算的分类有多种，按照服务类型（交付方式）分为 IaaS、PaaS 和 SaaS。

1.3.1　IaaS

IaaS（Infrastructure as a Service），基础设施即服务，就是将基础设施当作服务对外输出，那么什么是基础设施呢？计算、存储、网络这些原始资源就是基础设施资源，通过互联网对外提供服务。典型的例子是 Amazon 的 EC2 服务，用户可以通过他们的管理页面或者 API 创建一台 EC2 实例（虚拟机），然后直接通过浏览器或者通过 SSH 客户端登录控制台，而不再需要考虑物理服务器购买、网络的布线、操作系统安装等烦琐的传统 IT 基础运维工作。如果虚拟机还需要挂载存储，只需要在页面单击挂载，设定存储大小，便可以非常方便地实现给主机挂载存储。最后，当用户不再需要这个实例时，可以直接销毁，终止计费，简单且高效。虚拟化是 IaaS 实现的基础，通过计算虚拟化、网络虚拟化和存储虚拟化将物理资源整合成虚拟的资源池，然后将资源以更小的粒度提供给资源申请者，从而完成资源的二次分配。

1.3.2　PaaS

PaaS（Platform as a Service），平台即服务，它直接为用户提供一套平台，包括语言运行环境、编程框架及数据存储中间件等一系列功能。这个平台可以是 Java 开发平台，用户只需要在遵守平台开发规范的前提下，编写自己的业务代码，单击运行，平台就会自动完成代码编译和打包，以及程序所需的数据存储（例如 MySQL），即通过调用 SDK 或者 API 就可以使用平台，使得用户可以更加关注自己的业务代码的编写。很早之前，Google 就推出了 Google App Engine 服务，但最终并没有流行起来，主要是和它过强的代码侵入性相关。最近几年，容器和 Kubernetes 技术的不断成熟，为 PaaS 平台的实现提供了一种新的途径。通过将业务代码打包到容器的镜像内，再通过 Kubernetes 容器调度和运行管理对外提供服务，并且可以自动伸缩、滚动升级等。PaaS 将管理的对象从资源升级到服务，面向接口编程和运维，PaaS 平台的本质就是自动化编译构建及自动化服务运维。

1.3.3　SaaS

SaaS（Software as a Service），软件即服务，它是最高层的抽象，对于最终用户，它不关心任何技术相关内容，以服务的方式交付。我们使用的在线云编辑器就是一种 SaaS 服务，只需要通过浏览器就可以在线编辑 Word 或者 PPT，并且可以云端保存，而且只要在能够连接到互联网的情况下，都可以编辑，用户不需要关心背后的实现细节。SaaS 将会是未来应用交付的最优方式，浏览器在大部分应用场景中会逐渐取代桌面客户端程序，SaaS 将应用的最终形态直接交付使用者，向用户暴露更少的技术细节。很多 SaaS 的 APM（Application Performance Management，应用性能管理）服务可以简单通过在浏览器配置一个全球的网站延迟检查，获取指定网站在全球的访问延迟，而不用自己搭建任何服务。

图 1-1 是应用层次结构，可以看到每一种云服务类型。对于用户的抽象层次，可以明显看到从 IaaS 到 SaaS，用户对底层技术的依赖越来越低，使用的方式越来越便捷，相应对底层技术的要求也越来越高。

最后，通过一个简短的生活例子总结一下，如果需要一份宫保鸡丁的炒菜（部署自己的一套服务），传统的 IT 基础环境下，你需要先去菜市场购买食材、买电、买锅、买燃气，以及菜谱等（购买服务器、网络设备等）。IaaS 提供的服务就方便很多了，它已经提供了基本食材、水和燃气等，可以随意使用，那么还需要去摘菜、洗菜、切菜、开火、开油烟机等一些环境准备的操作（配置运行环境，如安装 JDK 等操作）；PaaS 提供的能力专注于平台服务，它已经为你提供了一套便捷的环境，锅已经在加热，油烟机已经打开，配菜整齐的摆放，只需要关注怎么去烹饪（服务配置和启动）即可，但这不是终极的目标，仍需要烹饪环节；如果你需要一份宫保鸡丁，直接单击一次鼠标就可以获得，这就是 SaaS，直接提供给最终用户最高级的服务形态。

伴随着时代的发展，也出现了一些新的服务类型，例如 FaaS（Function as a Service），AWS 的 Lambda 表达式便是最典型的案例，通过定义一些 CRUD 操作函数，在特定事件下触发这些函数，并执行，例如查询用户函数，在前端查询用户的请求，请求达到之时，便会被触发，至于函数的业务逻辑便可以由开发者自己定义。从这个方面说，它是符合 PaaS 概念的，但它相对于普通的 PaaS 有着独特之处，FaaS 是一种基于事件触发，可以为了某一次请求而启动整个平台，然后在请求结束后释放资源，这种 Serverless 架构是比微服务更加细粒度的服务提供方式。整个 IT 技术也是朝着面向业务、面向服务的架构演进的，开发人员只需要关注自己的业务逻辑，逐渐摆脱对底层硬件和中间件的依赖，提高开发效率，加速开发周期。Serverless 这个单词的意思是无服务，但并非不需要服务器的运行，而是将第三方后端服务和包含自定义服务的代码的容器整合到一起的应用，从而降低使用者的运

营和运维成本，比如 AWS 的 Lambda、Google Cloud Functions，以及开源的 OpenFaaS
（https://github.com/openfaas/faas）等。然而，Serverless 在具有快速扩展、降低维护成本等
优点的同时，也存在自身问题。在使用方（开发者）放弃了维护的权利情况下，当服务出
现问题时，定位问题调试等方面将带来巨大麻烦，这对服务的监控提出了更高的要求。而
且 Serverless 的应用对于超过 3G 内存的功能都必须重新设计，否则，将无法运行，而且在
公有云场景中很难实现将整个安全和数据等一系列东西交托出去。

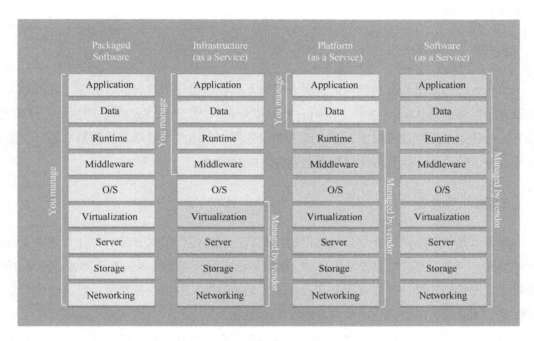

图 1-1　应用层次结构

将容器当作一种服务类型的 CaaS（Container as a Service），通过容器化使开发人员和
运维人员可以在这里共同构建、迁移和运行应用程序。CaaS 的能力与 PaaS 相似，不再单
独阐述，CaaS 只是 PaaS 的一种具体实现形式。还有 BaaS（区块链即服务）、TaaS（TensorFlow
即服务）等，这些都是 SaaS 的应用。

云计算除了按照服务类型分类，还可以按照服务范围分为私有云、公有云和混合云。

1.3.4　私有云

私有云，顾名思义，就是企业内部私有化部署的，为企业内部提供云服务。私有云的
主要目的是充分利用自有物理服务器资源，更加安全便捷地获取云服务，尤其在金融行业，
为了数据的保密和安全，通常会采用私有化部署。私有云的特点是一般规模比较小、单集

群或者同城多集群部署、几千级别的服务器数量、对内部隔离和安全要求比较低，当然一个企业内部不同部门的资源隔离也是必须的。为了适应不同企业的组织规划和流程，通常还会根据企业需求，定制一些特有的功能，这也是当前很多 CMP 运管平台专攻的市场。私有云的定制化让私有云更加贴近客户的需求、接近数据源的部署方式，更加高效、便捷。

2018 年，中国私有云总市场规模约 512.4 亿元，其中，华为占据着绝对的领先优势。部署案例主要集中在政府、制造业、金融等行业。私有云的部署从盲目追从社区热度逐渐演变为生产落地。

1.3.5 公有云

公有云是当前最为大众熟知的云服务提供方式，向全球用户提供云服务，当前最大几个公有云厂商包括 AWS、微软、Google 和阿里云。当然，在亚太地区，阿里云一枝独秀。公有云的特点是集群规模很大，百万级别的服务器，全球多区域部署的数据中心。它们在系统安全、防攻击，以及可靠性等方面会有更高的要求。

1.3.6 混合云

混合云是将上面两种场景结合的产物，既然企业已经有了私有云，为什么还需要公有云服务呢？一方面是对数据安全的保护，不能将所有服务都迁移至公有云部署；另一方面，面对突发流量的情况，可以利用公有云快速伸缩的特性，分担业务流量，最典型的就是中国铁路 12306 通过阿里云分担车票查询服务的请求。

为了管理混合云，企业内部通常会定制一套混合云管理系统，同时对接私有云和公有云的 API，但混合云实施的难点是解决服务之间的调用、网络互连和资源调度等问题。

笔者对于云发展趋势的观点如下：未来的服务将会是"一朵云"，公有云将是未来的主旋律，除了金融银行、政府及大型企业会选择自建私有云或者混合云，大部分企业都将会选择公有云，并逐渐意识到，IT 优势在于自己的业务系统，而非 IT 基础建设，特别是中小型创业公司，从成本角度考虑都会选择使用公有云。而且，公有云市场的竞争激烈程度将日益加剧，最终只剩下几大公有云寡头。

云计算还可以根据行业划分为政务云（面向政府行业）、金融云（面向金融行业）、教育云（面向教育行业）等，根据每个行业的不同行业特征，提供定制的云服务。

1.4 云计算架构

1.4.1 部署架构

我们先从云平台的部署架构角度分析，由于规模等因素的限制，私有云的部署相对公有云要简单很多。中小企业的私有云部署通常采用几百台服务器，通过 vlan 方式实现网络隔离，较为简单、高效。中型企业的私有云部署，需要考虑多机房网络互连和备份，通过专线互连，跨机房网络 VXLAN 是一个很好的解决方案。

在公有云中，资源管理按照层级划分，首先是区域（Region），每个区域都是独立的地理位置，并且完全隔离，可以实现一定程度的容错能力和稳定性，而且 EC2 实例支持跨区域的部署。我们以 AWS 的云部署为例，分为 US-West（美国西部）、US-East（美国东部）、EU-West（欧盟伦敦）、EU-West（欧盟巴黎）等区域。在部署 EC2 实例时，可以选择区域，从而为使用者提供低延迟的服务。例如，使用你的服务的客户群体都是美国人，你可能会在美国区域内部署服务，这样能保证服务的低延迟，区域到每个用户的延迟一般推荐在100ms 以内。那么区域的下一层是可用区（AZ），可用区的设计是为了容灾备份的，每个区域都用独立的电源。通过部署独立可用区内的实例，可以避免单一位置故障的影响。可用区都是独立的，区域内的可用区通过低延迟链接相连，一般建议网络延迟在 10ms 内，AWS 结构如图 1-2 所示。

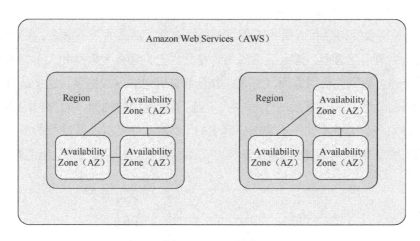

图 1-2 AWS 结构

还是以 AWS 为例，美国的东部区域内有两个 AZ 分别是 US-East-1 美国东部（弗吉尼

亚北部）和 US-East-2 美国东部（俄亥俄州），命名上是在 Region 后面加上数字区分，通过浮动 IP 的切换可以实现服务不间断。假设俄亥俄州地震导致 AZ 不可用，通过切换浮动 IP 到弗吉利亚的 AZ，仍然可以保证服务的可靠性。2018 年 9 月 4 日，微软通过 Azure 状态页面上的一份声明表示："美国中南部的数据中心附近发生了一起恶劣的天气事件，包括雷击等，导致电源电压升高，影响了散热系统。保护数据和硬件完整性的自动化数据中心程序立即生效，关键硬件进入了有序的断电过程"，这次故障导致服务中断了 22 个小时。我们可以看到，对于微软等大规模的云服务商来说，要保持数据中心不间断正常运行依然比较困难，闪电、洪水、飓风、大雪和暴雨等都会影响数据中心的可用性。

每个 AZ 下面有多个数据中心，数据中心的网络延迟就更低了，建议在 1ms 内。每个数据中心可以部署多个资源池，一个 Kubernetes 或者一个 OpenStack 的集群就是一个资源池。每个资源池（集群）又有很多的物理机，物理机上面运行容器或者虚拟机。

1.4.2 架构设计

云的构建需要经历自下而上的过程，如图 1-3 所示。在 IaaS 底层技术的支撑下，SaaS 服务才能更好落地。在 IaaS 部分整合了各种资源（计算、存储、网络），通过云操作系统，将多个数据中心的资源整合成一个大的虚拟资源池（一个超大的计算机），从这个角度上说是"合"，但最终每个用户使用的资源并不是 CPU 或者网卡，而是为每个用户提供多套虚拟机服务、VPC 服务、对象存储服务等，从这个角度来说是"分"。通过 IaaS 资源整"合"再拆"分"，从而提供便于使用的基础服务，就像操作系统把底层硬件的丑陋接口转化为普通开发人员能够接受的 API 接口一样，IaaS 云操作系统也做了类似的工作，将底层的硬件资源抽象成便于使用的云基础服务。

然后，便是平台的构建和数据的整合。PaaS 抽象出了更高的服务形态，在数据存储方面，所有的数据将会集中化管理，摆脱数据孤岛，在此之上，结合大数据和人工智能等技术对数据进行分析处理。在服务使用方面，所有的服务都是以地址方式提供，这个地址可能是一个域名，也可能是多个 IP。在顶层的 SaaS 中，达到了对应用的抽象，通过对应用的整合，提供统一的软件服务。传统上，一个公司一套 ERP、CRM 系统不仅是资源的浪费，而且附带着高昂的购买和维护成本，通过 ERP 等 SaaS 云服务，将服务直接提供给终端用户。

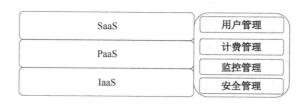

图 1-3　云的构建

除资源管理之外，还需要借助传统的用户权限管理、计量计费、监控和安全等模块的辅助，从而形成一套完善的自助系统。

1.5　云计算中的关键技术

1.5.1　异构资源管理

近些年，x86 在 CPU 架构的广泛应用及 Linux 在操作系统层面上的绝对优势为云，主要为开源云的发展奠定了基础，但还有很多商业化的虚拟化软件及多种开源实现。在企业发展过程中，会采用不同的解决方案，逐步形成异构资源池。

异构资源，就是数据中心里面有多种虚拟化软件存在的场景，当然对于最终使用虚拟机的用户来说，是不需要感知的。当有不同的虚拟化软件存在的时候，IaaS 平台需要去适配各种虚拟化接口。如果有一部分虚拟机是 VMware，还有一部分是 KVM，当需要管理这两种虚拟化软件的时候，需要通过相应的接口去适配。通常，针对 KVM 需要通过 Libvirt 接口，而针对 VMware 是通过 VCenter 的 API 的。将不同的接口通过适配器模式抽象成统一的接口。在资源管理的时候，需要先确定资源所属的虚拟化类型，然后调用不同的虚拟化 API 完成资源管理。例如，针对一次虚拟机的开机操作，需要先通过数据库查询该虚拟机所在资源池、所使用的虚拟化软件，然后调用对应的虚拟化软件 API，如果是 KVM，则去调用 Libvirt 的接口启动 Domain。如果是虚拟机和容器的混合，就需要去适配容器的管理 API。在早期，Nova 在这方面也有所尝试，通过开发一套针对 Docker 的 Nova Docker 驱动程序去管理 Docker 容器。

1.5.2　虚拟化

虚拟化是云的基石，包括计算虚拟化、分布式存储虚拟化、SDN 网络虚拟化等。在云的环境中软件定义一切，通过软件实现了资源隔离、安全访问、数据高可用性和网络的自定义。

虚拟化需要解决资源的竞争与隔离，多个用户的进程运行在同一台服务器上面，一方面需要保障每个进程具有相同的优先级，避免由于单个进程消耗过多资源而影响其他进程的运行，另一方面需要完善隔离机制，避免单个程序的安全漏洞影响其他用户程序。

虚拟化需要提供与传统资源相兼容的接口，很多情况下，终端用户是不需要感知虚拟化存在的。在为用户分配一台服务器的时候，用户不用关心它到底是一台物理机，还是一

台虚拟机。分配一个块存储或者 NFS 的时候，用户也不需要了解数据是如何保存的。

通过软件虚拟化虽然可以实现很多硬件的功能，但性能一直是被业内诟病的。由于软件虚拟存在天生的性能瓶颈（x86 通用服务器和专有硬件之间的区别），虚拟化并不能完全达到硬件性能，并且很多虚拟化方案本身还消耗一定的资源，如 KVM。

1.5.3　资源调度

资源调度就是当用户申请资源的时候，系统需要通过调度确定资源位置（针对虚拟机调度场景决定虚拟机开在哪台物理机器上）。云资源调度属于典型的 NP 问题，需要考虑的因素有很多，如机房、硬件、网络、应用程序、用户等。资源调度的优劣不仅会影响资源利用率的高低，还会影响整个系统的稳定性。可想而知，如果将公有云（百万或者千万服务器级别）的 CPU 利用率提高 1%，带来的经济价值将是非常可观的。

Google 在一篇关于 Omega 的调度系统论文中将调度分为三类：单体、二层调度和共享状态。单体是指所有任务都是通过一个串行调度器分配的，典型的是 Google Borg 和它的开源实现 Kubernetes，它的优点是简单，但缺点也比较明显，很难支持多类型任务的执行，如同时支持批处理和长任务。二层调度是将资源分配和任务调度分离，第一层是从全局的资源池中分配资源给各种类型任务调度器，第二层任务调度器依据任务特点启动任务，典型的代表是 Mesos 和 Yarn，其中，Mesos 的 Framework 或者 Yarn 的 AppMaster 就是任务调度器。二层调度器的缺点是：资源调度器无法感知全局资源，只了解自己的可用资源，并且每个任务调度器只会最大化自己的利益，造成全局资源的使用失衡。为了解决二层调度的缺点，引入了共享状态调度器，它通过在每个任务调度器中保存一份整个集群状态信息的副本，从而实现全局调度，典型的代表是 Omega。但共享状态调度的方式实现起来比较复杂，除了解决数据共享，还需要解决调度冲突等问题。即便是 Omega，在 Google 内部也还没有大面积推广，资源的三种调度方式如图 1-4 所示。

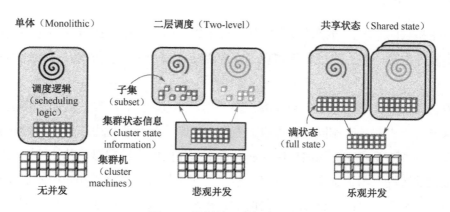

图 1-4　资源的三种调度方式

通常的调度流程分为两层，第一层是主机过滤（Filter），第二层是主机的权值打分（Weight）。整个流程如图 1-5 所示。

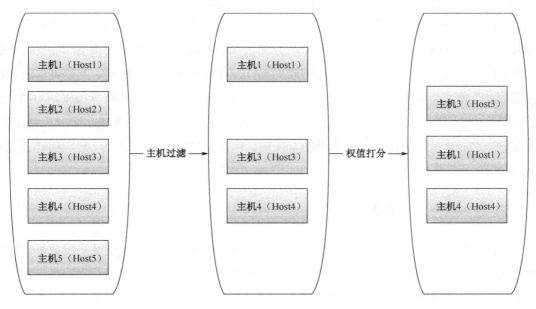

图 1-5　调度流程

通过 Filter 和 Weight 决定这次创建资源（虚拟机或者容器）应该分配到哪一台服务器上。在 Filter 过程中，主要是主机筛选，通常是对容量如剩余 CPU、内存、主机端口、主机 IP 地址、主机名或者主机位置等条件筛选。在 Weight 阶段，主要通过一些调度算法，如：平均资源使用算法、最大主机资源利用率算法、亲和与反亲和算法等给每个 Filter 后的主机进行评分，最后按照分数排序确定最优主机。当服务器达到一定规模后，Filter 和 Weight 过程将会耗费很多时间，优化的方式通常包括：分区调度（将主机划分成多个集群，每次调度只针对集群）、并行调度（将调度算法并行化处理，提高执行效率，并采用乐观锁和重试机制）。

在资源混部的架构下，资源调度更加复杂：虚拟机与容器混部、流或批处理任务与常驻进程混部、多任务优先级 QoS 等。任务优先级调度需要保障高优先级任务拥有更高的资源分配权。通常批处理任务的优先级比较低，而 Web 服务的优先级较高，当资源不足时可以优先回收批处理，保障 Web 服务的稳定运行。

1.5.4　自定义网络

在云环境中，每个用户都有多套 VPC（Virtual Private Cloud）。这是用户自定义的网络

环境，可以配置网络的 IP 地址范围、创建子网，以及配置路由表、网关和 ACL 安全设置等操作。这在传统的网络环境很难实现，因为在传统的网络架构中，网络拓扑在网络设备部署的时候就已经被决定了，并不能被随意改变。后来，诞生了 vlan 等技术能够将网络二层划分，但由于 vlan 个数及配置管理复杂等问题，并不适合在数据中心内提供多租户自定义网络。网络虚拟化，或者说 SDN 技术可以帮助我们解决相关问题。虚拟的网络交换机提供数据帧的二层转发，相比于传统的物理交换机，可以更加灵活地配置，例如可以通过流表随意修改源 mac 和目的 mac、添加和去除 vlan 等；虚拟的路由器共有三层转发功能，结合 iptables 技术提供 NAT 功能，通过 namespace 技术可以为每个用户提供一个虚拟路由器；还有安全组的设置，可以自定义各种安全规则，将虚拟机加入安全组，从而应用特定的安全策略等。

1.5.5 安全与高可用

安全是指数据的访问安全和不丢失，高可用是指数据可以随时被访问。用户将数据和业务迁移到云上是存在一定风险的。特别在公有云环境中，保障数据安全保密及可用非常重要。在面对系统漏洞或者网络 DDoS 攻击时，如何做到将风险降到最低等问题都是云计算面临的关键技术。

数据安全常用的隔离技术包括计算虚拟化隔离（如 KVM），网络虚拟化（如 VXLAN），存储虚拟化（如 LUN），还包括用户权限认证和授权管理等。数据的高可用可以通过多副本实现，甚至是跨数据中心的多副本备份，服务的高可用可以借助高可用的弹性负载均衡或者纠错码分发流量，自动摘除后端故障节点来实现。

1.6 云计算的优势

云计算是一次产业革新，提供了新的资源使用方式，它的优势体现在下述几个方面。第一是资源使用率的提高，这个很容易理解，假设一个用户的程序在满负荷的情况下只占用一台机器 50% 的资源，那么剩余的 50% 的能力便可以对外提供给另一个用户使用，从而节省资源，节能减排。第二是提高系统安全，通过桌面云可以将所有用户数据集中保存在私有的数据中心，避免数据外泄。笔者之前参与某军工的桌面云项目，所有用户都只分配一个键盘和显示器，所有的数据都在数据中心内被统一保存，通过云安全服务能够很好地提供网络防护，防止 DDoS 攻击，国内阿里云的高防 IP 可以提供 10Tbps+ 的防御带宽。第三是可以降低初期的投入，通过购买公有云服务，按需付费，省去了前期的容量规划、购

买硬件和运维硬件的成本。第四是保证了服务的可靠性，在公有云环境中通过多区域、多机房部署，避免了服务单点部署故障，并且可以在服务负载压力高的情况下，完成资源的自动伸缩，保障服务稳定。第五是可以缩短业务上线的周期，一方面通过"所得即所需"的资源提供方式，用户可以即刻获取所需要的资源，如需要数据库服务，只需要通过页面单击购买后，便可以通过分配的地址直接连接数据库服务，省去中间繁杂的服务部署等问题，另一方面，通过容器化结合 DevOps 业务流程，可以加快开发、测试，以及发布上线整个业务流程的进度，提高产品迭代速度，推动技术创新和业务发展。

1.7　云计算面临的风险和挑战

任何软件构建的系统都不能说是 100% 安全可靠的，云计算同样会面临很多问题，需要进一步改进和优化。主要风险是漏洞扩散，云的使用方式是将服务整合到一起，从而充分利用资源，然而鸡蛋放到一个篮子的做法，很容易引起安全漏洞的扩散，如果一个云的恶意用户通过虚拟化存在的漏洞，从而获得主机的操作权限，进一步获取整个数据中心的操作权限，那么造成的影响将远远超过传统的黑客攻击。所以在云系统的构建过程中，安全是首要考虑的问题，通过主机隔离、网络隔离、故障分区，以及安全监测、数据备份等多种手段，降低攻击造成的影响。面临的挑战主要包括：①定制需求，无论是公有云，还是私有云，面对的客户群体的需求差异性很大，需要很多定制任务，而且很多定制并不能作为通用特性附加到产品，这些定制耗费很多人力物力；②云服务受网络的影响很大，一方面是云的接入通过互联网，这种接入方式很难保证用户的体验，毕竟需要经过运营商的中间网络，另一方面是云数据中心之间的互连，如果是同城通过专线，传输的连续性基本可以得到保证，但如果是异地，即便是通过专线也很难保障传输的连续性；③政策影响，如果将数据放到云上面，很多企业可能比较担忧数据的安全，即便企业能够放开，很多政府的条例也不允许，例如 AWS 进入中国，阿里云进入美国，都会面临很多政策风险。

1.8　AWS

读者可能比较诧异为什么我总喜欢以 AWS 举例，这是因为目前它是公有云里面体量和技术层面的领头羊。实际上，它的某些技术和方法已经成为当前云的一种规范，可以说是 AWS 开创了公有云，我们谈论到的 S3、VPC、RDS 等词汇都是 AWS 创造的。截至 2018年第一季度，云厂商的规模排名如下：AWS 独占 33%，微软占 13%，Google 占 6%。AWS

超过了微软、IBM 和 Google 的总和，当然微软和 Google 也在加速追赶。2018 年第二季度 AWS 占 34%，微软占 14%，IBM 占 8%，谷歌占 6%，还有中国的阿里云占 4%。在短时间内，AWS 的地位将很难撼动。下面我将给大家介绍 AWS 相关的一些服务。

1.8.1　IAM

IAM（Identity and Access Management）是 AWS（Amazon Web Services）的权限管理服务，负责 AWS 的认证和授权。可以通过 IAM 创建和管理 AWS 的用户和用户组，并设置各种权限来允许或拒绝用户对 AWS 资源的访问，从而保证资源的隔离和安全。

1.8.2　EC2

EC2（Amazon Elastic Compute Cloud）在 AWS（Amazon Web Services）云中提供可扩展的计算服务。通俗来说，即提供虚拟机服务。本书中虚拟机和实例通常是一个概念，不加以区分。通过虚拟机的镜像可以创建出不同类型（CPU、内存、数据盘、IP）的虚拟机实例，实例的类型主要包括通用性（平衡的计算、内存和网络资源，可用于多种工作负载）、计算优化（高性能处理，如媒体转码、高性能计算 HPC、机器学习等）、内存优化（处理内存中大型数据集的工作负载，实现快速性能，例如 Redis 缓存、Spark 内存迭代计算等）、存储优化（高性能顺序读、写访问的工作负载，提供每秒上万次低延迟性随机 I/O 操作，例如 Hadoop、日志系统等）等类型，分别能够适应不同的业务场景需要。本质上，他们的区别是在 CPU、内存、磁盘和网络上面特定的配置，例如存储优化可能使用的是 SSD 数据盘，而其他类型可能只是普通的 SAS 盘。

虚拟机安全服务安全组（Security Group）起着虚拟防火墙的作用，可以控制一个或多个实例的流量。在启动 EC2 实例时，将一个或多个安全组与该实例关联，并且为每个安全组添加规则，规定上行（流出）和下行（流入）的流量规则。当修改完安全组的规则后，新规则会在经过一小段时间之后自动应用于与该安全组关联的所有实例中。EC2 实例的每次数据包的发送和接收，会匹配与该实例关联的所有安全组中的所有规则。如果熟悉 iptables 规则设置的话，对此应该容易理解，安全组定义了协议，如 TCP、UDP 或 ICMP 等。端口针对 TCP 或者 UDP 开放一个或者一段端口范围。源和目标网段，采用 CIDR 的形式表示一个地址范围。

除此之外，虚拟机还可以挂数据盘及其他关联服务。

1.8.3　AMI

AMI（Amazon Machine Images）是 Amazon 系统镜像服务，提供启动虚拟机所需的启动模块。Amazon 系统镜像（AMI）是一种包含软件配置（例如，操作系统、应用程序服务器和应用程序）的模板，可以从单个 AMI 启动多个虚拟机，是虚拟机的镜像管理服务。反过来，也可以将运行的虚拟机实例或者虚拟机快照导出成虚拟机镜像上传到 AMI 中。这样就可以基于这个新的虚拟机镜像创建其他虚拟机。还可以将 AMI 与其他人共享，但安全方面需要谨慎。

AMI 启动虚拟机有两种方式，如图 1-6 所示。一种是本地系统盘启动，这种方式是将 AMI 保存在 S3 中，每次启动虚拟机的时候都会从 S3 中下载镜像到本地，然后基于这个本地镜像启动虚拟机。如果基于相同镜像的虚拟机，则可以复用本地 AMI。

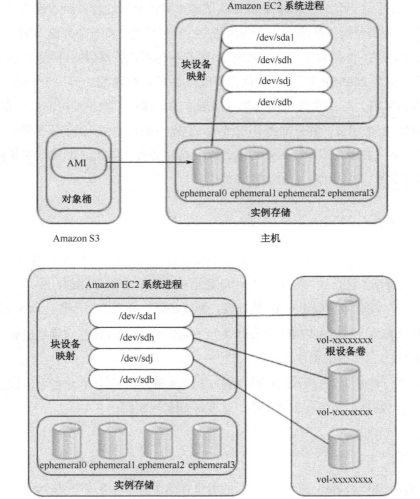

图 1-6　AMI 启动虚拟机的两种方式

另一种方式是 AWS 更加推荐的做法，即通过 EBS 启动虚拟机，即远端系统盘。使用 EBS 作为根文件系统。这种方式启动虚拟机更快，而且能够保证更快的数据访问和更加可靠的数据存储。

1.8.4　EBS

EBS（Amazon Elastic Block Store）为 EC2 实例提供块存储服务，它是高可用的块存储，并且可以加载到同一个 AZ 的任何一个实例中，即使虚拟机销毁，这些 EBS 的数据仍然会被保持，特别适高 I/O 类型的需求，例如文件系统或数据库存储。EBS 也有很多规格，通用型 SSD（10 000 IOPS 和 160MB/s 的吞吐量），预配置 IOPS SSD（最高可支持 32 000 IOPS 和 500 MB/s 吞吐量。因此，通过将 EC2 实例挂载到该类型的卷从而达到数万 IOPS）。吞吐优化 HDD，该类型提供低成本的磁性存储，吞吐量优先，而非 IOPS，高达 500MiB/s，非常适合大型顺序工作负载（如日志系统），还有一种更加低廉以吞吐量优先的存储 Cold HDD，其吞吐量为 250MiB/s。每个实例都可以挂载多个 EBS 卷，但一个 EBS 卷只能挂载到一个 EC2 的实例上面，这些 EBS 卷都是多副本的，保证了数据的可靠性。在安全方面，EBS 支持 AES-256 加密，并且加密是在 EC2 实例上面完成的，保证了传输的安全。EBS 还支持弹性扩容（在服务不间断的条件下，修改卷的类型、容量和 IOPS）和快照（通过增量的快照保存到 S3 中，用户备份恢复）功能。

1.8.5　VPC

Amazon VPC（Amazon Virtual Private Cloud）是在 AWS 上创建隔离的私有虚拟网络。可以在 VPC 中启动实例。一个 VPC 与传统数据中心的一个网络相似，提供了动态变更和扩展的能力。在 VPC 中可以设定 IP 地址段，创建子网，并配置路由表、网关和安全设置。绑定浮动 IP 能够为 VPC 的实例提供公网服务，甚至可以将 VPC 连接到自己企业的数据中心，并利用 AWS 云扩展数据中心。

弹性 IP 地址是专为动态云计算设计的静态 IPv4 地址，弹性 IP 地址可以快速地将地址重新映射到用户账户中的另一个实例中，从而屏蔽实例故障。

1.8.6　S3

S3（Simple Storage Service）是 AWS 的对象存储服务，保证 99.999 999 999% 的存储可靠性。S3 使用 HTTP 的方式提供服务，计价方式通过存储用量和 HTTP 请求次数综合定价。S3 存储分为两级：bucket（对象桶）和 object（对象）。对象桶是一组对象的集合，在创建

对象之前必须先创建对象桶，每个对象可以是一个视频或者一个文本文档。S3 还定义了一套存储的 API（https://docs.aws.amazon.com/AmazonS3/latest/API/s3-api.pdf），目前这套 API 已经被当作对象存储的接口规范。为了保障资源的安全访问，API 接口的调用需要先通过 IAM 创建 Access Key 和 Secret Access Key。

除了我上面介绍的一些常用服务，AWS 还提供了：①RDS 关系数据库服务，主要是 MySQL、Oracle、PostgreSQL、Sql Server、Mariadb 等关系型数据库服务，并且 AWS 开发了一款具有容错和自我修复能力的分布式关系数据库 Aurora，官方宣传能够达到 5 倍 MySQL 和 3 倍 PostgreSQL 的性能；②对于键值数据的存储，AWS 提供了 DynamoDB，DynamoDB 读写性能非常高，可以达到每秒 2 000 万个请求；③Serverless 的理念呼之欲出，AWS 早在 2014 年就提供了 Lambda 服务，它是一种纯粹的无服务器编程方式，通过事件触发预先定义的代码，按照触发的次数计费，当资源不足时能够自动完成动态伸缩；④机器学习和人工智能是近几年最流行的概念，云计算的普及为人工智能的落地提供了计算支持，AWS 的 SageMaker 为开发人员和数据科学家提供快速构建、训练和部署机器学习模型的能力，涵盖了整个机器学习工作流程：标记和准备数据、选择算法、训练算法、调整和优化、预测等，从而降低机器学习成本，简化机器学习流程，提高学习速度；⑤物联网这几年快速发展，为此 AWS 还提供了一套 IoT 组件，包括部署在边缘节点的 FreeRTOS 微控制操作系统、Greengrass 本地计算和数据发送组件，以及部署在云中的 Core、Analytics、Device Management 等设备管理和数据分析组件，AWS 可以提供一整套物联网解决方案。

AWS 一直保持云计算的领先地位，不仅得益于其敏锐的市场洞察能力，更得利于其有效的面向服务价格。AWS 中每个服务都是以接口的方式（主要是 HTTP）暴露服务，服务之间通过接口交互数据，这就是现在大家所说的微服务的概念，不得不说，AWS 在很早就实践了这个理念，从而为服务的快速上线和迭代奠定了架构基础。

1.9 相关概念

其实云计算不是突然冒出来的一个概念，它之前已经有了很多相似的构想及相关理念，就像 LXC 在 Docker 之前很多年就已经提出了。

1.9.1 并行计算

并行计算是将一个大的复杂任务拆分成多个小而简单的任务，分发到不同机器上面并行执行。这些机器的 CPU 通常是紧耦合于中心共享内存或者松耦合于分布式内存，而处理器之间的通信基本也都是通过内存或者消息传递完成的，这些有并行能力的计算机被称为并行计算机，上面运行的程序被称为并行程序。常见的并行计算结构包括共享存储的对称多处理器 SMP、松耦合的工作站集群 COW，以及分布式存储的大规模并行机 MPP。并行计算需要算法支持，需要解决任务调度，以及任务间的通信等问题。它们的网络环境通常都采用 InfiniBand，并且采用 GPU 加速运算，例如 MPP 通常采用定制计算节点、插件和模块，成本非常高。图 1-7 是一个并行计算任务运行示意图。

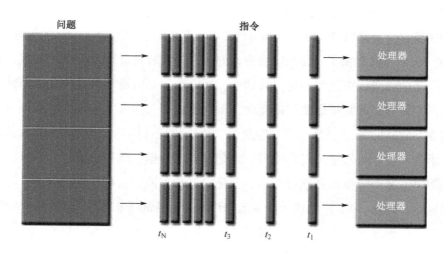

图 1-7　并行计算任务运行示意图

并行计算一般用于科学计算如：石油探测、仿真模拟等，因此属于高性能计算的范畴。并行计算往往是单数据中心级别的，如国内的天河，或者太湖之光等在一个数据中心聚集几万台机器，而云计算的数据中心往往是互通的，亚马逊在全球有多个数据中心，并且一个数据中心有多个 zone，保持物理隔离，防止因机房断电等造成服务不可用。下图展示 2018年前 500 的计算机排名。当前的并行计算体系结构逐渐从定制的 MPP 转入通用 x86 硬件的集群模式，并且大部分都是 Linux 操作系统。

排名	名称	国家和地区	场所	安装年份	供应商	处理器核心数	Rmax/Tflops	Roeak/Tflops	功率/千瓦
1	顶点	美国	橡树岭国家实验室	2018	国际商业机器公司	2 282 544	122 300.0	187 659.3	8 806
2	神威·太湖之光	中国	国家超级计算无锡中心	2016	国家并行计算机工程技术研究中心	10 649 600	93 014.6	125 435.9	15 371

续表

排名	名称	国家和地区	场所	安装年份	供应商	处理器核心数	Rmax/Tflops	Roeak/Tflops	功率/千瓦
3	Sierra	美国	劳伦斯利佛摩国家实验室	2018	国际商业机器公司	1 572 480	71 610.0	119 193	-
4	天河-2	中国	国家超级计算广州中心	2013	中国人民解放军国防科学技术大学	4 981 760	61 444.5	100 678.7	18 482
5	晓光	日本	海洋研究开发机构	2017	ExaScaler、PEZY、Computing	391 680	19 880.0	32 576.6	1 649
6	代恩特峰	瑞士	瑞士国家超级计算中心	2013	克雷公司	361 760	19 590.0	25 326.3	2 272
7	泰坦	美国	橡树岭国家实验室	2012	克雷公司	560 640	17 590.0	27 112.5	8 209
8	红杉	美国	劳伦斯利福摩尔国家实验室	2011	国际商业机器公司	1 572 864	17 173.2	20 132.7	7 890
9	Trinity	美国	洛斯阿拉莫斯国家实验室	2015	克雷公司	979 968	14 137.3	43 902.6	3 843
10	Cori	美国	国家能源研究科学计算中心	2016	国际商业机器公司	622 336	14 014.7	27 880.7	3 939

1.9.2　网格计算

大家可能对网格计算比较陌生，这个概念比较老。它是将不同类型的资源进行整合，提供一个大的计算机。专业的解释是：通过利用大量异构计算机（通常为台式机）的未用资源（CPU 周期和磁盘存储），将其作为嵌入在分布式电信基础设施中一个虚拟的计算机集群，为解决大规模的计算问题提供一个模型。所以网格计算更强调的是网络连接各种资源，并提供一个虚拟集群，而云计算并不关心任何计算模型。一个云平台可以供多个用户使用，而且一个用户可以有多个独立的系统。从资源角度来说，网格计算在做异构资源的"合"，而云计算在做"分"。网格计算支持虚拟组织提供应用级别的服务，而云计算主要提供的是基础资源。网格计算遵循 OGSA(Open Grid Services Architecture)，定义了服务管理、安全、数据的接口规范，云计算并没有统一的标准和规范。网格服务的应用主要集中在科研机构，主要用于处理批任务，而云计算则使用范围更广，任何个人都可以购买云服务。图 1-8 所示为网格计算的典型应用场景，通过将分布在全球不同的异构设备组成一个虚拟的计算机集群。

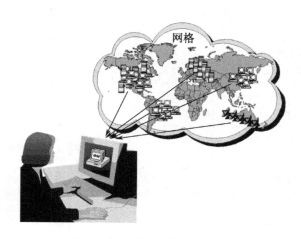

图 1-8　网络计算的典型应用场景

1.9.3　边缘计算

边缘计算是最近这几年比较流行的一种技术，主要在 IoT 领域应用比较广泛，其架构图如图 1-9 所示。根据 IDC 的统计数据，到 2020 年，将有超过 500 亿的终端与设备联网，我国数据存储量达到约 39ZB，其中，约 30%的数据来自物联网设备的接入。据统计，波音 787 每秒产生的数据超过 5GB，无人驾驶汽车每秒产生约 1GB 数据。如此大量的数据如果直接传输到云数据中心存储计算，姑且不考虑现有带宽传输的问题，数据的处理统计更加复杂、低效。早在 2002 年，Akamai 和 IBM 最早提出了边缘计算解决方案，后来思科还提出了"雾计算"，本质上就是分层次、分区域地进行数据处理。近几年，国内、外的云厂商也纷纷加入，例如 AWS 的 Greengrass，以及阿里的 Link Edge 等。

维基百科对边缘计算定义如下：在靠近物或数据源头的一侧，采用网络、计算、存储、应用核心能力为一体的开放平台，就近提供近端服务。其应用程序在边缘侧发起，产生更快的网络服务响应，满足行业在实时业务、应用智能、安全与隐私保护等方面的基本需求。通俗来说，就是在靠近数据源的地方，首先对数据进行一些处理运算，然后再汇报到总的数据中心，这样不仅降低了网络带宽的消耗，提高了传输安全，缩小了延迟，而且降低了数据中心的存储压力。

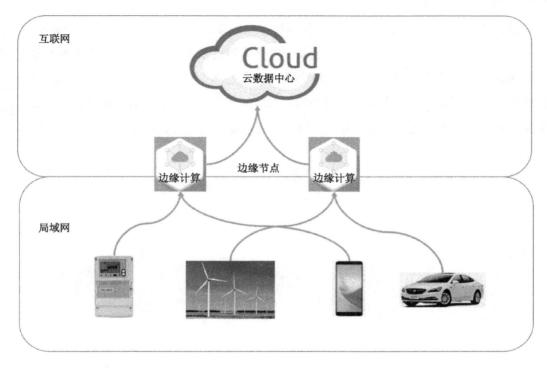

图 1-9　边缘计算架构图

不得不说边缘计算的发展离不开后述这些因素的推动，第一是 5G 和 SDN 等网络技术的发展，带宽不断提速，不仅是传输速率和吞吐量的提升，更重要的是从量变到质变，影响了整个软件世界的架构，使计算和数据可以更好地分离，任务调度和任务执行可以分离，建立在互联网之上的分布式系统能够得以实现。第二是专用芯片的产生，未来将会是一个专用芯片的时代，相比通用芯片的"全方位、多功能"，专用芯片在特殊领域表现出了低功耗、低成本、高效率的特点，无论是机器学习，还是边缘计算，小而精的专用芯片更受欢迎。实践证明，通过 FPGA（Field-Programmable Gate Array），即现场可编程门阵列架构，在移动端相比 CPU 有更高吞吐量和计算效能。第三是边缘操作系统的诞生，如机器人操作 ROS。边缘操作系统增强了对数据的处理能力，需要兼容更多的边缘设备，支持更多的驱动，并且在系统运行上面要求更加稳定和高效。

边缘计算和云计算最大差别有两点，第一是位置，边缘计算分布在数据采集点附近，而云计算主要集中在云数据中心；第二是处理能力，边缘计算通常处理的数据量比较少，并且逻辑较为简单，而云计算通常和大数据结合，处理的数据量非常大。在 IoT 架构中，通常云计算处理的大数据来自各个边缘节点。云计算+边缘计算的方案逐渐流行起来。

计算机的世界"分久必合，合久必分"，20 世纪五六十年代，计算机刚刚产生，所有的计算都是集中式的。到了 20 世纪 80 年代，个人计算机开始普及，从中心化分散到个人

计算机；进入 20 世纪 90 年代，随着互联网的普及，服务器架构又把计算统一到数据中心。进入 2000 年初，手机等移动端开始普及，整个计算机世界又被拆分成一个个客户端。到 2007 年左右，云计算开始流行，计算和数据又开始汇聚，而今物联网的发展又将走向分散。这些演变一方面是技术的推动，但更多的是需求的变化，正是由于需要低延迟地完成大量数据的运算，才需要把计算能力分散到每个靠近数据源的地方，由此，产生了边缘计算。

第 2 章 虚拟化与 IaaS

Chapter Two

2.1 虚拟化定义

虚拟化是云之基石，是云实现的底层技术支撑。虚拟化是在程序直接调用硬件接口的环境下，中间插入一层虚拟化层，将物理资源通过虚拟化软件模拟硬件接口，欺骗上层的操作系统或者应用，达到共享物理硬件的目的。无论是操作系统，还是其他应用程序，都需要依赖外部接口。这种基于接口的设计为虚拟化提供了理论基础。通常，操作系统并不感知使用的接口到底是来自真实的物理硬件，还是虚拟化软件，只要其符合接口规范即可，例如，任何实现了 USB2.0 规范的设备都可以被操作系统的驱动识别，无论它是物理 U 盘，还是通过磁盘模拟的虚拟设备。

虚拟化的应用并不仅仅是在云计算领域，从软件运行层次上看，每个地方都能看到虚拟化的影子，如图 2-1 所示。在硬件方面，当前的主流 CPU 都支持硬件辅助虚拟化，通常大部分客户机的指令都可以直接在宿主机的 CPU 上面运行，只有特权指令才需要 CPU 和虚拟化软件做特殊处理。假设读者熟悉 Docker，对操作系统层次的虚拟化就不需要做过多解释，namespace、cgroup、pivot_root 等技术可以在一个操作系统之上模拟出多个运行环境。喜欢 hack 的读者对函数库的虚拟化应该深有感触。在 Linux 系统上面运行的 QQ 是多么糟糕，那么怎样在 Linux 上面运行 Windows 版 QQ 呢？通过 Wine 可以将 Linux 的函数库包装成 Windows 函数库，从而在 Linux 上面运行 Windows 的应用程序。应用程序虚拟化最典型的就是 JVM，通过 JVM 可以做到 Java 代码的一次编译，处处运行。一方面 JVM 去适配各种操作系统的 API，另一方面提供 JVM 的规范，任何符合 JVM 规范的程序都可以在 JVM 里面运行，如 Java、SCALA 等，无论是 CPU 指令的虚拟化，还是应用程序的虚拟化，都是遵循一种契约和接口规范。

图2-1　从软件运行层次上看虚拟化应用

虚拟化从资源角度出发，主要分为计算虚拟化、存储虚拟化，以及网络虚拟化，这些技术是 IaaS 的核心，虚拟化定义如图 2-2 所示。

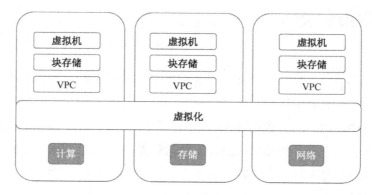

图2-2　虚拟化定义

计算虚拟化主要是针对 CPU 和内存的，提供虚拟机的交付方式。在物理服务器上面虚拟出多台虚拟服务器，每个服务器拥有独立的 CPU、内存空间和系统盘。这些宿主机可以由不同的硬件厂商提供，并且，虚拟机可以运行在不同的操作系统。

存储虚拟化主要是将硬件存储通过虚拟化提供统一的存储接入，并且这些存储能够挂载到任意虚拟机，完成计算和存储的分离。通过存储虚拟化可以在普通服务器上构建高性能、高可靠的存储。

网络虚拟化摆脱了传统物理网络拓扑的限制，允许用户动态地自定义网络的拓扑结构，通过虚拟交换机、虚拟负载均衡器、虚拟防火墙等虚拟的网络设备构建出高度灵活的网络架构。

这些虚拟化方案将在后面的章节里面详细介绍。

2.2　虚拟化优势

1. 节省资源

通过计算虚拟化，将数据中心计算资源细化，化大为小，从而可以更加精细地进行资源的划分和管理，节省资源。使用更少的物理机服务器，一台常规的 x86 服务器上可以运行多达 30 个虚拟机。对于网络资源，如交换机、防火墙、负载均衡等，同样可以通过虚拟化软件模拟硬件设备，从而节省昂贵的网络设备采购成本。存储也是一样的，通过分布式的存储，替换部分专有的存储设备，从而达到节省成本、节能减排的目的。

2. 环境隔离

在传统的部署模式下，一台物理机上面可能部署多个服务，服务之间共享资源，互相影响。如果某个应用耗尽整台物理机资源，将导致物理机上所有应用崩溃。通过虚拟化，为每个应用生成一套独立的运行环境，从而达到运行环境隔离的目的，保障服务运行的稳定和安全。

3. 快速配置

对于传统的服务器，即便通过 PXE 安装也是需要很长时间的，而且还需要安装各种服务依赖环境，配置相当复杂。虚拟化技术可以将运行环境打包成一个虚拟机镜像，甚至是一个 Docker 镜像，从而达到秒级启动，并且将运行封装打包到一个独立环境后，后续可以针对整个环境做备份和快照。虚拟机快照能够将整个虚拟机当前状态（内存、硬盘等信息）保存到快照文件中，后续可以一键恢复到任意快照状态。网络虚拟化具有秒级创建出一套隔离的多租户网络的能力，可以解决传统网络设备配置复杂的问题。

4. 服务高可用

通过存储多副本技术、虚拟机迁移、网络 SDN 等技术，可以实现更高的可靠性服务。存储多副本可以实现存储数据的同城或者异地数据备份，防止数据丢失。虚拟机的在线或者离线迁移，可以把虚拟机从故障服务器上面迅速迁出，并且在新的服务器上重新恢复。

通过虚拟化技术，屏蔽了物理设备的差异，将不同的硬件设备资源池化，最终形成标准化、多样化资源形态。标准化体现在通过虚拟化技术对外提供统一服务，将不同厂商的

硬件设备组合在一起，对外提供统一标准接入。例如，整合不同厂商存储对外提供统一的 iSCSI 存储访问。多样化体现在服务种类更加丰富，可以在 Linux 的宿主机上面运行 Windows 操作系统的虚拟机，也可以在 Windows 的宿主机上面运行 Linux 操作系统的虚拟机。

2.3 IaaS

IaaS（基础设施即服务），它将物理服务器资源池化，并结合计算虚拟化、网络虚拟化，以及存储虚拟化技术，向最终用户交付计算、网络和存储服务。比如，我们可以在 AWS 或者阿里云上面购买虚拟机、VPC，以及块存储等服务，用户没有必要购买与运维任何物理设备。虚拟化是 IaaS 的基础，通过虚拟化将资源拆分，并重新组合，为每个用户提供一套甚至多套基础设施环境。IaaS 整体架构如图 2-3 所示，最底层是物理硬件层面，在硬件层面上通过虚拟化技术虚拟出多种资源。在 IaaS 中，虚拟化起到了关键作用，IaaS 的核心是管理这些虚拟化资源。最上层提供云服务的用户接入，包括多租户、计费、资源申请和管理、监控告警等。

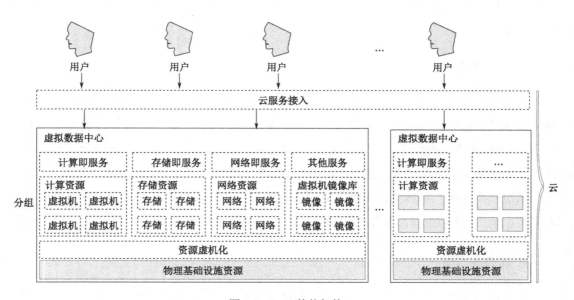

图 2-3　IaaS 整体架构

2.3.1　资源管理

IaaS 包含了很多资源类型，主要包括虚拟机、存储、网络、CDN 等多个方面，下面将介绍几个 IaaS 中常用的资源。

2.3.1.1　虚拟机管理

虚拟机是一种通过虚拟化技术（硬件或者软件），模拟出一套具有完整硬件系统功能，可以运行在隔离环境中的计算机系统。

针对虚拟机的管理有两方面，即虚拟机的生命周期管理和虚拟机的镜像（虚拟机的rootfs）管理。虚拟机生命周期管理主要负责虚拟机创建、启动、关闭、修改配置、迁移、销毁等操作；而镜像管理主要负责存储和下载虚拟机的镜像文件。每种虚拟化的实现都有自己的虚拟机镜像格式和启动方式。例如，KVM 通常是 raw 或者 qcow2 格式，而 VMware通常是 ova 格式，需要有一个统一的虚拟机镜像仓库。当启动虚拟机的时候，下载对应的虚拟机镜像，并在合适的 Hypervisor 上面启动。

2.3.1.2　物理机管理

物理机管理又被称为裸金属管理，是直接管理物理服务器的。这种直接使用物理机的方式似乎和使用虚拟化云服务器的方式背道而驰。但在某些领域里，还是有很多裸金属管理需求的。第一，要求强隔离的金融企业或者政府部门，需要服务必须单独部署；第二，裸金属可以提供自动安装操作系统等服务，可以异构管理 x86、ARM、Power 等多种架构的服务器；第三，混合云场景中，用户可以在公有云提供的裸金属服务器上面安装 VMware虚拟化软件。

2.3.1.3　存储管理

存储管理负责维护存储的生命周期，从创建、使用到最终销毁。可以对外提供多种访问方式，包括对象存储、文件存储，以及块存储。虚拟机只是提供计算能力的，数据需要借助外部存储持久化。通常，虚拟机都会外挂一个或者多个数据盘用于保存数据。对于块存储操作来说，常用操作包括存储创建、加载、卸载，以及删除等操作。对于文件存储来说，需要创建一个目录，并对该目录授权挂载。对象存储则需要申请 access key 和 secret key、创建 Bucket、上传文件等。

存储管理底层对接的存储实现可能是商业存储（如 EMC），也可能是开源分布式存储（如 Ceph）。存储管理系统需要兼容各种存储接口，通常采用插件化的方式适配多种存储。

2.3.1.4　网络管理

网络管理需要提供 VPC、VPN、防火墙、路由、DNS、DHCP，以及负载均衡等服务的管理。通过创建 VPC 网络可以在网络上面将资源隔离，VPN 可以实现跨数据中心及混

合云网络接入等，防火墙限制网络的上行和下行规则，路由器可以实现多个 VPC 子网互通，还可以用于网关 NAT 等，DNS 和 DHCP 分别提供虚拟机的网络地址解析和地址分配，负载均衡允许多个部署相同服务的虚拟机加入同一个服务组，通过负载均衡分配流量，提供四层或者七层的流量分发，从而保证系统的并发性和可靠性。

2.3.2 监控和告警

无论是虚拟机、存储，还是网络都需要一套完善的监控系统，负责采集性能数据。对于虚拟机，需要采集内存、CPU、网络 I/O、磁盘 I/O 等性能指标。对于存储，需要监控存储的用量和存储的读取速度（如 IOPS）等。对于网络，需要监控网络延迟、网络抖动等。性能数据的采集通常有两种方式，一种是侵入式的，例如在每个虚拟机上安装 zabbix agent，直接将 agent 集成到虚拟机镜像里面，从而完成指标采集。还有一种方式是通过 API 获取。例如 Xen 或者 VMware 都提供了 RESTful API 获取虚拟机的指标数据，可以通过接口获得，这两种采集方式获取的指标会有差异，主要是视角不同，一个是来自操作系统内部的，一个是聚焦操作系统外部的虚拟化层的，各有道理。在建立完善的监控基础之上，需要提供告警和预警的功能，根据多指标维度设置告警策略和通知组，并在考虑出发策略的时候提供短信或者邮件通知。

2.3.3 用户权限

对于 IaaS 系统，首先需要提供的是租户管理系统，这里包括了用户管理、团队管理、权限管理、项目管理等。无论是私有云，还是公有云，多租户的场景都是必要的，需要为每个租户提供一套资源视图和资源隔离的环境，并且，可以针对用户在某一个项目里面授权不同角色，从而限制其操作权限。计费、告警等功能也都需要和用户关联。

2.3.4 安全管理

安全涉及很多方面，首先是数据访问安全，确保数据只能被授权的用户访问，控制用户对数据的读写权限，还有数据的传输安全，确保在数据传输过程中，如果流量被劫持，数据不被解密；其次是网络安全和网络隔离。对内，多租户之间需要做到网络二层隔离，防止网络蠕虫；对外，需要防御网络攻击（如 DDoS）。还有虚拟化安全，防止虚拟机逃逸及越权执行敏感指令等。针对操作系统和应用层面，还需要提供云杀毒，协助用户提升等级。

2.3.5　计量与计费

计量是为了获取资源的使用量，然后根据计量数据计费。云计算初衷之一就是按需计费，按用量计费。特别是在公有云场景下，计量和计费更加重要。图 2-4 为在阿里云购买虚拟机的计价清单，是根据用户申请时指定的虚拟机 CPU 核数和内存大小，以及网络带宽动态调整的。即便是私有云，也会有计费的场景，特别是子公司或者多部门财务独立核算的场景。

规格族	实例规格	vCPU	内存	处理器型号	处理器主频	内网带宽	内网收发包	支持IPv6	规格参考价
通用型 g5	ecs.g5.large	2 vCPU	8 GiB	Intel Xeon(Skylake) Platinum 8163	2.5 GHz	1 Gbps	30 万 PPS	是	242.25 元/月
通用型 g5	ecs.g5.xlarge	4 vCPU	16 GiB	Intel Xeon(Skylake) Platinum 8163	2.5 GHz	1.5 Gbps	50 万 PPS	是	484.5 元/月
通用型 g5	ecs.g5.2xlarge	8 vCPU	32 GiB	Intel Xeon(Skylake) Platinum 8163	2.5 GHz	2.5 Gbps	80 万 PPS	是	969.0 元/月
通用型 g5	ecs.g5.3xlarge	12 vCPU	48 GiB	Intel Xeon(Skylake) Platinum 8163	2.5 GHz	4 Gbps	90 万 PPS	是	1463.5 元/月
通用型 g5	ecs.g5.4xlarge	16 vCPU	64 GiB	Intel Xeon(Skylake) Platinum 8163	2.5 GHz	5 Gbps	100 万 PPS	是	1938.0 元/月
通用型 g5	ecs.g5.6xlarge	24 vCPU	96 GiB	Intel Xeon(Skylake) Platinum 8163	2.5 GHz	7.5 Gbps	150 万 PPS	是	2907.0 元/月
通用型 g5	ecs.g5.8xlarge	32 vCPU	128 GiB	Intel Xeon(Skylake) Platinum 8163	2.5 GHz	10 Gbps	200 万 PPS	是	3876.0 元/月
通用型 g5	ecs.g5.16xlarge	64 vCPU	256 GiB	Intel Xeon(Skylake) Platinum 8163	2.5 GHz	20 Gbps	400 万 PPS	是	7752.0 元/月

图 2-4　在阿里云购买虚拟机的计价清单

计量和监控的概念很相似，都是记录资源的用量，但相比监控来说，并不要求实时性，通常是按照小时为刻度，但对数据的可靠性要求更高，数据必须保证安全不丢失。随着时间的推移，计量信息会定期生成文本，或者以记录数据库的方式，保留历史用量信息。

计费则是建立在计量基础之上的，结合定价策略、成本考量等因素指定单价。如果是计算资源，通常是以 CPU 和内存为主要参考指标。如果高 IO，主要是以磁盘读写，或者网络带宽为主要参考指标。计费模式主要有包年包月、按量付费、竞价计费，还有阶梯计价等。

第 3 章 计算虚拟化

Chapter Three

计算虚拟化就是在虚拟系统和底层硬件之间抽象出 CPU 和内存等，以供虚拟机使用，在一台物理服务器上面虚拟出多个独立的计算单元（虚拟机），如图 3-1 所示。这是云计算最基础的能力，为每个用户提供单独的计算服务。计算虚拟化技术需要模拟出一套操作系统的运行的硬件环境，在这个环境上可以安装 Windows，也可以安装 Linux，这些操作系统被称作 Guest OS。它们相互独立、互不影响（因为当主机资源不足时，会出现竞争等问题，进而导致运行缓慢等问题）。计算虚拟化可以将主机单个物理核虚拟出多个 vCPU，这些 vCPU 本质上就是运行的进程，考虑到系统调度，所以并不是虚拟的核数越多越好。内存的虚拟化就是把物理机的内存进行逻辑划分，分出多个段，供不同的虚拟机使用，每个虚拟机看到的都是自己独立的一个内存。除了这些，还需要模拟网络设备、BIOS 等。

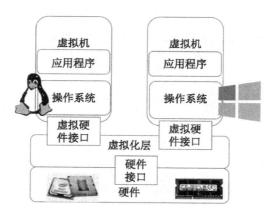

图 3-1　计算虚拟化示意图

计算虚拟化交付即虚拟机。虚拟机就是一台通过软件和硬件模拟的一台服务器。可以限制它的 CPU 和内存的使用，也可以将它们导出成镜像，通过镜像可以批量部署更多相同操作系统的虚拟机。

3.1　CPU 虚拟化

我们都知道，Intel 的 CPU 设计有 4 个指令级别，分别是 Ring0、Ring1、Ring2、Ring3，级别依次降低。级别越高，可执行特权命令自然越多。通常的操作系统（如 Linux）使用两个级别：Ring0 和 Ring3。Ring0 用于内核态，Ring3 用于用户态，可以通过系统调用，从 Ring3 进入 Ring0。例如，当用户态的程序执行 I/O 操作，这是内核才能操作的特权指令，程序会从用户态进入内核态。当读取完数据后，又会从内核态切回用户态运行。

在虚拟化环境中，需要为每个虚拟机操作系统提供单独的、隔离的 CPU 环境，通常有三种方案，分别是全虚拟化、半虚拟化和硬件辅助虚拟化。

全虚拟化就是全部由软件模拟的，通过二进制代码直接翻译，当执行敏感指令的时候，Hypervisor 直接截获，模拟指令的执行，生成相应的结果，并返回。客户机操作系统不需要任何修改，它感知不到自己处于一个被模拟的环境中。这种纯软件模拟的方式，其效率并不高。如 VMware Workstation、Oracle VirtualBox 和 QUME 等，我们可以通过标准的 ISO 镜像安装操作系统，不需要定制操作系统。

半虚拟化和全虚拟化最大的区别在于要修改操作系统，让客户机操作系统知道自己运行在虚拟化环境，部分指令可以直接穿透操作系统，效率更高。最著名的半虚拟化就是 Xen。

通过软件模拟的虚拟化需要将 Hypervisor 运行在 CPU 的 Ring0，将客户机的操作系统（内核）运行在 Ring1，客户机的程序还是运行在 Ring3 上。当客户机的程序执行系统调用或获取来自硬件中断的时候，首先会被 Hypervisor 截获，并发送到虚拟机操作系统执行。如果是虚拟机操作系统执行特权指令，将会通过 Hypervisor 提供的模拟器，模拟指令执行并返回。CPU 虚拟化流程如图 3-2 所示。

通过软件模拟的虚拟化的优点是可以基于现有的硬件节省成本的，但软件模拟的方式存在很多问题，尤其是效率问题，所有指令都需要转化，使系统响应变慢。所以，当前数据中心最常用的是硬件辅助虚拟化，顾名思义，它是需要硬件支持的，Intel 的 VTX 核、AMD 的 AMD-V 都支持。它有两种模式，分别是根模式和非根模式。相应的 Hypervisor 运行在根模式下，而客户机操作系统运行在非根模式下。应用程序执行系统调用的时候，将进入非根模式 Ring0，当虚拟机执行特权指令的时候会进入根模式，如图 3-3 所示。

当前常见的硬件辅助虚拟化主要包括 VMware 的 ESXi、KVM，以及微软的 Hyper-V。其中，ESXi 和 Hyper-V 都是商业软件，热门的开源软件当属 KVM。

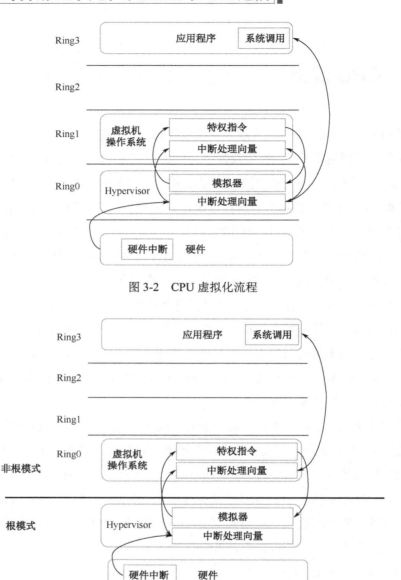

图 3-2　CPU 虚拟化流程

图 3-3　根模式和非根模式示意图

3.2　内存虚拟化

物理的内存是有限的。操作系统在使用内存的时候本身就是一种虚拟化的使用方式，通过页表机制，每个进程都享有自己独立的内存空间，例如 32 位操作系统中，每个程序都被虚拟出一个可以使用 4GB 的内存空间，但实际的物理内存可能不足 4GB。操作系统通过

页表将虚拟内存和物理内存建立映射关系。每当程序访问内存页（虚拟）的时候，如果物理内存还没分配，将会发生缺页异常，此时内核才真正为该程序分配内存。当物理内存不足时，驻留内存的某些页会通过 LRU 等算法交换到 Swap 分区中。

如果是在虚拟化场景中，这种映射就更加复杂了。虚拟机的内存最终需要映射到物理内存上面，经过多次转化，首先将虚拟机内的虚拟机地址通过虚拟机页表转化为虚拟机"自认为的"物理地址，然后再通过 Hypervisor 将虚拟机的物理地址转化为物理机的虚拟地址，然后再通过虚拟机的页表转化为物理地址，效率较低。可以借助影子页表的方式，记录虚拟地址和物理地址对应关系，从而直接将虚拟地址映射到物理地址，加速寻址过程，如图 3-4 所示。

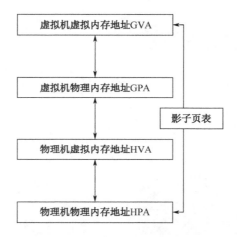

图 3-4　虚拟化场景映射示意图

但通过软件方式实现的影子页表本身是驻留在内存中，需要消耗很多内存。既然 CPU 有硬件加速，那么内存虚拟化是否也有对应的方案呢？Intel 的 EPT 和 AMD 的 NPT 都提供了硬件辅助方案。下面简单介绍一下 EPT 技术，它是一种两层页表，首先，虚拟机通过 CR3 找到虚拟机页表，GVA 转化为 GPA，然后再通过 EPT 页表，将 GPA 转化为 HPA。EPT 页表是由 Hypervisor 管理维护的，两次页表转化都是硬件支持的，速度非常快，如图 3-5 所示。

上面解释了内存映射的问题，那么内存又是怎么分配的呢？这里拿一个 VMware 经典的内存气球（Memory Balloon）技术为例来说明，如图 3-6 所示。

假设一台物理服务器有 8GB 的物理内存，上面创建两个 8GB 的内存的 VM，第一台虚拟机 VM1 虽然申请了 8GB 内存，但只使用了 2GB，而第二台虚拟机 VM2 此时处于关机状态，虽然也是申请了 8GB 内存，但使用了 0B，可见此时内存是 overcommit 的。

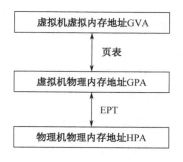

图 3-5　EPT 技术示意图

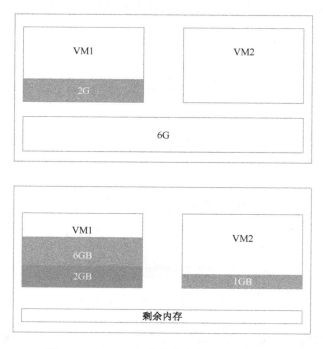

图 3-6　VMware 经典的内存气球技术示意图

　　如果一台 VM 伴随着程序的运行不断申请内存，已经申请占用了 6GB 内存，在宿主机看来，它的确是消耗了 6GB 内存。如果此时发生了 GC，释放了 34GB 内存。在虚拟机的操作系统看来，此时只占用了 2GB 内存，但这释放的 4GB 内存并没有交还到宿主机。在宿主机看来，它还是占用了 6GB 内存。

　　但宿主机（Hypervisor）并不是放任内存一直被空闲占用，它会每隔一段时间（如 60s）去扫描一下 VM1 的内存，以便了解它真实的内存状态。此时，另一台虚拟机 VM2 也不断地向宿主机申请内存空间，此时宿主机还剩余 1GB 空间，所以刚开始申请内存没有遇到问题，但当 VM2 申请内存+已分配给 VM1 的 6GB 内存>内存警戒值（一般是 94%×总共物理内存）的时候，会触发内存气球机制。结合 Hypervisor 内存扫描掌握的客户机内存的使

用情况，通过"空闲内存税"算法，在 VM1 内确定启动"气球"，Balloon 驱动会不断地向客户机操作系统申请内存，并将申请的内存分配给 VM2 虚拟机使用，示意图如图 3-7 所示。

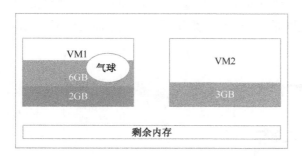

图 3-7　内存气球机制示意图

　　通过底层的虚拟化技术将底层计算资源抽象之后，就可以在数据中心层面形成一个统一的计算资源池，这就是云计算设计的初衷。资源池化，按需计费。当完成池化以后，用户申请使用计算资源的时候，就可以从池中取出一部分资源供用户使用，当用户退订资源后，这部分资源又回到池中，供其他用户使用。

　　我把容器也纳入计算虚拟化，容器相比于虚拟机有很多优势，如：轻量级（无须打包整个操作系统，镜像通常在几百兆字节之内，相比于虚拟机动辄几 GB 的镜像要小很多）、跨平台（容器一直宣传的就是一次打包，多次部署，build->ship->run）、细粒度（容器可以将 CPU 等资源进行更细粒度的划分，如 0.1 个 CPU）。当然，容器也有很多问题，如：隔离比较差、不够安全等，这些将在后面单独介绍。容器技术并非是一个新东西，LXC 很早就有了，容器依赖的 cgroup 资源限制、namespace 资源隔离等，这些都是 Linux 已经有的技术，Docker 最大的贡献应该是定义了一套镜像规范。容器技术目前以 Docker 最为出名，当然还有 Rkt、Kata 等容器。为了不使容器技术过于封闭，Linux 基金会联合各大厂商制定了 OCI 规范。

3.3　常用计算虚拟化软件

3.3.1　VMware

　　VMware 是私有云最大的赢家。VMware 成立于 1998 年，2004 年被存储巨头 EMC 收购，2007 年 8 月于纽交所挂牌上市，股价首日飙升 79%，涨幅超过当年 Google 的首日表现，当天市值达到 190 亿美元。2016 年，戴尔斥巨资（670 亿美元）收购 EMC，并通过这

次收购获得了其子公司 VMware 82%的股权，VMware 的毛利率长期保持在 85%左右，可见它在私有云的霸主地位。

VMware 的产品非常丰富,服务器虚拟化方面的产品主要是它的 VMware vSphere 系统。其中，计算虚拟化主要是它的 ESXi 操作系统，vCenter 提供了 ESXi 服务器集中化管理，如图 3-8 所示。

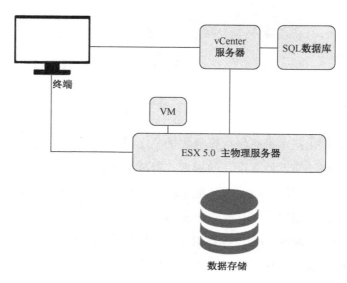

图 3-8　VMware vSphere 系统示意图

运维人员通常通过 vSphere Client 和 vSphere Web 两种方式进行管理,其中,vSphere Web 提供的功能更加强大。它提供了 Web API 和 SDK。vSphere 还有一些高级功能，如：虚拟机的热迁移功能 VMotion。通过 VMotion 可以实现不停机迁移虚拟机。它需要借助共享存储保存整个系统，然后结合内存迁移技术将虚拟机从一台物理机迁移到另外一台物理机。图 3-9 是虚拟机迁移示意图。

图 3-9　虚拟机迁移示意图

DRS 和 HA 也是 vSphere 常用的高级功能，DRS 可以设置虚拟机的分配策略，让部分虚拟机调度某些机器，或者不调度某些机器，可以设置虚拟机之间的亲和策略和反亲和策略等。HA 则是保障机器的高可用。当出现物理机宕机等故障时，能够将流量切换到备用机器上，防止服务中断。

VMware 提供了一套整体的私有云解决方案，即软件定义的数据中心（SDDS）平台，它将计算、存储和网络虚拟化整合到一个原生的集成体系中。除了上面介绍的 vSphere，VMware SDS（软件定义存储）提供了 SAN、NAS，或者是基于 x86 业界标准硬件的直连存储。在 SDN（软件定义网络）方面，VMware 在 2012 年收购 Nicia 后推出了 NSX，虚拟机网络通过 NSX 控制的虚拟交换机完成数据包的转发。NSX 还提供了虚拟负载均衡器、虚拟防火墙、虚拟路由器等一系列软件定义的网络设备。

由于 VMware 在私有云方面的绝对领导地位，被用户广泛接受。在很多混合云场景中，用户希望在公有云环境中还能继续使用 Vmware。为此，很多公有云公司（如阿里和 AWS）都和 Vmware 有深度合作，可以在公有云的物理硬件之上运行 VMware 套件，从而用户可以无缝迁移到公有云，也可以和原有 VMware 私有云组建混合云解决方案。

3.3.2　Xen

Xen 是最早开源的虚拟化软件，由剑桥大学开发，Xen 后来被思杰收购，开发出 Xen Server，并在 2013 年宣布免费。

Xen 包含三个组件，分别是 Hypervisor、Domain0 和 Domain U，其中 Hypervisor 负责虚拟化硬件资源，Domain U 是客户机操作系统，而 Domain0 则是负责管理 Domain U 的。

Xen 支持半虚拟化和全虚拟化。在半虚拟化中，客户机操作系统需要感知自己是运行在虚拟化环境中，所以需要定制客户机操作系统，穿透 Hypervisor 层。而在全虚拟化中，客户机操作系统完全不感知自己处于虚拟化环境中。所以 Xen 半虚拟化相对于全虚拟化在性能方面要好很多，但由于需要定制操作系统，增加了推广的难度。

很多公有云厂商如 AWS 和阿里云起初都是使用 Xen 虚拟化方案，但随着硬件性能的提升，以及硬件自身对虚拟化的支持（如 VT-X、EPT、VT-D 等），Xen 的半虚拟化的方案优势并不明显，并且爆发多次严重的系统漏洞后，因此，都逐渐从 Xen 切换到日益成熟的 KVM 上，给 Xen 的未来前景蒙上了阴影。Xen 架构图如图 3-10 所示。

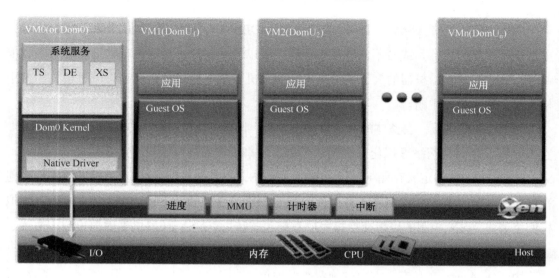

图 3-10　Xen 架构图

3.3.3　Hyper-V

Hyper-V 是微软的虚拟化产品，它采用微内核架构，从而提高了系统安全性。Hyper-V 从一开始设计就是基于硬件辅助虚拟化的，所以要求 CPU 必须支持 AMD-V，或者 Intel VT。

国内用户接触的比较少，国内只有部分银行使用，它的最大优势是原生基于 Windows server 的虚拟化，对 Windows 操作系统支持得也好。对于使用 Windows 操作系统的用户来说，是非常便利的。在国外，微软公有云 Azure 的占有率逐年上升，仅次于 AWS。

3.3.4　KVM

KVM(Kernel-based Virtual Machine)直译为基于内核的虚拟机。它是由以色列 Qumranet 公司开发的，并在 2017 年加入 Linux 2.6 内核。这里有个小插曲，从 KVM 的研发不到一年的时间就被加入内核，除了 KVM 代码本身是由 Avi Kivity（不仅是 KVM 之父，还主导了云计算设计的操作系统 OSv 的设计和开发）操刀开发的，还有一个重要的原因是当时 XEN 虚拟化设计直接绕过内核，这让 Linux 的维护者恐慌不已。在 2008 年，Redhat 就收购了 Qumranet，并在 RHEL 6 中用 KVM 替换 Xen，成为默认的虚拟化引擎。

KVM 整体架构主要分为两部分，一个是内核 KVM 部分，另一个是用户空间的 QEMU。其中，QEMU 实际上就是一个模拟器，它可以模拟各种物理硬件，包括 CPU、网卡、显卡等。网上也有通过 QEMU 在 Android 手机上运行 Windows 操作系统，但它是一种纯软件方式的实现，性能很低，需要借助 KVM 内核模块提速。KVM 整体结构如图 3-11 所示。

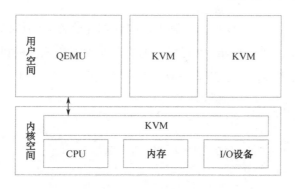

图 3-11　KVM 整体结构

3.4　Libvirt

底层虚拟化的接口通常比较难用，并且各种虚拟化接口调用方式和参数也各不相同，那么有没有一种统一的适配层工具去解决这些底层复杂接口的调用，提供便于开发和集成的接口呢？Libvirt 便应运而生了，Libvirt 是一套用于管理硬件虚拟化的开源 API、守护进程与管理工具。它可以用于管理 KVM、Xen、VMware ESXi、QEMU 等虚拟化，并对外暴露 Libvirt API，Libvirt 示意图如图 3-12 所示。

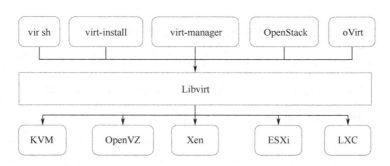

图 3-12　Libvirt 示意图

Libvirt 管理的核心是 Libvirtd 守护进程，Libvirtd 主要包括虚拟机、存储、网络、监控等模块。其中，Domain 负责虚拟机管理，Storage 负责存储卷管理，Network 是网络管理，Inferface 是网络接口管理，Secret 是秘钥管理，Snapshot 是快照管理。

为了方便调用，Libvirt API 通常被包装成多种编程语言的 SDK，常用的包括 Libvirt-python、Libvirt-go 及 Libvirt-Java 等。其中，OpenStack 就是使用了 Libvirt-python

库操作底层虚拟化。Libvirt 不仅可以控制本地的虚拟化软件，还可以控制远程的虚拟化软件，从而可以达到通过一个 Libvirt 控制很多主机上面虚拟化软件的目的。下面展示了一个 Python Libvirt SDK 的样例，通过接口获取当前主机上面所有虚拟机的状态。

```
import Libvirt


conn = Libvirt.open('qemu:///system')
for id in conn.listDomainsID():
    dom = conn.lookupByID(id)


print "Dom %s  State %s  % ( dom.name(), dom.info()[0] )"
```

首先，通过 open 方法建立和 QUME 的连接；然后，通过 listDomainsID 接口获取所有虚拟机的 ID 列表。lookupByID 负责查看通过 ID 查询虚拟机的详情。

3.5 KVM 相关介绍

下面介绍一下 KVM 的安装和使用。

3.5.1 KVM 安装

1. 首先，检查机器是否支持硬件辅助虚拟化，代码如下。

```
cat /proc/CPUinfo | egrep 'vmx|svm'
```

如果输出结果包含 Intel 的 vmx 或 AMD 的 svm 字段，则说明支持。

2. 关闭 SELinux，代码如下。

```
vi /etc/sysconfig/seLinux
set  SELinux=disabled
```

3. 安装 KVM，代码如下。

```
yum -y install qemu-kvm libvirt virt-install bridge-utils
```

重启机器。

4. 检查 KVM 模块是否加载完毕。

```
lsmod | grep kvm
```

3.5.2　KVM 虚拟机启动

通过 KVM 启动虚拟机有三种方式，第一种是通过命令行。

3.5.2.1　virt-install 命令行

virt-install 是虚拟机启动的命令行工具，通过 virt-install 启动一个虚拟机。具体命令如下。

```
# virt-install \
--virt-type=kvm \
--name=centos7 \
--vcpus=2 \
--memory=4096 \
--location=CentOS-7-x86_64-Minimal-1804.iso \
--disk path=/kvm/vfs/vm1.qcow2,size=40,format=qcow2 \
--network bridge=br0 \
--graphics none \
--extra-args='console=ttyS0' \
--force
```

name 指定虚拟机的名称；vcpus 和 memory 分别设置虚拟机使用的 CPU 和内存；location 指定本地启动镜像，也可以是一个远程的 URL 地址；disk 指定系统镜像路径，镜像大小和格式分别通过 size 和 format 指定；graphics 指定图形展示方式，可以选择 none（不设置）、VNC 或者 spice 桌面。上面的例子中，我们关闭了图形界面，通过 console 直接配置操作系统。当命令启动后，在控制台将会出现如下配置界面。

```
Installation

1) [x] Language settings          2) [!] Time settings
       (English (United States))         (Timezone is not set.)
3) [!] Installation source        4) [!] Software selection
       (Processing...)                   (Processing...)
5) [!] Installation Destination   6) [x] Kdump
       (No disks selected)               (Kdump is enabled)
7) [ ] Network configuration      8) [!] Root password
       (Not connected)                   (Password is not set.)
9) [!] User creation
       (No user will be created)
```

```
Please make your choice from above ['q' to quit | 'b' to begin installation |
  'r' to refresh]:
```

上文中的1）表示设置语言和键盘；2）为设置时区；3）为设置安装源；4）为选择软件包安装，5）为设置系统盘；6）为是否开启 Kdump 的设置；7）为配置网络；8）为设置 root 密码；9）为添加用户。

上文中的[!] 是必须要配置的选项。例如，选择 2）配置时区（Time settings），显示如下界面。

```
Available regions
 1)  Europe          6)  Pacific        10)  Arctic
 2)  Asia            7)  Australia      11)  US
 3)  America         8)  Atlantic       12)  Etc
 4)  Africa          9)  Indian
 5)  Antarctica
Please select the timezone.
```

假如选择 2）Asia，会出现如下选项。

```
 1)  Aden           29)  Hong_Kong      56)  Pontianak
 2)  Almaty         30)  Hovd           57)  Pyongyang
 3)  Amman          31)  Irkutsk        58)  Qatar
 4)  Anadyr         32)  Jakarta        59)  Qyzylorda
 5)  Aqtau          33)  Jayapura       60)  Riyadh
 6)  Aqtobe         34)  Jerusalem      61)  Sakhalin
 7)  Ashgabat       35)  Kabul          62)  Samarkand
 8)  Atyrau         36)  Kamchatka      63)  Seoul
 9)  Baghdad        37)  Karachi        64)  Shanghai
10)  Bahrain        38)  Kathmandu      65)  Singapore
11)  Baku           39)  Khandyga       66)  Srednekolymsk
12)  Bangkok        40)  Kolkata        67)  Taipei
13)  Barnaul        41)  Krasnoyarsk    68)  Tashkent
14)  Beirut         42)  Kuala_Lumpur   69)  Tbilisi
15)  Bishkek        43)  Kuching        70)  Tehran
16)  Brunei         44)  Kuwait         71)  Thimphu
17)  Chita          45)  Macau          72)  Tokyo
18)  Choibalsan     46)  Magadan        73)  Tomsk
19)  Colombo        47)  Makassar       74)  Ulaanbaatar
20)  Damascus       48)  Manila         75)  Urumqi
```

| 21) | Dhaka | 49) | Muscat | 76) | Ust-Nera |
| 22) | Dili | 50) | Nicosia | 77) | Vientiane |

选择 64）Shanghai，时区就设置好了。回到主菜单。选择 5）设置系统盘（Installotion Destination），出现如下代码。

```
Probing storage...
Installation Destination
[x] 1) : 20 GiB (vda)
1 disk selected; 20 GiB capacity; 992.5 KiB free ...
```

选择 1）继续操作。

```
[ ] 1) Replace Existing Linux system(s)
[x] 2) Use All Space
[ ] 3) Use Free Space
```

选择 2）使用所有空间（Use All Space），会有以下选项。

```
Partition Scheme Options
[ ] 1) Standard Partition
[ ] 2) Btrfs
[x] 3) LVM
[ ] 4) LVM Thin Provisioning
```

选择 3）LVM，使用 LVM 卷管理。返回主菜单，输入 8）设置 root 密码（root Password）。

```
Password:
Password (confirm):
```

输入两次相同的密码。回到主菜单，就可以看到设置完毕后的效果，如下所示。

```
1) [x] Language settings          2) [x] Time settings
       (English (United States))         (Asia/Shanghai timezone)
3) [x] Installation source        4) [x] Software selection
       (Local media)                     (Minimal Install)
5) [x] Installation Destination   6) [x] Kdump
       (Automatic partitioning           (Kdump is enabled)
       selected)                  8) [x] Root password
7) [ ] Network configuration             (Password is set.)
       (Not connected)
9) [ ] User creation
       (No user will be created)
```

　　如果有软件的定制需求，可以进入 4）选择软件包安装（Software selection），选择最小化安装、服务版本安装、桌面版本安装等。如果需要设置网络，可以进入 7）配置网络（Network configuration），设置主机名、网卡 IP 和网关等信息。

　　最后输入 b，开始安装。安装完成后，可以通过 list 命令查询创建的虚拟机代码，如下所示。

```
# virsh list
 Id   Name                          State
------------------------------------------------------
 5    centos7                       running
```

　　还可以通过 console 命令进入虚拟机，代码如下。

```
# virsh console centos7
```

输入用户名和密码。

```
# hostname
localhost.localdomain
```

　　此时，已经可以在虚拟机内操作了。那么是不是每次启动一个虚拟机都需要安装一遍操作系统呢？当然不是，我们可以将上面的虚拟机导出一个镜像文件，然后便可以通过这个镜像文件启动很多虚拟机实例。CentOS 官网也为我们提供了很多成熟的虚拟机镜像（下载地址：https://cloud.centos.org/centos/7/images），下载后便可以直接通过下面命令启动一个虚拟机，而无须再次安装操作系统。

　　下述命令的核心是通过 import 参数指定虚拟机启动方式为导入，通过 disk 指定启动镜像。

```
# virt-install \
--name=gg1 \
--memory=500 \
--import \
--disk=/root/CentOS-7-x86_64-GenericCloud-1503.qcow2.1,size=25 \
--network bridge=br0
```

　　用户通常不知道公网下载的镜像登录密码，有两种方式可以解决。方法一是直接进入修复模式，重置 root 密码；另一种方法是通过 guestfish 修改。下面简单介绍一下流程。

```
# guestfish --rw -a ./Centos-test.qcow2
><fs> run
><fs> list-filesystems
```

```
/dev/sda1: xfs
><fs> mount /dev/sda1 /
><fs> vi /etc/shadow
root:$1$0dJNwec9$7w3RSfw4rF2/xIqF95Chq0:16525:0:99999:7:::
```

上面的密码是在另一个终端，通过 openssl 生成一个"changeme"的密码，如下所示。

```
# openssl passwd -1 changeme
$1$0dJNwec9$7w3RSfw4rF2/xIqF95Chq0
```

还可以通过 virt-sysprep 命令修改密码，具体如下。

```
virt-sysprep -a centos-test.qcow2 --hostname testvm --root-password
password:密码
```

通过-a 指定需要修改的镜像，virt-sysprep 的功能远不止修改密码，还可以通过 --hostname 参数修改主机名，通过--firstboot-command 设置启动命令等。

3.5.2.2　virt-manager 图形界面

除了上面介绍的 virt-install 命令行，还可以通过图形界面工具 virt-manager 创建虚拟机。具体步骤如下，首先是单击创建按钮，界面如图 3-12 所示。

图 3-12　单击创建按钮界面

创建虚拟机可以通过 ISO 镜像安装，也可通过 import 已有镜像文件，还可以通过 HTTP 远程下载镜像，或者通过 PXE 网络启动。选择 ISO 镜像界面，如图 3-13 所示。

图 3-13　选择 ISO 镜像界面

这里需要提前下载 ISO 镜像，配置操作系统类型和版本后，选择机器配置，界面如图 3-14 所示。

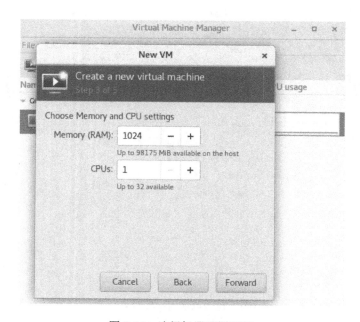

图 3-14　选择机器配置界面

主要包括 CPU 和内存。CPU 以核数为单位，内存以 MB 为单位，然后指定系统盘大小，界面如图 3-15 所示。

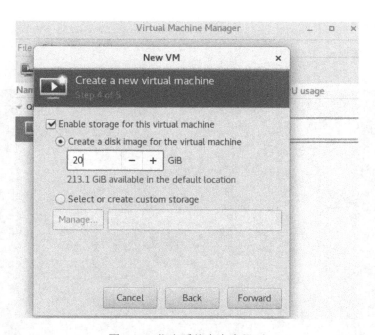

图 3-15 指定系统盘大小界面

最后，设定虚拟机名称和网络，默认是 NAT 网络模式，界面如图 3-16 所示。

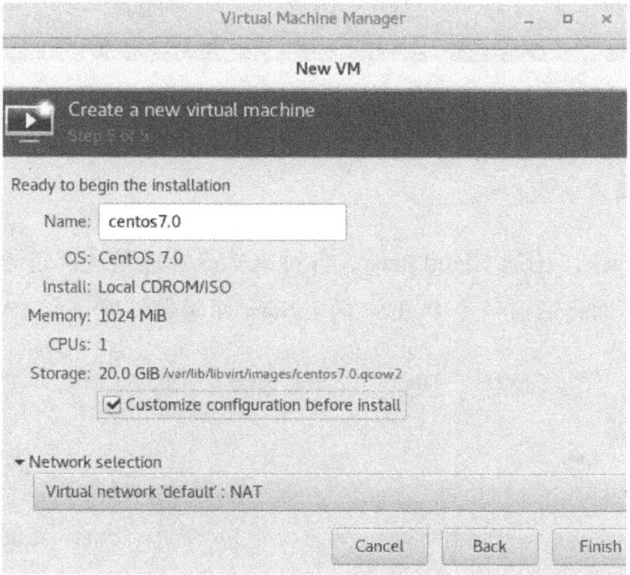

图 3-16 设定虚拟机名称和网络界面

单击"Finish"，完成创建，之后就是 CentOS 操作系统安装了，安装界面如图 3-17 所示。

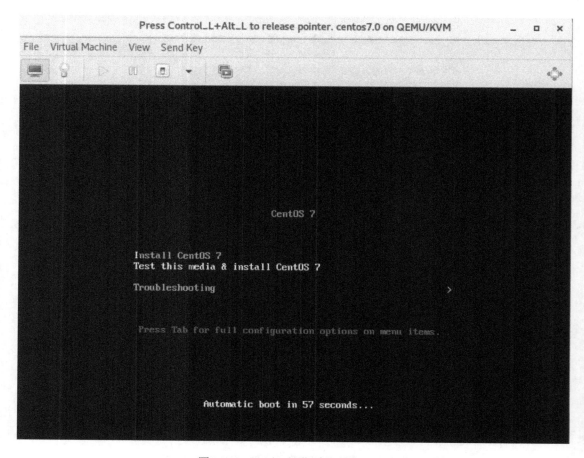

图 3-17 CentOS 操作系统安装界面

3.5.2.3 用代码启动虚拟机

无论是 OpenStack，还是 CloudStack，各种 KVM 管理系统都是通过 Libvirt 接口管理 KVM 虚拟机的。下面将通过一个 Python 的 Libvirt 库函数创建一台 VM，代码如下。

```python
from __future__ import print_function
import sys
import Libvirt
xmlconfig = '<domain>........</domain>' #定义虚拟机xml
conn = Libvirt.open('qemu:///system') #建立Libvirt连接
if conn == None:
    print('Failed to open connection to qemu:///system', file=sys.stderr)
```

```
        exit(1)

    dom = conn.defineXML(xmlconfig, 0) #定义虚拟机
    if dom == None:
        print('Failed to define a domain from an XML definition.',
file=sys.stderr)
        exit(1)
    if dom.create(dom) < 0: #创建虚拟机
        print('Can not boot guest domain.', file=sys.stderr)
        exit(1)
    print('Guest '+dom.name()+' has booted', file=sys.stderr)
    conn.close()
    exit(0)
```

通过 Libvirt 的 Python 库可以很方便地创建和管理虚拟机。其他 Libvirt 接口（如虚拟机的关机、挂载存储等），读者可以从官网（https://libvirt.org/docs/libvirt-appdev-guide-python/en-US/html/）获取。

3.5.3　KVM 运维

上面介绍了如何通过 virt-manger 创建虚拟机，但 virt-manger 功能远不止创建虚拟机。KVM 的运维通常借助两个工具，一个是命令行工具 virsh；另一个是图形化工具 virt-manager。一般来说，只要可以通过 virsh 命令操作的，virt-manager 都支持。

3.5.3.1　*虚拟机管理*

virsh 也是基于 Libvirt 接口操作 KVM 的命令行工具，virsh 的命令和 virt-manager 管理页面是相互对应的。在之前介绍的 Libvirt 主要负责虚拟机、存储、网络接口管理等功能。

1. 虚拟机列表查询

通过 virsh list 查看虚拟机列表，代码如下。

```
# virsh list
 Id    Name                         State
----------------------------------------------------------
 27    abc1                         running
```

其中，ID 为虚拟机 Domain ID，Name 为虚拟机名称，State 为虚拟机当前状态，可以通过 virtual Machine Manager 管理页面查看，如图 3-18 所示。

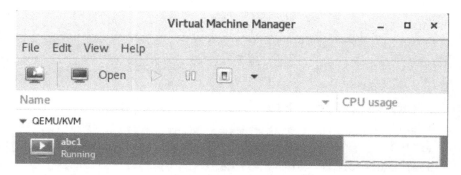

图 3-18　virtual Machine Manager 管理页面

2. 虚拟机详情

通过 dumpxml 命令可以导出虚拟机整个配置的详细信息，虚拟机的配置文件是存储在
"/etc/libvirt/qemu/" 中，而 Libvirt 默认镜像存储在 "/var/lib/libvirt/images/" 中。

```
# virsh dumpxml 虚拟机名称
```

输出结果如下。

```
<domain type='KVM' id='27'>#虚拟化类型为KVM，ID为27
  <name>abc1</name>#虚拟机名称为abc1
  <uuid>0e4d7f2d-18e0-4f87-9310-b33d9cff2298</uuid>#虚拟机的uuid
  <memory unit='KiB'>512000</memory># 内存配置
  <currentMemory unit='KiB'>512000</currentMemory>
  <vCPU placement='static'>1</vCPU># CPU配置
  <resource>
    <partition>/machine</partition>
  </resource>
  <os>
    <type arch='x86_64' machine='pc-i440fx-rhel7.6.0'>hvm</type>
    <boot dev='hd'/>#虚拟机系统信息，hd代表从硬盘启动
  </os>
<CPU mode='custom' match='exact' check='full'> #CPU配置
    <model fallback='forbid'>Haswell-noTSX-IBRS</model>
    <feature policy='require' name='vme'/>
    <feature policy='require' name='f16c'/>
    <feature policy='require' name='rdrand'/>
    <feature policy='require' name='hypervisor'/>
    <feature policy='require' name='arat'/>
    <feature policy='require' name='xsaveopt'/>
```

```
        <feature policy='require' name='abm'/>
      </CPU>
      <clock offset='utc'> #时钟设置
        <timer name='rtc' tickpolicy='catchup'/>
        <timer name='pit' tickpolicy='delay'/>
        <timer name='hpet' present='no'/>
      </clock>
      <on_poweroff>destroy</on_poweroff>
      <on_reboot>restart</on_reboot>
      <on_crash>destroy</on_crash>
      <pm>
        <suspend-to-mem enabled='no'/>
        <suspend-to-disk enabled='no'/>
      </pm>
      <devices>#虚拟机设备配置
        <emulator>/usr/libexec/qemu-KVM</emulator>
        <disk type='file' device='disk'>
          <driver name='qemu' type='qcow2'/>
          <source file='/var/lib/Libvirt/images/abc1.qcow2'/> #系统盘
          <backingStore/>
          <target dev='vda' bus='virtio'/>
          <alias name='virtio-disk0'/>
          <address type='pci' domain='0x0000' bus='0x00' slot='0x07'
function='0x0'/>
        </disk>
        <disk type='block' device='disk'>
          <driver name='qemu' type='raw' cache='none' io='native'/>
          <source dev='/dev/centos/xxx'/>#数据盘
          <backingStore/>
          <target dev='vdb' bus='virtio'/>
          <alias name='virtio-disk1'/>
          <address type='pci' domain='0x0000' bus='0x00' slot='0x0a'
function='0x0'/>
        </disk>
        <disk type='file' device='cdrom'> #光盘
          <driver name='qemu'/>
          <target dev='hda' bus='ide'/>
          <readonly/>
          <alias name='ide0-0-0'/>
```

```
            <address type='drive' controller='0' bus='0' target='0' unit='0'/>
        </disk>
        <interface type='bridge'>#网卡配置
            <mac address='52:54:00:fd:22:6f'/> #网卡mac
            <source bridge='br0'/>#连接网桥
            <target dev='vnet0'/>#主机端网卡名称
            <model type='virtio'/>#网卡类型
            <alias name='net0'/>
            <address type='pci' domain='0x0000' bus='0x00' slot='0x03'
function='0x0'/>
        </interface>
        <console type='pty' tty='/dev/pts/0'>#输出控制台
            <source path='/dev/pts/0'/>
            <target type='serial' port='0'/>
            <alias name='serial0'/>
        </console>
        <channel type='unix'>
            <source mode='bind'
path='/var/lib/Libvirt/qemu/channel/target/domain-27-abc1/org.qemu.guest_age
nt.0'/>
            <target type='virtio' name='org.qemu.guest_agent.0'
state='disconnected'/>
            <alias name='channel0'/>
            <address type='virtio-serial' controller='0' bus='0' port='1'/>
        </channel>
        <input type='tablet' bus='usb'>#手写板
            <alias name='input0'/>
            <address type='usb' bus='0' port='1'/>
        </input>
        <input type='mouse' bus='ps2'>#鼠标
            <alias name='input1'/>
        </input>
        <input type='keyboard' bus='ps2'>#键盘
            <alias name='input2'/>
        </input>
        <graphics type='spice' port='5900' autoport='yes'
listen='127.0.0.1'>
            <listen type='address' address='127.0.0.1'/>#spice远程桌面
            <image compression='off'/>
```

```
    </graphics>
  </devices>
</domain>
```

virt-manager 图形界面如图 3-19 所示，左侧展示了虚拟机所有的硬件列表，右侧是配置详情。

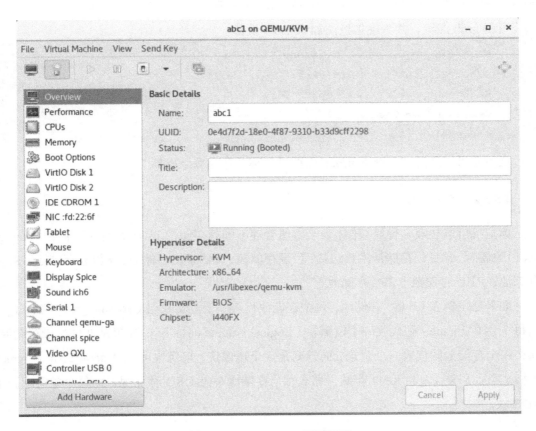

图 3-19　virt-manager 图形界面

3. 登录虚拟机

KVM 的登录方式有很多，包括 SSH、VNC，以及本地控制台和瘦客户端登录。SSH 登录是最常用的一种登录方式，可以通过用户名和密码登录。如果在公有云场景中，建议使用秘钥登录，这样更加安全。VNC 是一种跨平台的远程桌面分享软件，通过 VNC 客户端或者 HTML5 浏览器都可以登录，还可以通过 SPICE 协议（一种 KVM 远程桌面协议）连接到瘦客户端登录机器。如果是在虚拟机的宿主机上，还可以通过 virsh console 命令通过串口直接登录机器，但需要开启控制台，以 CentOS7 为例，需要编辑 "/etc/default/grub"

文件，追加"console=ttyS0"。代码如下。

```
GRUB_CMDLINE_Linux="crashkernel=auto rd.lvm.lv=centos/root
rd.lvm.lv=centos/swap rhgb quiet console=ttyS0"
```

执行以下代码。

```
grub2-mkconfig -o /boot/grub2/grub.cfg
```

更新 grub 配置，并为虚拟机添加 console 设备。

```
<console type='pty' tty='/dev/pts/6'>
<source path='/dev/pts/6'/>
<target type='serial' port='0'/>
<alias name='serial0'/>
</console>
```

之后便可以通过"virsh console 虚拟机名称"命令登录机器。

3.5.3.2　存储管理

虚拟机可以挂载多种块存储。为了方便管理不同的存储，Libvirt 设计了存储池（storage pool）的概念。常见的存储池主要包括：目录存储池、文件系统存储池、逻辑卷存储池、iSCSI 存储池、RBD 存储池、ZFS 存储池等。

如果是逻辑卷（lvm）存储池，每个存储池代表一个逻辑卷组（volume group 简称 vg），而每个卷（Volume）则代表一个逻辑卷（Logical volume 简称 lv）；如果是文件目录存储池，那么每个存储池则代表一个目录，而卷则是一个镜像块，镜像块可以是 qcow2、raw、vmdk 等格式；如果是 Ceph RBD 存储，那么每个存储池对应 OSD 存储池，而每个卷对应一个 RDB 块。

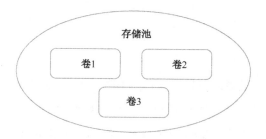

图 3-20　逻辑卷存储池示意图

下面以常用的逻辑卷存储为例，创建一个池。

```
virsh pool-define-as guest_images_lvm logical - - /dev/sda3 centos
```

```
/dev/centos
```

设置启动存储池，代码如下所示。

```
# virsh pool-start guest_images_lvm
```

于是，便可以创建存储块。

```
# virsh vol-create-as guest_images_lvm volume1 8G
```

创建成功后，通过 vol-list 命令查询。

```
# virsh vol-list guest_images_lvm
 volume1                /dev/centos/volume1
```

除此之外，还可以通过 lvs 命令查看创建的逻辑块。

```
# lvs
volume1      centos -wi-a-----   8.00g
```

接下来，便可以通过 attach-disk 将这个块挂载到虚拟机上，并且命名为 vdb。

```
# virsh attach-disk centos7.0  /dev/centos/volume1 vdb
```

操作完成后，登录到虚拟机，执行 fdisk 命令，查看新挂载的磁盘。

```
Disk /dev/vdb: 8589 MB, 8589934592 bytes, 16777216 sectors
Units = sectors of 1 * 512 = 512 bytes
Sector size (logical/physical): 512 bytes / 512 bytes
I/O size (minimum/optimal): 512 bytes / 512 bytes
```

如果此时需要对磁盘进行扩容，首先需要对逻辑卷进行扩容。

```
# lvresize -L 10G  /dev/centos/volume1
```

如果是扩大存储，则没有问题，但如果是缩小存储，会存在丢数据的风险，需要谨慎操作。

```
# virsh blockresize  --path /dev/centos/volume1 --size 10G 20
```

最后一个参数 20 是虚拟机的 Domain ID。操作成功后，查看磁盘大小，变成了 10.7GB。

```
Disk /dev/vdb: 10.7 GB, 10737418240 bytes, 20971520 sectors
Units = sectors of 1 * 512 = 512 bytes
Sector size (logical/physical): 512 bytes / 512 bytes
I/O size (minimum/optimal): 512 bytes / 512 bytes
```

如果磁盘已经格式化文件系统，请不要忘记执行 resize2fs 命令扩容文件系统。

如果是挂载 Ceph 的 RBD 存储，可以直接通过 attach-device 命令挂载。首先，定义 RBD 存储块，通过 source 指定 Ceph 的 Monitor 地址。

```
# echo "
 <disk type='network' device='disk'>
   <driver name='qemu' type='raw'/>
   <auth username='vmimages'>
     <secret type='Ceph'
uuid='76e3a541-b997-58ac-f7bd-77dd7d4347cb'/>
   </auth>
   <source protocol='rbd' name='vmimages/ubuntu-newdrive'>
     <host name='192.168.0.100' port='6789'/>
     <host name='192.168.0.101' port='6789'/>
     <host name='192.168.0.102' port='6789'/>
   </source>
   <target dev='vdz' bus='virtio'/>
   </disk>
" > device.xml

# virsh attach-device ubuntu device.xml --persistent
```

3.5.3.3 网络管理

KVM 会在每个主机上创建一个默认（default）的 NAT 网络。每个网络都可以设置一个 DHCP 网络段，将虚拟机网卡添加到该网络后会从对应的网段中分配一个可用 IP。

```
# virsh net-list
 Name                State      Autostart    Persistent
-------------------------------------------------------------
 default             active     yes          yes
```

虚拟机被外部访问通常有两种做法，一种将虚拟机添加到网桥上，具体命令如下。

```
# virsh attach-interface --domain centos7.0
--type bridge
--source br2 --model virtio
--mac 52:54:00:4b:73:5f
--config
--live
```

上面通过 source 命令指定虚拟机添加的网桥 br2，通过网桥连接到其他网络出口。

除此之外，虚拟机还可以直接通过 NAT 的方式映射到主机网络。Libvirt 本身不支持网络映射，所以如果需要将虚拟机 IP 和端口映射成宿主机的 IP 和端口，需要借助下面两条 iptables 规则。

```
1）iptables -I FORWARD -o virbr0 -d $GUEST_IP -j ACCEPT
2）iptables -t nat -I PREROUTING -p tcp --dport $HOST_PORT -j DNAT --to
$GUEST_IP:$GUEST_PORT
```

规则 1）：允许本机转发网络包到虚拟机；规则 2）：通过 DNAT 将主机的指定端口映射到虚拟机的某个端口上。

3.5.3.4　快照管理

快照就像拍照片一样，将虚拟机当前的状态记录到文件中，后续还可以根据这些文件恢复到之前的状态。对虚拟机进行重大的配置修改前，可以通过快照的方式保存当前状态，以便迅速恢复到之前的状态。

KVM 快照按快照对象分为内存快照和磁盘快照；安装快照时，虚拟机状态可以分为离线快照（对关机状态的虚拟机进行快照）和在线快照（对运行虚拟机进行快照）。安装快照的保存方式可以分为内部快照（保存在镜像文件中）和外部快照（保存到指定的单独文件中）。

（1）内存快照

如果是内存快照，可以通过 save，运行以下命令。

```
# virsh save centos7.0 mem.snap
```

其中，CentOS7.0 是虚拟机名称，mem.snap 是内存快照文件名。

如果需要恢复内存数据，可以执行以下命令。

```
# virsh restore mem.snap
```

这里需要注意：①在对虚拟机完成内存快照后，虚拟机将处于关机状态；②只能对处于关机状态的虚拟机进行内存快照恢复；③内存快照后，如果需要对磁盘进行修改，可能会导致系统故障。

（2）磁盘快照

磁盘快照是将当前磁盘的状态保存起来。如果是创建内部快照，可以执行以下命令。

```
# virsh snapshot-create-as --domain centos7.0 --name s1 --live
```

其中，--domain 指定虚拟机名称，--name 指定镜像名称。在创建快照的过程中，虚拟机将会暂时处于挂起状态。对于虚拟机里面的应用程序可能会出现卡顿的状态，建议在业

务的低峰期操作。

如果后续需要恢复这个快照点，可以通过 snapshot-revert 命令完成，代码如下。

```
# virsh snapshot-revert --domain centos7.0 --snapshotname s1 --running
```

执行成功后，虚拟机的磁盘信息将会回到之前的状态。这些快照都会保存到虚拟机的镜像文件中。长期积累，会导致镜像文件越来越大。为此，KVM 提供了外部快照功能。外部快照和 Docker 的 AUFS 原理非常相似，通过快照的依赖链，如：base<-snapshot1<-snapshot2<-snapshot3。最开始只有 base 只读层，snapshot1 是可以读写的，后续创建 snapshot2 快照后，snapshot1 将变为只读，始终保持最新快照为可读可写，从而完成快照的增量添加。每个快照只记录这段时间内存磁盘的变化情况。

```
    # virsh snapshot-create-as --domain centos7.0 --name snapshot1
--disk-only --atomic
```

通过 disk-only 参数指定创建外部快照。除此之外，还可以通过以下命令完成外部快照的创建。

```
--diskspec vda,file=$DISK_FILE,snapshot=external 创建单个磁盘的外部快照
--memspec file=$MEM_FILE,snapshot=external 创建内存的外部快照
```

--live 支持在不挂起虚拟机的情况下完成快照创建。Libvirt 默认的快照保存路径为"/var/lib/Libvirt/images"，这些增量的外部快照非常小。通过 snapshot-list 命令可以查看创建的快照。

```
# virsh snapshot-list centos7.0
Name               Creation Time              State
------------------------------------------------------------
s1                 2019-04-10 08:49:28 +0800 running
snapshot1          2019-04-10 09:40:31 +0800 disk-snapshot
snapshot2          2019-04-10 09:41:48 +0800 disk-snapshot
```

可以看到 snapshot1 和 snapshot2 的状态为磁盘快照。如果需要查看快照的依赖关系，可以追加 "--tree" 参数，如下所示。

```
# virsh snapshot-list centos7.0 --tree
s1
  |
  +- snapshot1
     |
     +- snapshot2
```

也可以通过 qemu-img 查看镜像。

```
# qemu-img info centos7.0.snapshot2
image: centos7.0.snapshot2
file format: qcow2
virtual size: 20G (21474836480 bytes)
disk size: 1.8M
cluster_size: 65536
backing file: /var/lib/Libvirt/images/centos7.0.snapshot1 #依赖层
backing file format: qcow2
Format specific information:
    compat: 1.1
    lazy refcounts: false
    refcount bits: 16
corrupt: false
```

遗憾的是，目前 Libvirt 并不支持外部快照的恢复，但可以采用另外一种方案解决：通过外部快照创建一个新的虚拟机，从而完成外部快照的镜像恢复。具体创建方式与基于镜像创建虚拟机的步骤相同，在此不赘述了。

3.5.4　KMV 迁移

冷迁移又叫静态迁移，是指将处于关机状态的虚拟机迁移到另一台机器上面。由于不需要迁移虚拟机内存等实时数据，迁移比较安全可控。冷迁移命令如下：

```
# virsh dumpxml 虚拟机名称 > 虚拟机名称.xml
```

与冷迁移对应的还有一种迁移方式是热迁移，热迁移支持将正在运行的虚拟机迁移到另一台机器上面运行。热迁移命令为：# virsh migrate --live 虚拟机名称 qemu+ssh://另外一台宿主机地址/system。

关于热迁移还需要注意两点：第一，热迁移需要共享存储支持；第二，热迁移的整个过程能持续很长时间，并且迁移进度的百分比还可能会出现下降的情况，这些都是正常现象，因为必须把内存中所有数据都迁移过去，如果被迁移的虚拟机还在不断写数据，迁移的过程会比较缓慢。

KVM 迁移需要注意宿主机的硬件环境是否相同，因为部分虚拟机配置了一些硬件绑定规则，如无法将一台配置了 SR-IOV 网卡的虚拟机迁移到普通的宿主机上。

3.5.5　KVM 克隆

KVM 克隆是指克隆出一个相同配置的 KVM 虚拟机。KVM 虚拟机克隆非常方便，通过命令 virt-clone 即可实现，但克隆虚拟机要求虚拟机必须是关机或者挂起状态，所以务必先挂起或者关闭虚拟机后再执行如下操作。

```
virt-clone --o abc1 --n testclone3 --auto-clone
```

--o 是 original 的简称，代表克隆的数据源；--n 是 name 的简称，指定克隆出新虚拟机的名称；此外，还可以通过--f指定输出的镜像文件。通过上面命令克隆的新虚拟机需要使用 virt-sysprep 命令擦除原来的网卡等信息。

3.5.6　KEM 优化

1. NUMA 优化

在 NUMA 的架构中，每个 CPU 都可能会访问其他处理器的存储，速度相差几十倍，所以应尽量访问自己的存储器以提高效率，即通过/proc/sys/kernel/numa_balanceing 开启或者关闭 NUMA 平衡策略。

2. 核绑定

每个虚拟机使用一个虚拟核 VCPU，一个物理的 CPU 可以虚拟出多个 VCPU，通过 virsh CPU info 可以查看对应关系。在 CPU 压力比较大的时候，可以通过 cgroup CPUSet 技术，将 VCPU 绑定到指定一个物理核上运行，避免上下文切换带来的性能损耗。

3. 巨型页

Linux 默认的巨型页大小是 4KB，但也可以是使用 1GB 的巨型页，从而提高内存页分配性能。

3.6　镜像格式转换

3.6.1　ova 转 raw

目前在去 IOE 的浪潮下，很多公司的虚拟化方案都从原先的 VMware 切换成 KVM。

为了降低迁移的复杂度,可以将 VMware 的镜像直接转换为 KVM 的镜像。

　　virt-v2v 是红帽工程师 Matthew Booth 开发并开源的命令行工具,目前已经支持从 ESX、Xen、Virtualbox 等平台的镜像转化为 KVM 支持的镜像,如图 3-21 所示,左侧是输入,支持本地磁盘文件 disk、VMware 支持 ova 或者 vmx 镜像、Libvirt 源等;右侧是输出,可以直接导入 Libvirt 或者 OpenStack 的 glance,也可以保存到本地。

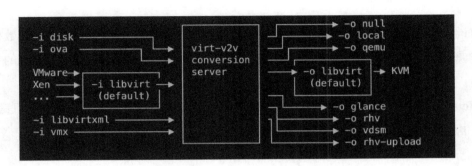

图 3-21　virt-v2v 命令行工具

　　下面将通过一个案例演示如何将一个 ova 格式的镜像转化为 raw 格式的镜像,代码如下。

```
virt-v2v -i ova test.ova  -o local -os  /var/tmp/ -of raw
```

　　其中,-of 指定输出的镜像格式,-os 指定存储位置。如果"-o local"是本地存储镜像,那么-os 需要指定一个输出目录;如果"-o libvirt"指定 Libvirt,那么-os 需要指定一个存储池。

3.6.2　raw 转 qcow2

　　如果 KVM 支持镜像格式之间的转化,则相对简单,可以直接通过 qemu-img 完成,代码如下所示。

```
qemu-img convert -O qcow2 input.vmdk output.qcow2
```

3.7　初始化虚拟机神器 cloud-init

　　cloud-init 是云平台为 Linux 操作系统的虚拟机做系统初始化配置的开源服务软件。最早的 cloud-init 由 Ubuntu 的母公司 Canonical 开发,当用户首次创建虚拟机时,将用户设置

的主机名、密码或者秘钥等存入元数据服务（metadata server），然后 cloud-init 通过 http 接口从元数据服务获取元数据并执行对应的操作，配置主机。后来，伴随着 cloud-init 功能不断完善，已经成为云主机配置的行业首选，当前，AWS、阿里云、CloudStack 及 OpenStack 等多个平台都支持 cloud-init。

3.7.1 基本概念

DataSource（数据源）：cloud-init 数据源，即元数据服务。cloud-init 将从元数据服务中获取虚拟机的元数据。每个 DataSource 可以理解为一个 OpenStack 或者 AWS 的元数据服务。

Metadata（元数据）：虚拟机的元数据包括虚拟机 ID、名称、主机名、所属机房区域、公钥、虚拟机镜像等。下文截取了 AWS 的 EC2 实例的元数据信息。

```
{
    "local-hostname": "ip-10-41-41-95.us-east-2.compute.internal",
    "local-ipv4": "10.41.41.95",
    "mac": "06:74:8f:39:cd:a6",
    "public-hostname":
"ec2-18-218-221-122.us-east-2.compute.amazonaws.com",
    "public-ipv4": "18.218.221.122",
    "availability-zone": "us-east-2b",
    "cloud_name": "aws",
    "instance_id": "i-075f088c72ad3271c",
    "local_hostname": "ip-10-41-41-95",
    "platform": "ec2",
    "region": "us-east-2",
    "subplatform": "metadata (http://169.254.169.254)"
}
```

Userdata（用户数据）：元数据可以理解为虚拟机固定的信息。除此之外，用户还可以自己定义数据。Userdata 可以是 shell 脚本、cloud config 配置文件等，具体支持以下几种格式：

① text/x-include-once-url；

② text/x-include-url；

③ text/cloud-config-archive；

④ text/upstart-job；

⑤ text/cloud-config；

⑥ text/part-handler；

⑦ text/x-shellscript；

⑧ text/cloud-boothook。

3.7.2　cloud-int 原理

cloud-int 采用模块化设计，在配置的各阶段通过逐个加载并执行用户指定的工作模块，从而完成用户自定义配置。cloud-int 总共定义了 4 个阶段（准确来说，还有一个 generator 阶段，用于生成 sytemd 服务），分别是 local、network、config 和 final，如图 3-22 所示。

图 3-22　cloud-int 定义的 4 个阶段

在 local 阶段主要配置数据源和网络；在 network 阶段配置磁盘分区，设置主机名及 SSH 等；在 config 阶段执行各种配置模块；在 final 阶段安装软件，并执行用户自定义脚本等。其中，config 阶段支持非常多的模块，例如，修改 root 密码，配置如下所示。

```
#cloud-config
chpasswd:
  list: |
    root:123456
  expire: False
ssh_pwauth: True
```

第 4 章 存储虚拟化

Chapter Four

4.1 存储虚拟化定义

存储虚拟化，又称软件定义存储（SDS），通过软件的方式重塑存储系统，不依赖具体的存储硬件。与传统存储在观念上的差别是，软件定义存储认为，硬件故障是一种正常现象，并且可以通过软件的方式去解决，例如，多副本技术等。

存储虚拟化另一个能力是屏蔽不同类型的底层存储，提供统一的存储介入服务，例如，Cinder 提供存储接入，底层无论是 SATA、SAS，或者 SSD，存储的使用者是没有感知的，通过统一的存储接口获取存取数据。

这里还有一个概念是云存储，云存储通常指的是公有云提供的文件存储、块存储或对象存储服务，这些存储的底层实现都是通过存储虚拟化实现的。

4.2 存储虚拟化演进

伴随着物联网、移动互联网、社交网络等迅猛发展，数据总量呈现出指数增长的趋势。根据美国 IDC 预计，到 2020 年，我国数据的存储总量将达到 39ZB[1]。每个企业都把数据当作自己最核心的价值，就像国内某打车公司，一直标榜自己是数据公司。的确，他们掌握了用户每天上下班的出行数据，从这些数据可以精准地分析用户的作息及活动区域等，从而可以进行精准营销，因此数据的价值是不可估量的，存储数据自然显得尤其重要。这些都对存储系统提出了很高的要求，一方面需要满足大数据存储，可能是 TB，或者 PB 级别，甚至 EB 级别，另一个方面是数据的存取速度和吞吐量，还有就是数据的高可靠性和容灾

1：$1ZB=10^3EB=10^6PB=10^9TB=10^{12}GB$

备份等。当前数据的存储已经不能局限在数据的持久化上，更需要结合大数据、机器学习、人工智能等技术进行数据处理，让数据发挥更大的价值。举例来说，笔者在互联网金融相关行业就职，通过用户以往交易的信息，以及个人背景资料、征信等信息，配合决策树等机器学习算法，可以辅助确定是否发放贷款，还有一些智能理财服务，通过深度学习模型投资股票基金等，这些都是建立在数据存储的基础之上的。

存储虚拟化分为两个阶段。第一阶段是以数据中心 SAN（存储区域网络）和 NAS（网络接入存储）为代表的集中存储。高端存储一直是 EMC、IBM、NetApp 和 HDS 的天下，这些年外置存储伴随着廉价磁盘不断提升容量和性能，SAN 网络、主机 FC 接口不断成熟，在数据中心变得很普遍，尤其在金融领域，甚至还出现了一些全闪存的存储集群。

SAN 提供的是块存储。例如，磁盘阵列里面有 10 块 1TB 数据盘，然后可以通过做 RAID 或者逻辑卷（LVM）的方式划分出 10 个数据盘，但这 10 个数据盘已经和之前的物理磁盘不一样了。一个逻辑盘可能由第一个物理盘提供 100GB，第二个物理盘提供 300GB。对于操作系统来说，完全无法感知是物理盘，还是逻辑盘，这是存储资源池的理念。通过 RAID 或者 LVM 不仅可以提供数据保护，还能够重新划分盘的大小，提高读写速率。但 SAN 也存在缺点，首先，它价格比较昂贵，光纤口、光纤交换机价格高，所以才有了 IP SAN 存储，通过 IP 协议承载存储协议；其次，无法提供数据共享，一个盘（LUN）只能挂给一个主机，为了共享数据，出现了 NAS 存储。NAS 存储通过网络介入的方式可以很好地解决这个问题，很多中高端存储都既有 NAS 接口，也有 SAN 接口。光纤 SAN 存储逻辑架构图如图 4-1 所示。

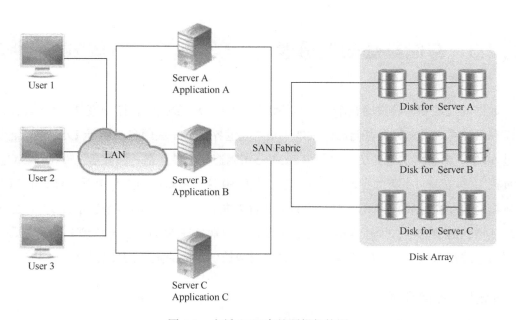

图 4-1　光纤 SAN 存储逻辑架构图

这些商业存储通常都是由定制的硬件和闭源的软件组成的，而且购买和维护成本也很高，由一些存储厂商控制其生态。伴随着大数据和非结构化数据暴增，以及互联网技术的兴起，存储的架构发生了巨大变化，进入第二个阶段。

第二个阶段是软件定义存储，伴随 x86 芯片性能的提升，以 x86 芯片构建的小型存储系统，在中端存储领域开始崭露头角。通过将 x86 本地磁盘利用起来，构建一个大存储集群，如亚马逊的 S3、EBS、开源的分布式存储系统，以 Ceph、HDFS 文件系统为主要代表。

此时的通信协议大多构建在传统的 TCP／IP 网络之上，最常见如 SCSI 协议。当主机的应用需要访问存储时，驱动通过 SCSI 协议与存储交互数据和指令，这些 SCSI 指令会被封装到 TCP／IP 的数据包，通过以太网网卡发送到目标端，目标端再拆包获取原始的 SCSI 指令，并执行相应的操作，返回的数据也需要通过 TCP／IP 封包，返回初始端。这个原理和 overlay 网络原理相似，都是封包和拆包的思路。虽然在速度上和商业的 FC SAN 性能有差距，但使用传统的以太网设备（交换机、线缆、网口）便可以完成传输，极大地降低了成本，并且兼容现有的网络拓扑，突破了距离限制。在当前数据中心万兆网普及的时代，它的优势会逐渐显露。

在软件定义存储里面有个特殊的分支，即超融合架构。大部分存储系统都是独立的集群部署，这样计算节点上面的本地存储基本闲置，利用率较低。超融合架构就是利用本地存储构建存储资源池，并且读写优先本地化，这样不仅可以充分利用本地磁盘空间，还能节省带宽，提供高效的 I/O。国内的 Smartx，国外的 Nutanix 等公司都有相应的解决方案。

4.3　存储基础知识拾遗

数据的处理和保存贯穿整个计算机系统发展的历史。数据的存储一直是一个热议话题。在没有云计算之前，数据存储已经发展了很久。世界上第一块硬盘发明于 1956 年，至今已超过 60 年，半个多世纪的历史。它由 IBM 公司制造，世界上第一块硬盘 350 RAMAC。盘片直径为 24 英寸（1 英寸：2.54cm），盘片数为 50 片，重量则是上百公斤，体积相当于两个冰箱，储存容量只有 5MB。时至今日，几百克左右的单盘容量已经达到 6TB，并且在容量继续增长的情况下，读写速度也在迅速提高，特别是在 SSD（固态硬盘）出现之后。大数据信息爆炸时代，存储的容量更是指数级别增长，存储的重要性日益凸显。

4.3.1　存储介质

在计算机系统中，常用的存储介质包括寄存器、内存、SSD、磁盘等，寄存器的速写

速度与 CPU 相同，一个时钟周期是 0.3 纳秒，而内存访问需要 120 纳秒，寄存器的读写速度比内存要快几百倍，固态硬盘访问需要 50～150μs，磁盘访问需要一到十几毫秒，磁盘的读写速度比内存慢了几万倍，网络访问则更慢，需要几十到上百毫秒。给读者一个感性的认识，如果把 CPU 的一个时间周期当作一秒，磁盘访问需要几个月才能完成。

　　CPU 运行速度非常快，但存储读取的速度远远落后于 CPU，并且程序执行具有局部性特征。计算机系统设计时将数据分层次存储，如图 4-2 存储金字塔所示。越是底层存储，容量越大，价格越低，但读写的速度越慢。越是顶端存储，容量越小，价格越高，但性能越好。上面的存储通常是下面存储的缓存，把 CPU 正在使用，或者将要使用的数据缓存起来，例如，当我们播放存储在硬盘上面的 2GB 视频时，并非是播放到什么位置，临时从硬盘读取数据，而是操作系统会预先把将要解码播放的部分视频预先加载到内存中，通过内存去缓存数据 CPU 执行所需的数据，从而降低 CPU 的等待时间和 I/O 操作次数。

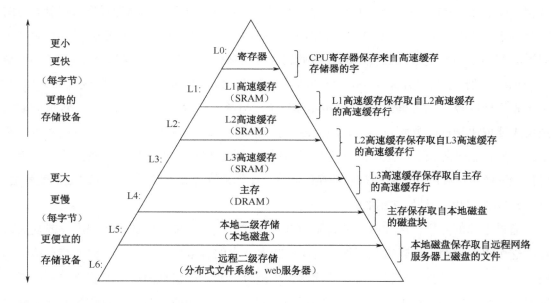

图 4-2　存储器的金字塔式层次结构

　　我们这里主要讨论的存储系统是指底层的本地存储和远程存储。他们的主要存储介质是硬盘和 SSD。

　　磁盘的读写速度通常是毫秒级别的，磁盘由很多盘面（Platter）组成，我们用运动场的跑道类比，每个盘面上面有很多同心圆磁道，就像运动场里面的跑道一样。每个磁道（Track）上面又划分了多个扇区（Sector），就像把一个 400m 的跑道划分成 4 个 100m 的跑道。每个扇区大小是相同的，通常是 512 字节。磁盘结构示意图存储层次结构如图 4-3 所示。

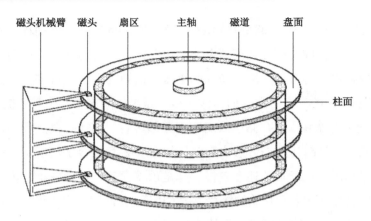

磁头机械臂　磁头　扇区　主轴　磁道　盘面

柱面

图 4-3　磁盘结构示意图存储层次结构

而很多盘面堆叠在一起组成磁盘，这些到轴心相同半径的磁道组成一个柱面（Cylinder）。磁头通过在不同的柱面上来回移动读写数据，这个过程称为寻道。磁盘读写的耗时等于寻道时间（找到柱面）＋ 旋转时间（找到扇区）＋ 传送时间（包括数据读写时间）。寻道时间通常为几毫秒，旋转时间是移动到对应的扇区，最长为"1/转速×60×1000"毫秒，通常磁盘转速在每分钟 5 400～15 000 转（RPM），传送时间又等于"1/转速×60×1 000/每个磁道扇区数"，主要取决于磁盘转速和每个磁道的扇区数。综合来看，每次数据读取的速度主要取决于三个方面：寻道时间、磁盘转速和每个磁道扇区数。伴随着磁盘密度不断上升、转速越来越快，寻道时间成为最大的影响因素，所以，为了提高磁盘的读写速度，应该顺序读取，从而降低磁头来回切换的频率。操作系统为此设计了相关的磁盘调度算法，其中，"电梯调度"是最常用的调度算法。

通过上面的分析，增加磁盘的容量通常有两种方式。一种是增加盘片的尺寸或盘面数量，这个很好理解。把磁道数增加或者层次变多，存储容量自然上去了，但这存在很多问题。第一是当前磁盘的规格和服务器插槽大小是统一的，调整盘面数（厚度增加）或者改变盘面大小（增加直径）都会导致兼容问题，而且盘面直径增大还会导致磁头的寻道路径加长；另一种方案是增加存储的密度，提高单位面积的存储容量，这种方案目前比较流行，并且每年保持 100%的提升。

512 个字节的扇区是磁盘的最小管理单元，但这些扇区分布在不同的盘面上，如果每次读写扇区都需要通过柱面（Cylinder）、磁头（Head）、扇区（Sector）三元组去定位数据就太复杂了。所以，集成在存储设备里面的存储控制器抽象了一个简单数据管理单元"逻辑块"，这就是块存储的来历。这些逻辑块通过数组方式暴露给操作系统，每次操作系统需要读取某一个扇区的数据时，发送逻辑块的编号（LBA，Logical Block Address），存储控制器将它翻译成为 CHS（柱面、磁头、扇区）三元组，从而读取磁盘的数据。SCSI 就是采用了这

种寻址方式。它的优点除了上述的简单管理以外，还能够兼容不同的硬件设备，例如，磁带或网络存储就没有上面的三元组，通过这种抽象能统一管理各种存储。如果知道了 LBA 地址，对于磁盘来说，可以使用下面公式获取 c 柱面、h 磁头、s 扇区的具体值，其中，H 代表磁头数，S 代表扇区数：

- $\#c = \#lba / (S*H)$
- $\#h = (\#lba/S)\%H$
- $\#s = (\#lba\%S) + 1$

固态硬盘 SSD 是闪存技术。目前已经出现了全闪存的存储系统，在未来将有可能取代硬盘，目前主要受限于价格和容量，在当前的数据中心内，还是以磁盘为主。由于 SSD 采用闪存芯片取代了机械臂移动和盘片旋转，读写速度非常快，普通的 SSD 读写都在 500MB/s 以上。

4.3.2　RAID

RAID（Redundant Array of Independent Disk，独立磁盘冗余阵列），它的基本思想就是把多个相对便宜的硬盘组合起来，成为一个硬盘阵列组，使得性能达到甚至超过一个价格昂贵、容量巨大的硬盘。RAID 技术提供了一种高性能、高可靠的数据存储技术，通过 RAID 技术组合多个盘，当数据读写时可以分散到多个磁盘，从而提高读写速度。并且配合校验、纠错技术，当有一个磁盘出现故障后，能恢复数据，从而保证数据的高可靠。

RAID 核心技术是条带，所谓的条带指将数据拆分成多个子块，分别保存到不同的磁盘中。例如，1GB 的数据可以拆分成 5 个 200MB 的数据块，分别存储到 5 个硬盘上面，这样可以并行写入。分布式存储和 RAID 有相同的设计思想：数据拆分存储。通过条带极大地提高了 I/O 的性能，但也存在明显的单点故障，导致数据丢失。所以 RAID 还需要借助另一个技术：校验码。校验码原理是通过算法结合数据分块得出校验块，然后将数据块和校验块分布到不同磁盘上面，如果某一个或者多个磁盘损坏，通过数据校验算法逆向生产数据块，常用的算法是海明校验和异或校验。异或校验是通过将一个有效信息与一个给定的初始值进行异或运算，得到校验信息。如果有效信息出现错误，通过校验信息与初始值的异或运算还原之前的有效信息。

RAID 等级从 RAID0 ~ RAID6 七个等级。其中，RAID 0 只做条带化，没有数据高可用保障；RAID 1 通过镜像技术将数据同时原样写入两个磁盘，保障数据高可靠性；而 RAID 5 通过校验码的方式保存数据。当然，还可以组合（如 RAID10 等），下面详细介绍一下常用的 RAID 1 和 RAID5。

RAID 1 采用的就是镜像技术，它的写入速度会比较慢，但读取速度会比较快，如

图 4-4 所示。读取速度可以接近所有磁盘吞吐量的总和，写入速度受限于最慢的磁盘，没有校验数据。RAID1 由于是数据镜像，所以浪费了一组磁盘，并且写性能不好，而读性能提升了。

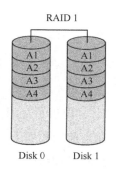

图 4-4　RAID1

RAID 5 是当前最流行的 RAID，RAID 5 是通过计算数据的校验和，如果图 4-5 所示数据文件 A 被拆分成 A1、A2、A3 三个数据块，通过校验算法计算出校验块 A_p，并将这四个数据块保存到四个磁盘上面。无论是哪一个磁盘发生故障，都可以通过逆向生成数据块，从而保障数据的安全，RAID 5 可以允许一个磁盘发生故障。

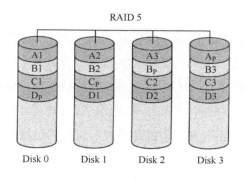

图 4-5　RAID5

4.3.3　存储总线

总线是贯穿整个计算机系统的一组电子管道，它负责在各个部件之间传输字节信息，通常是 8 个字节（64 位）。当 CPU 需要读取存储数据的时候，先通过内存总线从内存中获取数据。如果数据不在内存中，则通过主机 I/O 总线去获取，于是请求便到了 I/O 控制器，也就是常说的 HBA 卡（可能是集成在系统主板上面的，也可能是独立的插槽），例如，iSCSI 适配卡，接下来我们能看到存储 I/O 总线，下面连接着物理存储设备，整体如图 4-6 所示。

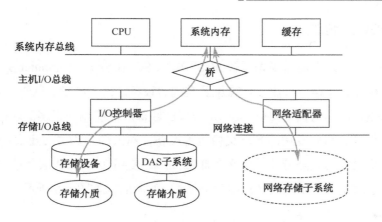

图 4-6　存储总线结构示意图

如果是网络存储设备，则会进入网络适配器，例如网卡，经过网络传输，连接到存储服务器的网络适配器上，然后经过与上面相似的路径写入存储设备，如图 4-7 所示。

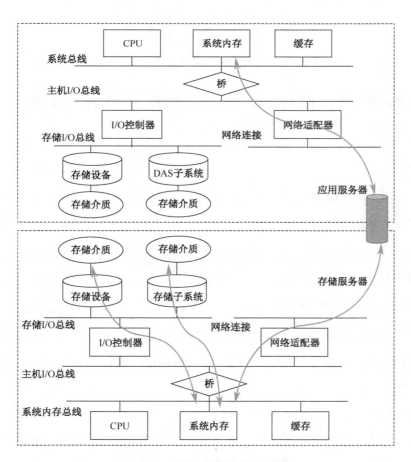

图 4-7　网络存储设备结构示意图

4.3.4 iSCSI 协议

在介绍 iSCSI 协议之前需要先了解 SCSI 协议，SCSI（Small Computer System Interface，小型计算机系统接口）是一种用于计算机及其周边设备之间（硬盘、软驱、光驱、打印机、扫描仪等）数据传输和通信的协议。SCSI 协议已经被广泛应用到很多高端的 SAN 存储系统中，但成本很高，需要专用的光纤交换机等设备，而大部分机房的建设都是基于相对廉价的以太网交换设备的。随着软件定义存储被推广，使用 TCP / IP 去承载 SCSI 协议的方案逐渐成熟，这就是 iSCSI 协议又被称为 IP-SAN 的原因，如图 4-8 所示。

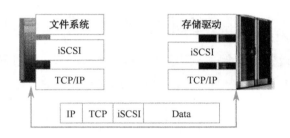

图 4-8　iSCSI 协议

通过 iSCSI 协议在主机之间建立 TCP 连接传输数据，默认是 3260 端口。通过 TCP / IP 传输 iSCSI 协议。

实战操作

在两台 CentOS7 虚拟机上面通过 iSCSI 挂载一个存储块。

● 创建文件块，代码如下所示。

```
backstores/fileio> create test_fileio /tmp/test_fileio.img 1G
write_back=false
```

● 创建 target，代码如下所示。

```
/iscsi> create
```

上面的命令会自动生成一串唯一的 IQN（iSCSI Qualified Name），用户可以自己定义符合规范的 IQN。

● 开放权限。

权限设置分为两个部分，第一是 export 挂载 IP，通过/iscsi/iqn.20.../tpg1/portals> create 10.10.10.10（如果设置 0.0.0.0 则表示开放所有 IP）设置。第二是设置 acls 权限，需要将被挂载机器的 initiator name（通过 cat /etc/iscsi/initiatorname.iscsi 获取）配置到 acls 中（acls>

create initiator name ）。如果不设置，则可以通过以下命令跳过。

```
    /iscsi/iqn.20...0b8ee062/tpg1> set attribute authentication=0
demo_mode_write_protect=0 generate_node_acls=1 cache_dynamic_acls=1
```

● 分配 LUN。

```
    /iscsi/iqn.20...062/tpg1/luns> create /backstores/fileio/test_fileio
```

通过上面的操作，target 端已经完成配置，需要注意上面所有的操作都必须在指定的目录下才能生效。

● 客户端挂载。

下面将介绍客户端如何挂载，先通过 discovery 命令。

```
    # iscsiadm -m discovery -t sendtargets -p 10.10.10.10
    10.100.10.10:3260,1
iqn.2003-01.org.Linux-iscsi.master.x8664:sn.b89f0b8ee062
```

执行 login 登录（挂载）。

```
    # iscsiadm --mode node --targetname
iqn.2003-01.org.Linux-iscsi.master.x8664:sn.b89f0b8ee062  --portal
10.100.10.10 --login
```

检查挂载效果。

```
    # lsblk --scsi
    sdb  8:0:0:0    disk LIO-ORG  test_fileio     4.0  iscsi
```

可以看到主机上面多了一块硬盘 sdb，可以通过 fdisk 查看具体大小。

```
    Disk /dev/sdb: 1073 MB, 1073741824 bytes, 2097152 sectors
    Units = sectors of 1 * 512 = 512 bytes
    Sector size (logical/physical): 512 bytes / 512 bytes
    I/O size (minimum/optimal): 512 bytes / 4194304 bytes
```

对于挂载磁盘的主机来说，不需要区分这个磁盘到底是本地磁盘还是远程挂载的磁盘，使用方法与上面完全相同。

4.3.5　文件系统

分散的数据块不能直接被程序读写，还需要一种更加直观的管理方式。文件系统是一种存储和组织计算机数据的方法，文件系统使用文件和树形目录的抽象逻辑概念代替了硬盘和光盘等物理设备使用数据块的概念，用户使用文件系统来保存数据，不必关心数据实

际保存在硬盘（或者光盘）地址为多少，只需要记住这个文件的所属目录和文件名。在写入新数据之前，用户不必关心硬盘上的哪个块地址没有被使用，硬盘上的存储空间管理（分配和释放）功能由文件系统自动完成，用户只需要记住数据被写到了哪个文件中。图 4-9 是 Linux 存储内部架构图。

整个存储 I/O 从上到下主要分为：VFS、Block 层、I/O 调度层、SCSI 驱动层。其中 VFS 为了兼容各种文件系统，例如：ext4、xfs、proc 等，对上层提供统一的 open、write、read 等接口。对文件的读写最终都会转化为 Block 层的数据库的读写，在 Block 层，可以对多个读写请求进行合并，从而降低读写次数。I/O 调度层通过 I/O 调度算法（电梯算法、NOOP 等）控制读取顺序。最终将请求发送到 SCSI 驱动。如果底层是磁盘设备，那么将会通过控制磁头移动来读写数据。

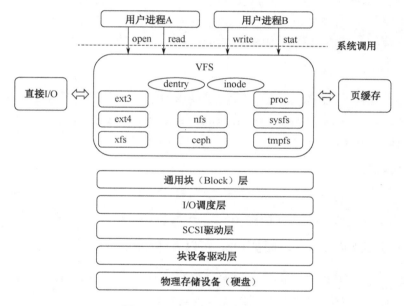

图 4-9　Linux 存储内部架构图

4.4　存储分类

软件定义存储的核心是，将存储管理和底层硬件分离，可以将底层的多种异构存储进行整合，从而提供更加统一的接入、更大的规模和存储容量。结合分布式系统的特点，可以在没有宕机的情况下完成系统的扩容和升级，而且可以易于开源迅速部署一套企业级的存储系统，已经有很多公司部署 PB 级别的 HDFS 存储系统，并且能够平稳运行。存储按照使用的方式分为块存储、文件存储和对象存储。

4.4.1　块存储

块存储（Block storage）通常是以磁盘的方式提供的，数据在块存储中表示为同等大小的块（扇区），每个块存储的比特位没有实际含义，记录的只是 0 和 1，必须和上层存储系统结合才能表示一个实体。举例来说，文件在文件系统中是独立的实体，但如果保存到块存储上面，会通过算法拆分成多个块保存，有的还会被加密保存，所以单独看每个块的数据是没有意义的。这种存储采用了直接操作磁盘的方法，所以它最大的优点是读写速度快、延迟低，通常用作数据库系统等对 I/O 有一定要求的系统，还可以用作其他系统的底层系统。

分布式块存储，将不同类型底层数据盘抽象合并，提供统一的数据接入，如图 4-10 所示。块存储挂载到目标机器后，在目标机器上面显示的是一个磁盘，由于都遵循了 SCSI 协议，操作系统并没有感知这是一个虚拟盘，可以格式化文件系统，并挂载到指定目录，像本地文件系统一样读写。这样不仅扩展了存储容量，而且可以提高读写速度。

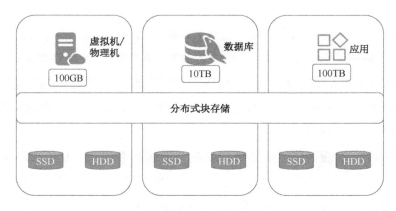

图 4-10　分布式块存储

分布式块存储主要考量的性能指标有 IOPS（Input/Output Operations per Second，即每秒能处理的 I/O 个数，用于表示块存储处理读写能力）、吞吐量（单位时间内可以成功传输的数据数量）和访问延迟（块存储处理一个 I/O 需要的时间）。由于块大小和块存储的容量不同，性能也会不同。块越大，IOPS 越低，但吞吐量越高。通常的分布式块存储的 IOPS 大约在 10 000 IOPS 左右，吞吐量大概 200Mbit/s。

4.4.2　文件存储

文件存储（File storage）是以文件目录的方式提供的，直接将文件系统呈现给用户。

我们每天使用的桌面系统，使用的就是文件系统。我们可以在目录下面创建和删除文件，每个操作对象都是一个独立的实体。文件系统可以以支持网络传输的方式共享，NFS 就是最常用的网络文件系统。在服务端创建一个共享目录，通过 NFS 的方式，可以在多个客户端挂载这个目录，从而完成数据的读写和共享。这种存储方式最大的优点是方便快捷，但缺点也很明显，首先，由于通过网络协议传输文件，文件系统操作会导致性能及一致性的问题，无法应用在高并发场景；其次，存储的容量受限于单个文件系统，不适用于大数据场景，文件存储一般用于中小容量的文件共享服务。常用的存储协议在 Linux 系统需要使用 Network File System（NFS）协议，Windows 系统需要使用 SMB（又称为 CIFS）协议。

4.4.3　对象存储

对象存储（Object storage）是以二进制对象的方式提供服务，它既不像块存储那样提供块的读取，也不像文件存储那样读写文件，而是以 HTTP API 的方式上传或者下载二进制对象。我们使用的网盘服务就是一种对象存储，当然，最著名的对象还是 AWS 的 S3 存储。

大数据特点之一是非结构化，什么是非结构化数据呢？简单来说，就是数据的结构不是固定，我们很难通过结构化定义一个网页的数据，不同的 CSS 风格页面布局，以及嵌入的图片和视频，还有我们的日志数据，结构复杂多变不统一，这些数据的存储很难通过 RDS（Relational Database Service）数据库完成。对象存储的引入就是为了解决非结构化数据如何低成本的持久化这个问题。

对象存储的另一个重要作用是存储大文件，如视频、图片等，相比文件存储和块存储，对象存储的容量更大，价格更便宜，并且消除了文件存储 inode 个数的限制，在处理大量文件遍历的场景也比文件存储要快，但对象存储也不是万能的，它必须通过 HTTP 接口的方式传输数据，这导致读写的性能不会太高，并且也无法组织复杂的目录结构。

对象存储通常分为两级，bucket（桶）和 object（对象），可以将 bucket 当作一个大的目录，而 object 则是这个目录下的文件。为了安全访问，还可以分别针对 bucket 和 object 设置读写权限，如针对 bucket 的读权限包括了查询 bucket 下所有对象的权限，而 bucket 的写权限主要包括更新或者删除 bucket 对象的权限，object 的读权限则包括对象下载的权限。

4.5 分布式存储架构

分布式存储的架构大同小异，基本的原理的都是将文件拆分很多小块，成为条带化，然后将这些数据块通过多副本的方式保存到不同机器上，并记录这些块和文件的对应关系，以及块和机器的对应关系。

图 4-11 展示了分布式存储的总体架构，这里并不是针对某一种存储。如果是块存储，Client 可以理解为 iSCSC 存储的 initor。如果是文件存储，可以理解为实现 NFS 等协议的客户端。如果是对象存储，可以理解为对象 HTTP 客户端。

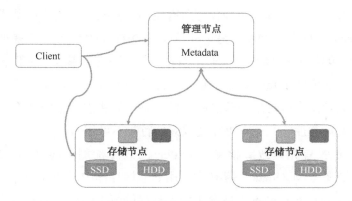

图 4-11 分布式存储的总体架构

Client 通常从管理节点获取数据的元数据信息，然后根据元数据得到真实数据块（对象、文件）存储的位置后，Client 会直接和存储节点通信并读写数据。这里有几个技术细节需要注意。

Master 如何高可用？为了保持数据的一致性，通常只有一个活动的 Master，但单点的 Master 可靠性会大大降低，所以通常的做法是借助 Zookeeper 或者 etcd，在 Master 宕机后，备用的 Master 成为活动的 Master 并接管之前 Master 的任务。例如，在 HDFS 存储中，Master 叫作 NameNode，分为 Active NameNode 和 Standby NameNode，之间形成互备。其中有一个 NameNode 处于 Active 状态，为主 NameNode，另外的处于 Standby 状态，为备 NameNode，只有主 NameNode 才能对外提供读写服务，通过 Zookeeper 完成主备切换。

数据如何保持高可靠？在分布式存储中，数据的高可靠通常不依赖底层的 RAID，通过多副本或者 erasure code 的方式保证数据的可靠性。如果一个副本丢失，会拷贝一份其他节点的副本，通常是 3 副本的方式保存，一个主副本可读可写，而从副本只读。所有分布

式系统都不能违背 CAP 定理，C（Consistency）的一致性，在这里指多副本数据的一致性；A（Availability）即可用性，这里指能够随时读写数据；P（Partition tolerance）即分区容错性，这里指能够容忍网络中断出现分区的情况。

在分布式系统中，P 通常是必须要保证的，所以基本是在 C 和 A 中权衡。如果选择 C 则放弃可用性，当集群数据出现一致性问题后则停止对外提供数据写服务；如果是选择 A，则可能会出现多副本数据不一致情况。但 CAP 现在已经有点过时了，因为 A 并不是绝对的可用或者不可用，而 C 也并不是一直保持强一致性。通常在一些要求不高的场景下，保证基本可用和弱一致即可，对应的是 eBay 工程师提出的 BASE 理论。BASE 指基本可用（Basically Available）、软状态（Soft State）和最终一致性（Eventual Consistency），放弃了强一致，保证高可用。

数据如何分布？这里通常有两种方式，一种是通过元数据的方式标识数据的分布的，例如，在 HDFS 中，NameNode 里面保存所有块的元数据，元数据记录了块的名称，副本数，副本分布 DataNode 存储路径。另一种是通过 DHT 等算法计算并得到数据的分布，例如 Swift 采用的一致性 Hash 环算法，还有 Ceph 采用的 rados 算法。他们各有利弊，通过元数据的方式，避免在添加节点时数据迁移，但需要额外维护一套元数据，而通过算法的方式可以避免使用元数据，但在增减节点的时候，整个算法需要重新计算，导致大量数据重新分布，不仅影响集群性能，还有可能造成集群暂时不可用。

故障如何恢复？首先是故障检测，master 的故障检测上面已经介绍了，如果采用 Metadata 服务，需要将 Metadata 保存在高可用的数据存储中，如 MySQL 或者 etcd 中，从而避免切换 master 导致数据的丢失情况。如果是存储节点的检测则分为两种情况，第一种是整个计算节点宕机，这种情况一般是通过心跳解决，存储节点定时上报自己的状态和节点上面副本的情况，如果超时上报则认为节点故障，需要恢复整个节点的数据副本；第二种情况是磁盘故障，如果读写 I/O 报错、磁盘检查工具检查磁盘故障等，这种情况通常需要将磁盘隔离，并复制故障盘的数据。

4.6 开源存储

虽然当前的存储市场仍然是由一些行业巨头垄断，但在开源市场还是有一些不错的分布式存储，其中包括了 Ceph、Swift、sheepdog、glusterfs 等。下文将详细介绍 Ceph 和 minio。

4.6.1 Ceph

Ceph 需要具有可靠性（reliability）、可扩展性（scalability）、统一性（unified）和可分

布式（distributed）存储特性。**可靠性**主要分为两点，第一，写入数据的强一致性，它并非是最终一致性，必须完成多副本的成功写入才能提交；第二，通过多副本保证数据不丢失，避免因为单个服务器或者单个机架的故障导致数据丢失。**可扩展性**，主要指通过增加系统节点数，扩大系统规模的同时，系统的存储容量也相应提高，当然在理想情况下应该成线性关系，Ceph 的 OSD 支持动态添加，当集群容量不足时，通过增加 OSD 节点便可以扩展集群的容量，并且 Ceph 能够自动完成数据重新分配。**统一性**是指 Ceph 能够同时支持文件存储、对象存储和块存储。这些特点最终都得利用 Ceph 分布式的架构设计和去中心化的设计思想。回想当时 Sage 博士的论文，在传统的通过 HA 保障高可用的大众方案里面，Ceph 超前地使用了 CRUSH 和 Hash 环的方案，极具创意。

Ceph 从 2004 发起到现在已经经过了十几年的历史了，虽然设计的思想非常先进，但一直到 OpenStack 崛起后，在 2012 年，OpenStack 将 Ceph 作为 cinder 的后备存储，Ceph 才真正被大家所了解。之后 Intel 和 SanDisk 等公司也加入了社区，Inktank 被 Redhat 以 1.75 亿美金收购，并成立了 Ceph 顾问委员会，Cisco 和 Fujitsu 等公司也纷纷加入。国内也有华为、浪潮等公司参与社区建设，并且腾讯、新浪等公司也有了比较大规模的部署集群。

4.6.1.1　Ceph 架构

分布式存储可以搭建在普通 x86 服务器集群之上，主要依靠多副本完成数据高可靠性，图 4-12 是 Ceph 存储模块图，它提供了 Ceph FS（Ceph File System）文件存储系统和 POSIX 接口、RADOSGW（Reliable Antonomic Distributed Object Storage Gateway）的对象存储，以及最常用的块存储 RDB（Rados Block Device）。

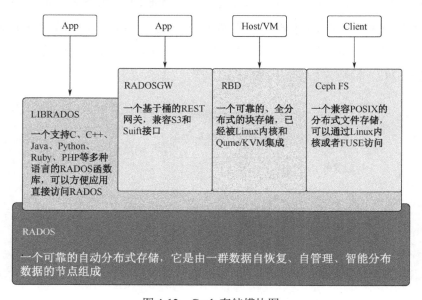

图 4-12　Ceph 存储模块图

图 4-11 总体展现了整个 Ceph 存储模块，最底层是 RODOS 对象存储系统，上面分别通过四种接口对外暴露不同的服务。1）通过 RADOSGW 实现 AWS 的 S3 接口和 OpenStack 的 Swift 接口，提供对象存储服务；2）通过 LIBRADOS 提供编程调用的 API，支持 C++、Python、Java 等编程接口；3）实现 POSIX 协议的文件存储；4）通过 Librbd 块存储库提供块存储接口，可以为虚拟机或者物理机提供虚拟块存储服务。

整个系统的基石还在底层 RADOS 下面，并深入 RADOS 内部。重要的组件包括 OSD 和 Monitor。

Ceph OSD：Ceph 的 OSD（Object Storage Device）守护进程。主要功能包括：存储数据、副本数据处理、数据恢复、数据回补、平衡数据分布，并将数据相关的监控信息提供给 Ceph Moniter，以便 Ceph Moniter 来检查其他 OSD 的心跳状态。一个 Ceph 存储集群，要求至少有两个 Ceph OSD，才能有效地保存两份数据。注意，这里两个 Ceph OSD 是指运行在两台物理服务器上的，并不是在一台物理服务器上开两个 Ceph OSD 的守护进程。

Ceph 的数据并非直接保存在 OSD 节点上，需要一定组织形式，这里引入三个概念，既然是对象存储，第一个概念当然是对象（Object），Ceph 最底层的存储单元是对象，默认 4MB 的存储大小，每个 Object 包含唯一标识 ID、元数据和对象内容。但 Ceph 并不直接维护 object，而是将它们分成逻辑组，这就引出了第二个概念 PG（Placement Group，放置组），PG 是一个逻辑概念，引入 PG 这一层其实是为了更好地分配和定位数据，它是数据迁移的最小单位，从图 4-12 可以看出一个文件会拆分出很多 Object 对象，每个对象都有一个 ID，称为 oid。通过 Hash 取模确定所属 PG，每个对象只属于一个 PG，然后将 PG 分配到一个 OSD 中，如果对象的副本数是 3 个，那么这个 PG 会通 CRUSH 算法分布到三个 OSD 中，其中一个 OSD 的 PG 是 Primary PG（主副本），另外两个 OSD 上面的是 Replicated PG（从副本），Primary PG 负责 PG 中对象读写操作，而 Replicated PG 是只读的。每个 OSD 上面都会承载多个 PG。整个分布流程图如图 4-13 所示。

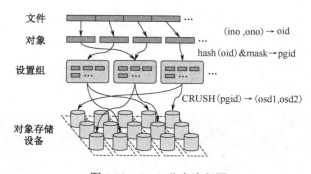

图 4-13　Ceph 分布流程图

当一个 OSD 设备发生故障时（主机宕机或者存储设备损坏），这个 OSD 所有的 PG 都会处于 Degraded（降级）状态，此时数据是可以继续读写的。如果 OSD 长时间（默认 5 分钟）无法启动，该 OSD 会被"踢出" Ceph 集群，这些 PG 会被 Monitor 根据 Crush 算法重新分配到其他 OSD 上。

第三个概念是 Pool。Pool 是 Ceph 存储数据时的逻辑分区，它定义了数据的冗余方式（差错码、副本）和副本的分布策略，如图 4-14 所示。不同的 Pool 可以定义不同的数据处理方式，如 Replicated Size（副本数）、PG 个数、Crush 规则等。

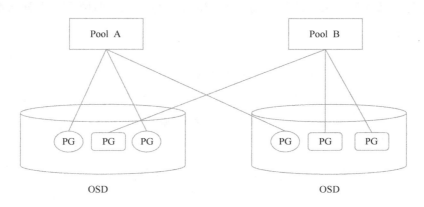

图 4-14　Pool

其实，上面的文章已经多次提到 Monitor 这个概念了，Ceph 的 Monitor 是一个守护进程，主要功能是维护集群状态的表，主要是 Monitor Map、OSD Map、PG Map 等。这些表记录了整个集群的信息。

其中，OSD Map 负责记录 Ceph 集群中所有 OSD 的信息。OSD 节点的变化如节点的加入和退出、OSD 运行状态，以及节点权重的变化都会被定时上报到 Monitor，并记录到 OSD Map 里。当新的 OSD 启动时，此时 OSD Map 并没有该 OSD 的情况，OSD 会向 Monitor 申请加入，Monitor 在验证其信息后会将其加入到 OSD Map 中，这里还涉及多个 Monitor 之间通过 Paxos 一致性协议保持 OSD Map 数据在多个 Monitor 之间数据的一致性。

PG Map 是由 Monitor 维护所有 PG 的状态，每个 OSD 都会掌握自己所拥有的 PG 状态。PG 迁移需要 Monitor 通过 CRUSH 算法做出决定后修改 PG Map，相关 OSD 会得到通知去改变其 PG 状态。在一个新的 OSD 启动并加入 OSD Map 后，Monitor 会通知这个 OSD 需要创建和维护 PG。当存在多个副本时，PG 的 Primary OSD 会主动与 Replicated 角色的 PG 通信，并且沟通 PG 的状态。

上面介绍了通过 CRUSH 算法分布数据，CRUSH 可译为可控的、可扩展的、分布式的副本数据**放置算法**。通过 CRUSH 算法计算数据存储位置来确定如何存储和检索，从而 Ceph 客户端可以直接连接 OSD 读写数据，而非通过一个中央服务器或代理。数据存储、检索算法的使用，使 Ceph 避免了单点故障、性能瓶颈和伸缩的物理限制。CRUSH 算法决策需要两个因素，第一个因素是需要集群的完整拓扑结构 Cluster Map，如图 4-15，定义整个 OSD 层次结构和静态拓扑。一方面 CRUSH 算法把数据伪随机、尽量平均地分布到整个集群的 OSD 上；另一方面，OSD 层级使 CRUSH 算法在选择 OSD 时实现了机架感知能力，也就是通过规则定义，使得副本可以分布在不同的机架、不同的机房中，提供数据的可靠性。第二个因素是放置规则列表，放置规则（CRUSH Rule）定义了从哪个节点开始查找，以及定义查找的方式。

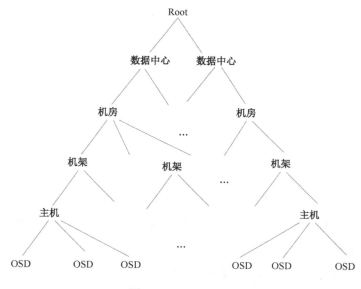

图 4-15　Cluster Map

　　Ceph 的文件存储是建立在底层 RADOS 存储之上的，它是通过 Ceph 的 Metadata Server（MDS）管理的。

　　MDS：Ceph 的 MDS（Metadata Server）守护进程，主要保存的是 Ceph FileSystem 的元数据。注意，对于 Ceph 的块设备和 Ceph 对象存储都不需要 Ceph MDS 守护进程。只有使用 Ceph FS 的时候才需要安装。Ceph MDS 基于 POSIX 文件系统的用户提供了一些基础命令的执行，比如 ls、find 等。Ceph FS 读写数据示意图如图 4-16 所示。

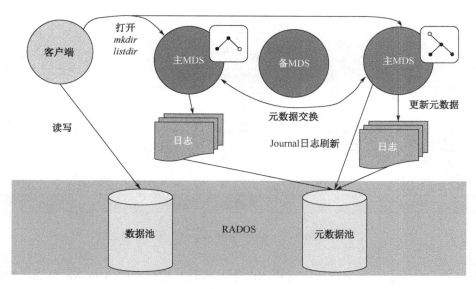

图 4-16　Ceph FS 读写数据示意图

当客户端打开一个文件时，客户端向 MDS 发送请求，这里需要注意 MDS 只是负责接受用户的元数据请求，不是文件内容，然后 MDS 从 OSD 中把元数据取出来映射进自己的内存中供客户访问。所以，MDS 其实类似一个代理缓存服务器，在这个缓存服务器里面构建了一个目录树，并且可以获取目录下面文件的 inode 信息。当客户端获取 MDS 返回的文件后就可以直接与 OSD 交换了，真正完成数据的读写操作，这样就可以分担用户对 OSD 的访问压力。

但 Ceph 本身也存在自身缺陷，开源版本的 Ceph 部署和维护成本比较高，其次，Ceph 的底层是对象存储，而对象又通过文件系统保存，这样过长地读写 I/O 路径对性能造成很大影响，并且一致 Hash 算法并不能保证数据完全均衡和负载。所以，Ceph 更建议在私有云的环境中，部署规模不要超过百台的场景中使用。

4.6.1.2　Ceph 命令和使用

Ceph 的部署可以通过 Ceph-deploy 脚本实现，安装很方便，大概分为配置本地 host、配置节点免密登录、安装 Monitor、安装 OSD 节点、启动 OSD 这几个步骤。由于网络上资料很多，我就不展开叙述了。在常用的操作系统（如 Ubuntu 和 CentOS）中都可以安装。有个小细节是 Ceph-deploy 安装时需要用户指定两个网络，分别是集群网络和公共网络。其中，集群网络是 OSD 内部流量网络，而公共网络是客户端访问网络，之所以设计两个网络，是为了提高系统的安全性，提升系统性能。如果主机上面只有一个网卡，可以将他们设置成一样的。Ceph 集群网络拓扑图如图 4-17 所示。

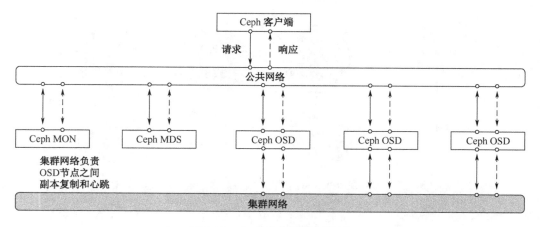

图 4-17　Ceph 集群网络拓扑图

本节主要介绍了一些集群运维常用的命令，本质上就是读取 Monitor 里面维护的表的数据。

```
# ceph  mon dump 查看monitor的状态
# ceph  osd dump 查看OSD的状态
# ceph  pg dump  查看pg的状态
# ceph  osd crush dump 查看crush map数据
```

目前，Ceph 最常用的场景是它的 RBD 块存储。RBD 块存储的使用有两种挂载方式，一种是通过 nbd，再经过用户态的 librbd 挂载；另一种是通过内核模块的 krdb，这种方式对内核版本有一定要求。Ceph RDB 示意图如图 4-18 所示。

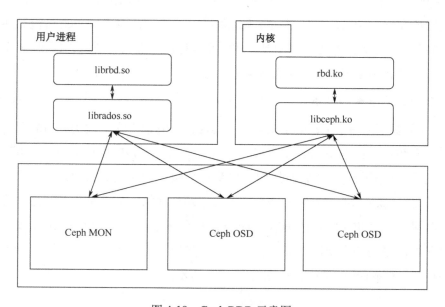

图 4-18　Ceph RDB 示意图

1. 创建池 pool

```
# rados  mkpool pool
```

2. 创建 image

创建 image，创建块设备镜像命令 rbd create --size {megabytes} {pool-name}/ {image-name}。如果不指定 pool_name，则默认的 pool 是 rbd。

```
# rdb create pool/image1 –size 1024 –image-format 2
```

下面介绍一下格式 format，它指定镜像（数据块）的格式。1 是原始格式，但是不支持诸如克隆这样较新的功能；2 是分层格式，是实现 COW 的前提，这个和后面说的 Docker 镜像的分层是类似的，可以实现快照等新功能。

3. 在目标机器挂载存储

```
# rbd map image1 --pool rbd
```

4. 格式化

```
# mkfs.ext4 /dev/rbd0
# mount /dev/rbd0 指定目录。
```

在/dev 下就可以看到这个设备了，通过/dev/rdb0 查看。这样就完成了一次 rbd 块存储的挂载了。

4.6.2　Minio

Minio 是一个基于 Apache License v2.0 开源协议的对象存储服务。它兼容亚马逊 S3 云存储服务接口，非常适合存储大容量、非结构化的数据。例如，图片、视频、日志文件、备份数据和容器/虚拟机镜像等，而一个对象文件可以是任意大小的，从几 KB 到 5TB 不等。

4.6.2.1　Minio 架构

Minio 可以支持多种后端存储格式，最简单的是直接通过文件系统保存对象，这些对象在登录机器后可以直接打开文件查看，但是这样会使用比较多的存储空间，Minio 使用更多的是差错码，或者纠错码（erasure code）的方式存储。通过 erasure code、校验和 checksum 来保护数据免受硬件故障和无声数据损坏。即便丢失了一半数量（$N/2$）的硬盘，仍然可以恢复数据。图 4-19 是 Minio 存储的逻辑架构图，主要支持三种存储方式，分别是：文件系统对象存储 fsObject、差错码对象存储 xlObject 和第三方对象存储 GatewayLayer。其中，GatewayLayer 只是一个存储接口，用于对接到 Azure、AWS 或者 GCS 的对象存储。

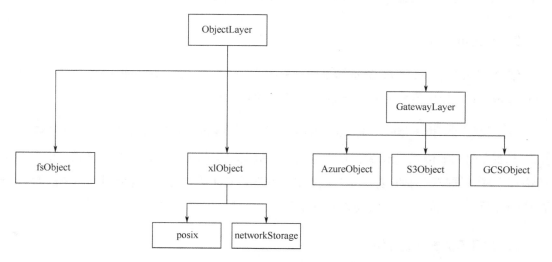

图 4-19　Minio 存储的逻辑架构图

纠删码是一种恢复丢失和损坏数据的数学算法，Minio 采用 Reed-Solomon code 将对象拆分成 $N/2$ 的数据和 $N/2$ 的奇偶校验块。这就意味着如果是 12 块盘，一个对象会被分成 6 个数据块、6 个奇偶校验块，你可以丢失任意 6 块盘（不管其是存放的数据块，还是奇偶校验块），都可以通过剩下的盘中的数据进行恢复。

看似和 RAID 很相似，但纠删码的工作原理和 RAID 或者复制并不同，例如，RAID6 可以在损失两块盘的情况下不丢数据，而 Minio 纠删码在丢失一半的盘的情况下，仍可以保证数据安全。而且 Minio 纠删码作用在对象级别，可以一次恢复一个对象，而 RAID 作用在卷级别，数据恢复时间很长。Minio 对每个对象单独编码，存储服务一经部署，通常情况下不需要更换硬盘或者修复。Minio 纠删码的设计目标是为了提升性能，尽可能地使用硬件加速。

先通过一个标准的可逆矩阵 B 和原始的数据举证 D 乘积得到纠错码矩阵。简单介绍一下 B 矩阵，矩阵的上部是一个 $n*n$ 的单位矩阵，下部分是范德蒙矩阵，之所以采用范德蒙矩阵，是为了在后面数据恢复的时候保持该矩阵的可逆性，如图 4-20 所示。

如果数据 D_1、D_4 和 C_2 发生丢失，通过两边同时乘以 B 的逆矩阵，就可以完成数据的恢复。

可见需要经过大量的矩阵运算才能恢复数据。对只读数据，或者"冷数据"，所有纠错码都适合。

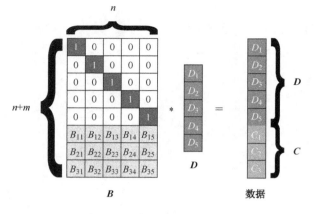

图 4-20　范德蒙矩阵运算

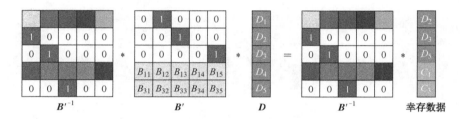

图 4-21　范德蒙矩阵数据恢复原理图

4.6.2.2　Minio 使用和 SDK

如果只是单机测试，可以通过官网（https://dl.minio.io/server/minio/release/Linux-amd64/minio）下载执行。

```
# chmod +x minio
# ./minio server /data
```

当然，它可以支持 Docker 的启动，通过以下命令实现。

```
# docker run -p 9000:9000 minio/minio server/data
```

如果使用集群模式，可以通过下面命令指定多台机器作为数据节点。

```
# export MINIO_ACCESS_KEY=<ACCESS_KEY>
# export MINIO_SECRET_KEY=<SECRET_KEY>
# minio server http://192.168.1.11/export1 http://192.168.1.12/export2 \
        http://192.168.1.13/export3 http://192.168.1.14/export4 \
        http://192.168.1.15/export5 http://192.168.1.16/export6 \
        http://192.168.1.17/export7 http://192.168.1.18/export8
```

构建分布式对象存储，逻辑部署图如图 4-22 所示。

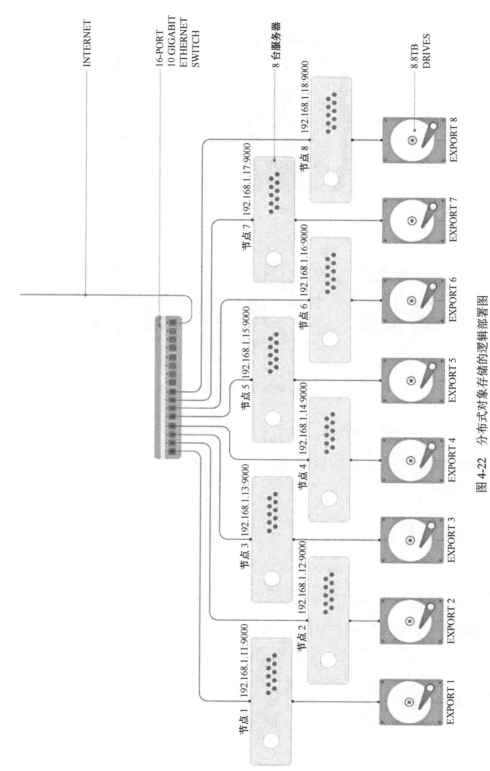

图4-22　分布式对象存储的逻辑部署图

这样不仅避免了单机故障，而且能提升整个集群的存储容量。

Minio 在运维方面也极其简单，不仅可以直接通过 Minio 自带的 Web 管理控制台和浏览器直接管理对象存储，还可以通过命令行工具 mc 管理对象存储。mc 常用命令如下：

```
ls       列出文件和文件夹。
mb       创建一个存储桶或一个文件夹。
cat      显示文件和对象内容。
pipe     将一个STDIN重定向到一个对象或者文件或者STDOUT。
share    生成用于共享的URL。
cp       拷贝文件和对象。
mirror   给存储桶和文件夹做镜像。
find     基于参数查找文件。
diff     对两个文件夹或者存储桶比较差异。
rm       删除文件和对象。
events   管理对象通知。
watch    监听文件和对象的事件。
policy   管理访问策略。
session  为cp命令管理保存的会话。
config   管理mc配置文件。
update   检查软件更新。
version  输出版本信息。
```

由于 Minio 兼容 S3 接口，所以还可以直接使用 aws-cli 操作。在编程方面，Minio 还提供了 Java、Python 和 Go 等多门语言的 SDK，方便第三方系统集成。

4.7　华为 FusionStorage

我国华为分布式块云存储产品 FusionStorage 构建在 x86 服务器上，将本地的 HDD 和 SSD 组织成统一的存储资源池，并提供跨机器的多副本和冗余保护。图 4-23 展现了 FusionStorage 的内部组件。

主要分为集群管理和存储管理。在集群管理中，FusionStorage Manager 是管理控制台的，主要对存储机器的操作配置、告警监控、日志等进行管理。它部署在存储机器之外，通过主备的方式部署。FusionStorage Agent 一方面负责存储数据的采集，并上报到 FusionStorage Manager，另一方面负责集群组件的升级。

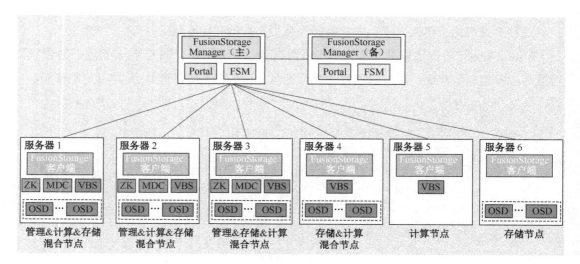

图 4-23　FusionStorage 的内部组件

存储管理中，MDC 是存储系统的管理模块，主要记录整个集群的硬件和配置信息，包括集群里面节点的状态、每个节点上面有多少硬盘、数据分布规则、数据重建规则等，它只部署在管理节点上。为了保证高可用，采用多实例部署，但数据一致性要求不能多活，只能有一个实例工作，所以引入 Zookeeper 集群完成 MDC 的选主。OSD 的作用和 Ceph 的 OSD 形似，主要负责数据副本管理、副本的故障恢复、扩容后再均衡等，它部署在存储节点上面。VBS 是实现 SCSI 和 iSCSI 接口的机构，将数据发送到 OSD 保存，需要在每个使用存储的节点上安装。

FusionStorage 采用强一致性数据复制协议，也就是多副本同时写入成功后，本次写入才算完成。FusionStorage 采用一致性 Hash 环算法分布数据，避免元数据读取操作。在 VBS 中，首先将块的逻辑地址进行 Hash 计算，并映射到 Hash 环上分区，然后通过分区方法映射到后端具体的 OSD 硬盘上面，并发送数据到 OSD，这个过程都无须查询任何元数据。数据的路由过程如图 4-24 所示。

系统在初始化的时候就已经建立整个 Hash 环，Hash 环空间为 $0 \sim 2^{32}$。如果是两副本的情况，将整个环分成 3 600 个分区 P1、P2…。如果是 36 块磁盘，那么每个磁盘将负责 100 个分区，并且每个 OSD 将磁盘按照 1MB 大小划分成段。当操作系统通过 SCSI 协议写数据时，通过请求参数 LUN ID 和 LBA ID 产生 Hash 值，落在相应的分区上面，然后通过路由表（磁盘和分区对应关系）找到具体的磁盘（OSD），然后发送读写请求到该 OSD 上，OSD 根据请求的 LBA ID 找到对应的段。

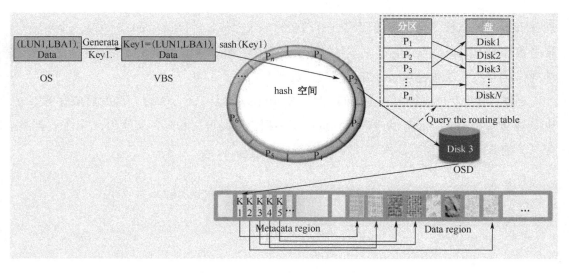

图 4-24　数据的路由过程

4.8　其他存储系统

除了上面介绍的存储实现方案之外，还有 Swift 和 SeaweedFS 等。其中，SeaweedFS 是 Golang 实现的具有文件存储和对象存储功能的分布式存储。SeaweedFS 系统架构图如图 4-25 所示。

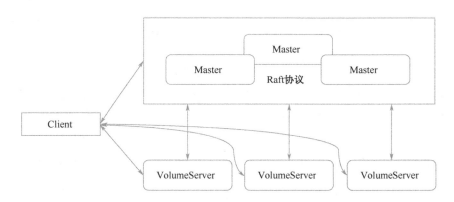

图 4-25　SeaweedFS 系统架构图

Master 负责维护集群信息，并管理多个 VolumeServer，Master 之间通过 Raft 协议保持数据一致，而每个 VolumeServer 又负责管理多个卷（大小固定）。如果 Client 需要写数据，需要先请求 Master 写入数据，Master 返回 fid 和 VolumeServer 地址。其中，fid 前 32 位代表 Volume ID，这样客户端便可以通过 HTTP 的方式上传文件。SeaweedFS 也是一个多副本、强一致性的方案，只不过它的副本是卷，并非单个文件。SeaweedFS 还提供了 FUSE 文件挂载，这样便可以通过 mount 方式挂载到机器上。

当然，市面上还有很多开源存储，例如 Swift。Swift 是 Rackspace 开源的对象存储服务，也是最早加入 OpenStack 的组件。它提供了多租户、高可用和高扩展能力，并且完全兼容亚马逊的 S3 接口。在后面章节会详细介绍。

第 5 章 网络虚拟化

Chapter Five

5.1 网络虚拟化定义

网络虚拟化是在物理网络拓扑基础之上建立的虚拟网络,它不依赖底层物理连接,能够实现网络拓扑的动态变化,并且提供多租户隔离。如果溯源,VLAN 其实就是一种网络隔离,在网络下,通过 VLAN tag 划分多个广播域。在网络虚拟化环境中,一切都可以自定义,首先是网络设备的虚拟化,虚拟交换机、虚拟路由器、虚拟负载均衡和虚拟防火墙等,这些设备是基于网络设备虚拟出来的,但更多的是安装了 Linux 的 x86 服务器。我们可以在一台 Linux 服务器上通过 OVS 或者 Linux 的 bridge 去实现多个互相独立运行的虚拟交换机。网络虚拟化的第二个方面是网络拓扑的虚拟化,网络就是由节点和链路组成的网状结构,设备虚拟化可以理解成节点的虚拟化,而链路的虚拟化可以理解为网络拓扑的虚拟化。物理的网络拓扑是由网络设备的连线决定的。在复杂多变的网络环境中,网络设备的配置变得异常烦琐,虚拟的网络拓扑可以由管理员自定义,摆脱物理设备的束缚,一个网卡可以加入到任意网络中,网络的网段可以随意分配,防火墙可以随着设备动态改变等功能都是通过网络虚拟化去实现的。图 5-1 展示了一个物理拓扑到虚拟(逻辑)拓扑的映射,底层是真实的网络拓扑,而在这个网络拓扑之上虚拟出两个独立租户的虚拟网络。最终,虚拟网络的使用者可以自己定义网络,而无须感知物理网络。当我们在公有云中使用 VPC 服务的时候,我们只需要定义自己的网段信息,而无须关心这个网段是否与数据中心内其他网段有冲突。定义自己的路由规则,管理自己的流量转发,这一切都依赖于网络虚拟化的实现。

网络虚拟化和计算、存储的虚拟化类似,总结起来也是"一个虚拟多个,多个虚拟一个"。网络虚拟化包括了网卡的虚拟化、链路层虚拟化、网络层虚拟化。通过 SR-IOV 技术可以实现一个物理网卡虚拟多个网卡,还可以通过 tap / veth 等纯软件的方式实现网卡虚拟化。链路层的虚拟化主要通过虚拟交换机，实现网络包的 VLAN 设置、隧道建立等。网络层虚拟化包括 VPN、overlay 网络等，创建一套隔离的三层网络。

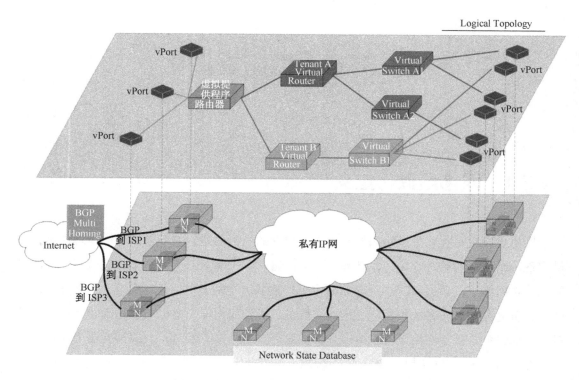

图 5-1　物理拓扑到虚拟（逻辑）拓扑的映射

5.2　网络虚拟化的优势

网络虚拟化能够实现资源的最大化利用，将一个网卡虚拟成多个网卡，在一条网线上面传输多个链路数据，在一个虚拟的网桥上创建数百个网络端口，将机器的资源利用率最大化，从而降低成本，并且网络可以借助软件的方式实现网络虚拟化，从而节省昂贵的网络设备成本。除此之外，网络虚拟化能够更加高效地创建和变更网络，有效地解决了需要经常变动的网络拓扑问题，从而降低了管理难度。这点在虚拟化的场景中非常重要，虚拟机和容器的网络需要经常调整，人工管理几乎无法完成。网络虚拟化可以创建出多套租户网络，从而实现了网络的有效隔离，提升了网络安全性。

5.3　网络基础拾遗

5.3.1　网络分层

　　网络的出现将不同地域的计算机互连到一起，它是计算机通信的基础。数据包从一台机器传输到另一台机器的过程，中间经过了很多网络设备，这些设备有的是工作在二层，有的是工作在三层，那么二层或者三层是什么意思呢？图 5-2 展现了两台计算机通信的数据流程。首先，在服务端启动端口监听，客户端（App）发送数据会经过 TCP 层、IP 层，然后到网卡驱动，并发送出去，经过中介的网络传输到达目标机器，然后再经过 IP 层和 TCP 层到达服务端。

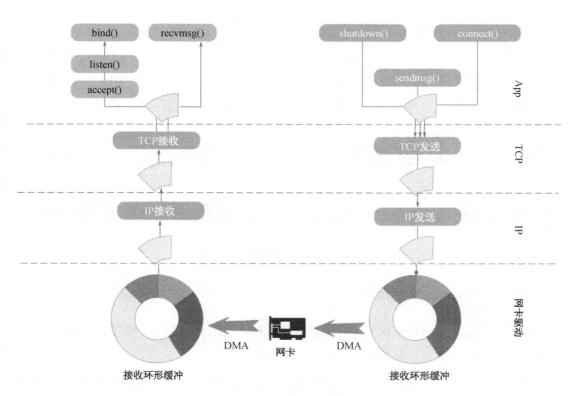

图 5-2　两台计算机通信的数据流程

　　网络分层的优势是每一层只需要负责本层的数据处理，而不用担心上层或者下层的数据处理。对于 IP 层来说，上面可能是 TCP，也有可能是 UDP，但 IP 层无须感知。同样的，对于 TCP 层来说，上面可能是 SSH 协议，也可能是 HTTP 协议，每一层只识别本层的数据包。对于一台交换机，它只需要解析二层的网络包，并获取 MAC 地址，然后便可以根据 MAC 地址转发数据。同理，一台路由器需要解析三层数据包，并根据 IP 地址转发数据包。

主流的网络分层有两种，一种是 ISO 7 层划分方式，另一种是 TCP/IP 协议的 4 层划分方式。差别是在 TCP/IP 协议栈中，将 ISO 中物理层和链路层合并为网络接口层，将应用层、表示层、会话层合并为应用层，保留了网络层和传输层。Linux 协议栈实现了 TCP/IP 协议。图 5-3 展现通过 TCP/IP 发送和接收数据包的过程，应用层将数据发送到传输层后将会添加 TCP 头部。TCP 头部有 20 个字节，主要包含了源端口和目的端口，然后 TCP 层将数据发送到网络层，在网络层中会在外层添加 IP 头，也是 20 个字节，主要包括了源 IP 地址和目的 IP 地址，最后影响网络接口层发送数据，添加以太网的帧头和帧尾，经过一些列中间设备的传输后到达服务端，服务端则正好逆向操作，逐层拆包，最终将应用数据发送到服务端应用层。

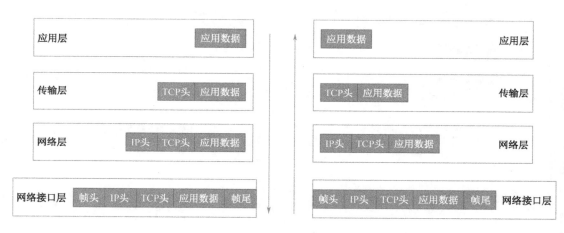

图 5-3　过 TCP/IP 发送和接收数据包的过程

5.3.2　Linux 收发包流程

在系统启动后，驱动和网卡对应关系被注册到内核。当网卡接收到数据包后，网络模块调用相应的网卡驱动，将数据拷贝到内核协议栈。

（1）当网卡接收到数据包后，会检查数据包的目的 IP 是否是本机。如果不是，则丢弃（这里排除了混杂模式）。

（2）网卡会通过 DMA 的方式将数据包拷贝到内存中，并发送硬件中断，通知 CPU 有网络数据已经放到内存。CPU 会根据中断号和中断向量表，找到中断注册函数，启动对应的网卡驱动。

（3）网卡驱动首先会禁止网卡发送中断，避免 CPU 一直被中断，影响性能，然后驱动会执行刚才中断的下半部分（软中断）启动。每个处理器都有一个名为 ksoftirqd / CPU 编号的内核线程专门负责软中断的处理。

（4）ksoftirqd 去调用网络模块的 net_rx_action 方法，该方法会调用驱动将网络包转化为网络模块能够识别的 skb 格式，并发送到协议栈。netfilter 包处理流程如图 5-4 所示。

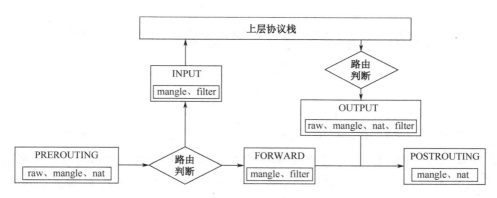

图 5-4　netfilter 包处理流程

数据包先分别经过 raw、mangle 和 nat 表的 prerouting 的 hook，它是在主机路由之前执行，然后由执行路由选择，确定数据包是发送到本机，还是需要经过本机转发。如果是发送到本机，则会经过 mangle 和 filter 表 input 的 hook，很多防火墙都通过这种方式实现，通过验证后便可以进入 socket 协议层，保护本地应用程序。如果是发送到其他机器，则会经过 mangle 和 filter 表的 forward 的 hook，确定是否允许被转发。本地程序发送到外面的数据包也会经过路由选择，分别经过 raw、mangle、nat 和 fliter 确认是否可以发送出去，最后无论是本地发出的，还是转发的，都会经过 mangle 和 nat 的 postrouting 的 hook。这些hook 包含了很丰富的动作，如 filter 表通常针对数据包执行拒绝、接收操作，而 prerouting 通常在 DNAT 中使用，用于修改数据包的目的 IP，postrouting 通常在 SNAT 中使用，用于修改数据包的源 IP 地址。netfilter 的功能非常强大，在云的环境中，经常被用作软件防火墙使用，在后面介绍 Kubernetes 的 kube-proxy 的实现时还会用到。

5.3.3　VLAN

VLAN（Virtual Local Area Network）的中文名为"虚拟局域网"。现在使用最广泛的VLAN 协议标准是 IEEE 802.1Q，许多厂家的交换机 / 路由器产品都支持 IEEE 802.1Q 标准。802.1Q Tag 的长度是 4 B，它位于以太网帧中源 MAC 地址和长度 / 类型之间。802.1QTag 包含 4 个字段，如图 5-5 所示。

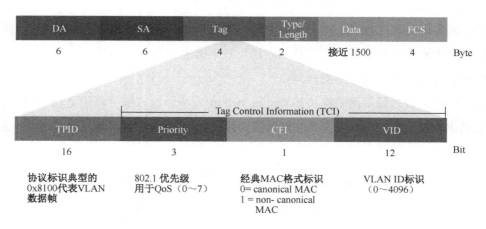

图 5-5　VLAN

（1）TPID：长度为2B，表示帧类型，802.1Q tag帧中，TPID默认是0x8100。如果是不支持802.1Q的设备收到802.1Q帧，则将其丢弃。（2）Priority：Priority字段又称优先权代码点（Priority Code Point，PCP），长度为3bit，表示以太网帧的优先级，取值范围是0~7，数值越大，优先级越高。当交换机/路由器发生传输拥塞时，优先发送优先级高的数据帧，这个是为了网络设备QoS所使用。（3）CFI（Canonical Format Indicator）长度为1bit，表示MAC地址是否是经典格式。CFI为0说明是经典格式，CFI为1表示为非经典格式。该字段用于区分以太网帧、FDDI帧和令牌环网帧。在以太网帧中，CFI取值为0。（4）VID：VLAN ID，长度为12位，取值范围是0~4 095，其中，0和4 095这两个VLAN号是保留值，不能给用户使用。4 096个VLAN在普通的数据中心内是足够使用的，但如果是云数据中心，那么还需要借助其他技术。

5.4　数据中心网络架构

传统的数据中心网络架构主要分为三层：接入层、汇聚层和核心层，如图5-6所示的例子。服务器放置机架（Rack）上，统一由机架提供电源和网络。机架的高度通常使用U（44mm）作为单位，常见的服务器高度有1U、2U和4U。在接入层，每个机架上面都会有一个或者多个ToR（Top of Rack）交换机，用于连接本机架上面所有的服务器，从而达到机架内服务器的互联互通，还可以通过VLAN实现隔离。ToR交换机向上连接汇聚层交换机，汇聚层顾名思义就是汇聚多个机架的服务器，完成服务器跨机架互连。汇聚层之上是核心层交换机，核心交换机通常还具备三层转发能力，一般能够从用户数据中心连接到外网。最外层通过防火墙连接运营商的边界路由器。

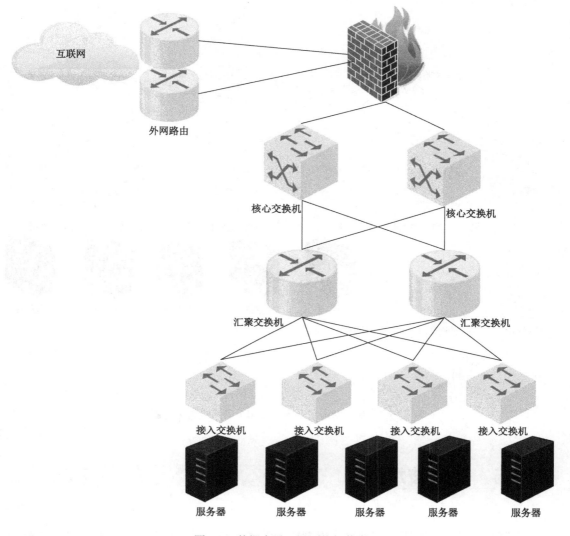

图 5-6　数据中心三层网络拓扑图

传统的网络架构比较适合南、北流量较多的场景，随着云计算和大数据的兴起，东、西流量越来越多，如分布式存储流量主要来自服务器之间的东、西流量。为了解决这个问题，演化出了叶脊网络（Spine / Leaf）。叶脊网络将传统的三层网络简化成两层网络，从而有效缩短东、西流量的链路路径。底层的接入层称为 Leaf，上面的核心层称为 Spine，如图 5-7 所示。

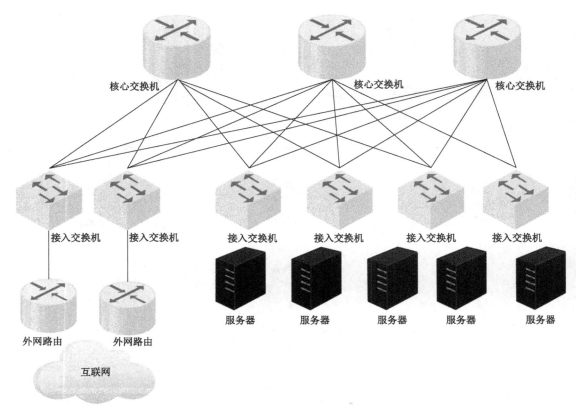

图 5-7　叶脊网络（Spine / Leaf）网络逻辑拓扑图

5.5　隧道技术

隧道技术是一种常用的实现网络虚拟化的技术，它将其他协议或封装格式的数据帧进行重新封装后发送或接受。其中，以 overlay 最为著名，overlay 技术是将整个以太网报文作为 DATA 封装到新的报文中，隧道报文封装新的二层头、三层头，甚至是新的 TCP 或者 UDP 报文头，这些技术有 VPLS / VXLAN / NVGRE 等。VXLAN 是由 VMware、Cisco、RedHat 等联合提出的一个解决方案，它本质就是 MAC-in-UDP，将原始报文封装到 UDP 数据包中传输，负责处理（封包和解包）VXLAN 报文的设备被称为 VTEP（VXLAN Tunnel EndPoints）。图 5-8 是一个 VXLAN 数据包结构。

整个数据包分为三层，最外层是 UDP 协议报文，是在宿主机网络中传输的；中间是 VXLAN 头部，VTEP 接受报文之后，去除外面 UDP 协议部分，得到最内层原始的 L2 层数据包，转发到最终的目的端。下面逐一分析每一层的组成。

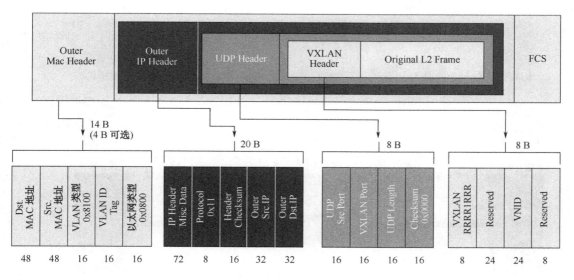

图 5-8　VXLAN 数据包结构

外层的 UDP 数据包具体包含 8 个字节的四层 UDP 头部。其中，目的端口就是接收方 VTEP 使用的端口，默认是 4789，还有 20 个字节的三层 IP 头部，主机之间通信的地址，可能是主机的网卡 IP 地址，也可能是多播 IP 地址。二层还需要封装 14 个字节的 MAC 头部，主机之间通信的 MAC 地址，源 MAC 地址为主机 MAC 地址，目的 MAC 地址为下一跳设备的 MAC 地址。

中间层 8 个字节的 VXLAN 头部，头部里面最重要的是一个 24 位的 VNI，标识 VXLAN 的 ID 与 VLAN 的 ID 类似，可以将网络分组隔离。加上外层的 UDP（共 8+14+20 字节）封装，整个 VXLAN 的封包相比传统的网络包额外增加了 50 字节。带来的影响一方面是网络设备的负载增加；另一方面，在封包和拆包的时候，计算资源的消耗也必须被考虑。解决的思路通常是将 VXLAN 包的封装过程从物理服务器迁移至支持 VXLAN 的网络设备上。

VXLAN 还支持隔离，每个租户多个 VNI（VXLAN Network Identifier），它具有 24 位（最大值为 16 777 216），相比传统 VLAN 的 12 位（最大值为 4 096），扩展了很多。它能提供一个跨数据中心的大二层技术方案。VXLAN 接口称为 VTEP（VXLAN tunnel endpoint），VXLAN 子网的报文，都需要从 VTEP 出去，多播组主要用来学习 ARP：VXLAN 子网内广播 ARP 请求，对应 VM 响应，但这并不是必须的。如果网络不复杂，可以认为某一 Hypervisor 上所有子网 IP 的 MAC，和 Hypervisor 上的 VTEP 的 MAC 一致，可以直接用 VTEP MAC 封装报文。

下面通过简单的流程讲解一下整个发包的过程。

VXLAN 的报文工作流程，位于上方的虚拟机 A 要通过 VXLAN 网络发送报文给右上方的虚拟机 B，如图 5-9 所示。

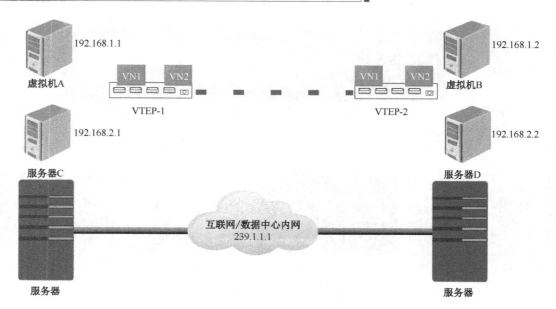

图 5-9　VXLAN 的报文工作流程

VTEP 建立的时候会通过配置加入多播组，图 5-9 中的多播组 IP 地址是 239.1.1.1。虚拟机 A 只知道对方的 IP 地址，不知道 MAC 地址，因此会发送 ARP 报文进行查询，内部的 ARP 报文很普通，目标地址为全 1 的广播地址。

VTEP-1 收到 ARP 报文，发现虚拟机目的 MAC 为广播地址，封装上 VXLAN 协议头部之后（外层 IP 为多播组 IP，MAC 地址为多播组的 MAC 地址），发送给多播组 239.1.1.1，支持多播的底层网络设备（交换机和路由器）会把报文发送给组内所有成员。

VTEP-2 接收 VXLAN 封装的 ARP 请求，去掉 VXLAN 头部，并通过报文将发送方 < 虚拟机 A　MAC - VNI - VTEP IP> 三元组保存起来，把解包后的 ARP 报文广播给主机上面的虚拟机。

虚拟机 B 接收 ARP 请求报文。如果 ARP 报文请求的是自己的 MAC 地址，则返回对应的 ARP 应答。VTEP-2 此时已经知道发送方虚拟机的 VTEP 信息，把 ARP 应答添加上 VXLAN 头部（外部 IP 地址为 VTEP-1 的 IP 地址，VN1 是原来报文的 VN1）之后通过单播发送出去。

VTEP-1 接收报文，并学习报文中的三元组，记录下来。然后通过 VTEP 进行解包，知道内部的 IP 和 MAC 地址，并转发给目的虚拟机。虚拟机 A 拿到 ARP 应答报文，就知道了到目的虚拟机的 MAC 地址。

在这个过程中，只有一次多播，因为 VTEP 有自动学习的能力，后续的报文都是通过单播直接发送的。可以看到，多播报文非常浪费，每次的多播其实只有一个报文是有效的。如果某个多播组的 VTEP 数量很多，这个浪费是非常大的。但是多播组实现起来比较简单，不需要中心化控制，只有底层网络支持多播。

　　单播报文的发送过程就是上述应答报文的逻辑，应该非常容易理解。还有一种通信方式，那就是不同 VN 网络之间的通信，这个需要使用 VXLAN 网关（可以是物理网络设备，也可以是软件），它接收一个 VXLAN 网络报文之后解压，根据特定的逻辑添加另外一个 VXLAN 头部转发出去。

　　因为并不是所有的网络设备都支持多播，再加上多播方式带来的报文浪费，在实际生产中这种方式很少用到。

　　从多播的流程可以看出，其实 VTEP 发送报文最关键的就是知道对方虚拟机的 MAC 地址和虚拟机所在主机的 VTEP IP 地址。如果能够事先知道这两个信息，直接告诉 VTEP，那么就不需要多播了。所以，可以通过预置这些网络信息，从而有效提高 VXLAN 数据包的转发效率。L2 Population 便是一种通过网络管理系统（如 OpenStack Neutron）预先下发 "IP 和 MAC" 及 "IP 和 VTEP" 关系，从而在虚拟机需要获取对方 MAC 地址的时候，VTEP 可以作为代理直接返回对方 MAC，并且在数据封包时可以直接获取 VXLAN 外层的目的 IP。

5.6　虚拟网络设备

　　网络虚拟化中的网络设备可以是物理设备，也可以是通过软件实现的虚拟设备，常见软件实现设备是 Linux 网桥和 Open vSwitch。

5.6.1　TAP/TUN 设备

　　TAP 和 TUN 都是 Linux 提供的一种虚拟网络设备，它们的区别在于 TAP 是工作在二层，而 TUN 是工作在三层。如图 5-10 所示，TAP 的构成主要分为两个部分：（1）内核空间：内核设备连接 Linux 协议栈；（2）用户空间：用户空间的字符设备，用于提供程序的读写。通过 TAP 设备可以实现用户应用程序和内核协议栈之间的数据交换。

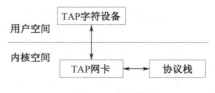

图 5-10　TAP 的构成示意图

当用户程序对 TAP 字符设备（/dev/tap）执行写入操作，那么 TAP 网卡将会接收到数据包，并交由协议栈处理，后续操作和真实网卡处理的流程相同，从而将数据从用户空间注入内核协议栈。同理，如果是对 TAP 字符设备执行读操作，那么将从 TAP 设备读取内核协议栈将要发送出去的数据，并交由用户空间程序处理。

TUN 设备通常可以用作 overlay 网络传输，网络程序通过读取 TUN 设备，获取应用程序 App 发送出去的数据包，并修改数据包，重新从协议栈发送出去。VXLAN 网卡就是一种常用的 TUN 设备。TUN 的构成示意图如图 5-11 所示。

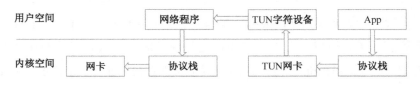

图 5-11　TUN 的构成示意图

5.6.1.1　实战操作

启动一个 C 语言程序，读取 TUN 设备接收的字符个数。

```c
#include <net/if.h>
#include <sys/ioctl.h>
#include <sys/stat.h>
#include <fcntl.h>
#include <string.h>
#include <sys/types.h>
#include <Linux/if_tun.h>
#include <stdlib.h>
#include <stdio.h>
int tun_alloc(int flags)
{
    struct ifreq ifr;
    int fd, err;
    char *clonedev = "/dev/net/tun";
    if ((fd = open(clonedev, O_RDWR)) < 0) { #打开TUN设备
        return fd;
    }
    memset(&ifr, 0, sizeof(ifr));
    ifr.ifr_flags = flags;
    if ((err = ioctl(fd, TUNSETIFF, (void *) &ifr)) < 0) {
```

```c
        close(fd);
        return err;
    }
    printf("Open tun/tap device: %s for reading...\n", ifr.ifr_name);
    return fd;
}
int main()
{
    int tun_fd, nread;
    char buffer[1500];
    /* Flags: IFF_TUN   - TUN device (no Ethernet headers)
     *        IFF_TAP   - TAP device
     *        IFF_NO_PI - Do not provide packet information
     */
    tun_fd = tun_alloc(IFF_TUN | IFF_NO_PI);
    if (tun_fd < 0) {
        perror("Allocating interface");
        exit(1);
    }
    while (1) {
        nread = read(tun_fd, buffer, sizeof(buffer)); #读取数据
        if (nread < 0) {
            perror("Reading from interface");
            close(tun_fd);
            exit(1);
        }
        printf("Read %d bytes from tun/tap device\n", nread);
    }
    return 0;
}
```

编译并运行以下程序：gcc tun.c -o tun && ./tun。打开另一个窗口，执行下面的操作。

```
# ip addr add 172.17.1.10/24 dev tun0
# ip link set tun0 up
# ping 172.17.1.1
```

将在第一个窗口截获这个 ping 请求。读者可能好奇，为什么没有直接 ping TUN 设备的地址，这是因为 TUN 是本地环回设备，并不会经过网络协议栈，所以这里 ping 了一个 TUN 设备网段内任意一个地址。由于在设置了 TUN 网卡地址后，主机上面会生成路由：

去往 TUN 网段的流量经过 TUN 网卡发送。所以这里可以 ping TUN 网段里面的任意一个 IP（除 TUN 网卡 IP）。Linux 还提供了一个 TUN／TAP 设备管理工具 ip。

```
# ip tuntap add dev tap0 mode tap    #创建tap设备
# ip tuntap add dev tun0 mode tun    #创建tun设备
```

5.6.2 veth

veth 设备是 Linux 提供的一种网络管道，总是成对出现的，成为 veth peer。它的作用是将数据从 veth 设备的一端写入，那么数据将发送到 veth 的另一端，同理，反过来也成立。veth 完全工作在内核空间，所以 veth 通常可以连通两个 Linux 的网络空间，如图 5-12 所示。veth 的两段分别插入不同的网络空间中，在各种网络空间中充当网卡的作用。

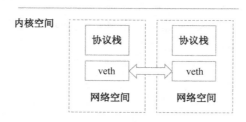

图 5-12 veth 设备

5.6.2.1 实战操作

创建网卡对，命令如下。

```
# ip link add veth0 type veth peer name veth1
# ip addr add 192.168.2.11/24 dev veth0
```

执行 ping 操作，命令如下。

```
# ping -c4 192.168.2.1
```

通过在 veth1 抓包可以获取对目标 IP 192.168.2.1 的 ARP 数据包。

```
# tcpdump -nvv -i veth1
  08:26:01.936921 ARP, Ethernet (len 6), IPv4 (len 4), Request who-has
192.168.2.1 tell 192.168.2.11, length 28
```

显然这个目的 IP 地址是不存在的，没法完成 ARP 响应。如果此时我们手工添加一条 ARP 记录，再次抓包测试，结果如下所示。

```
# arp -s 192.168.2.1 a2:05:a1:99:99:99（随意编写）
```

```
# tcpdump -nvv -i veth1
192.168.2.11 > 192.168.2.1: ICMP echo request, id 18879, seq 1, length 64
```

上面可以截获 ping 的 echo 包了。从本实验可以看出，任何发送到 veth0 的数据包都会被"复制"到 veth，这个就是 veth 网卡对的作用，从而可以完成对多个网卡空间数据的传输。

5.6.3　Linux 网桥

Linux 网桥（bridge）可以实现物理交换机的二层功能，可以实现 MAC 地址和网络数据包的转发，相比物理设备固定的端口，Linux bridge 可以添加任意多个端口，并且支持端口 VLAN tag 等功能。

通过网桥可以将主机上面虚拟出的多个容器或者虚拟机连接到一起，实现相同主机上的二层互连。如图 5-13 所示，其中，网卡 1 通常作为管理网卡，需要配置管理 IP，而网卡 2 加入网桥后只工作在二层，不需要配置 IP，为了适应虚拟化的需求，网卡 2 需要开启混杂模式。

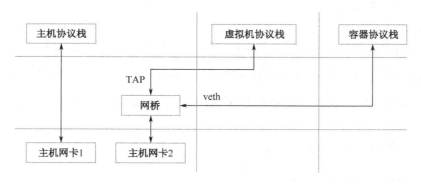

图 5-13　二层互连示意图

在生产环境中，偶尔可以看到网桥配置了 IP。网桥不是一个二层设备吗？为什么还需要配置 IP？这个需要具体分析，通常多网卡的环境中，网桥是不需要设置 IP 的，但如果主机只配备了一张网卡，为了管理主机，必须给网桥配置一个管理 IP。此外，网桥配置 IP 后，主机会自动生成一条路由，将目的地址是网桥所配置网段的网络数据包交由网桥处理分发，从而可以在主机上面直接连通该主机上的虚拟机或者容器，无须外部三层设备转发。

5.6.3.1　实战操作

通过 ip 命令创建网桥。

```
# ip link add name br0 type bridge
# ip link set br0 up
```

在第 4 章介绍 KVM 时曾介绍过，虚拟机启动后如果连接自定义的网桥则无法获取 IP，我们可以通过网桥连接一个 DHCP 服务，从而为虚拟机动态分配 IP 地址。创建一个 DHCP 的网络命名空间（后面介绍 Docker 原理时将详细介绍）。

```
# ip netns add dhcpns
# ip link add host type veth peer name guest
# ip link set guest netns dhcpns
```

配置 DHCP 服务，命令如下。

```
# ip netns exec dhcpns ip addr add 10.0.0.1 dev guest
# ip netns exec dhcpns ip link set guest up
# ip netns exec dhcpns ip route add 10.0.0.0/24 dev guest
```

将网卡对接入网桥。

```
# brctl addif br0 host
# ip link set host up
```

启动 DHCP 服务。

```
# ip netns exec dhcptest dnsmasq
--dhcp-range=10.0.0.2,10.0.0.254,255.255.255.0 --interface=guest --no-daemon
```

最后，只要连接到 br0 的虚拟机都可以通过 DHCP 服务分配 IP 地址。

5.6.4 Open vSwitch

5.6.4.1 Open vSwitch 简介

Open vSwitch（简称 OVS）是由 Nicira Networks 主导开发的虚拟交换机，主要运行在 KVM 或者 Docker 等虚拟化平台上。OVS 不仅实现了传统交换机二层交换功能，还可以动态添加端口，设置网络访问策略（ACL），网络隔离，流量监控，QoS 限流等。另外，OVS 还实现了 OpenFlow 协议，任何遵循 OpenFlow 协议的控制器都可以管理 OVS 流表。OVS 功能示意图如图 5-14 所示。

5.6.4.2 Open vSwitch 核心概念

Bridge：桥接设备，是 OVS 创建的实例，并且在一台机器上面可以创建多个实例，Bridge 提供交换机的功能。

Port：网桥上面的网口，和物理交换机上面的物理端口对等，每个 Port 都属于一个 Bridge。

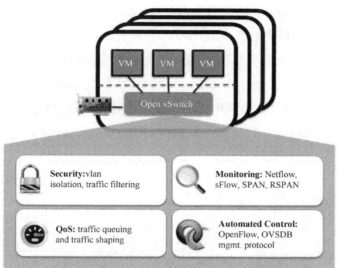

图 5-14　OVS 功能示意图

Interface：连接到 Port 的网络接口设备，通常和 Port 是一一对应的。当然如果设置了 bond，一个 Port 可以对应多个 Interface。

Controller：SDN 的控制器，这个后面会详细介绍。

Datapath：在 OVS 中，Datapath 负责根据流表执行数据交换。

Flow table：流表指定了网络包的匹配规则，以及执行动作，当 Datapath 收到收据包会查询流表执行对应的动作。

Open vSwitch 核心概念示意图如图 5-15 所示。

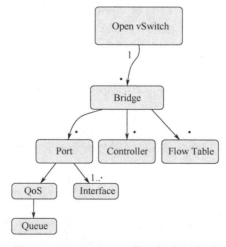

图 5-15　Open vSwitch 核心概念示意图

5.6.4.3 Open vSwitch 内部实现

OVS 是由 C 语言开发的，主要分为以下几个模块：①ovs-vswitchd：守护程序，通过 netlink 协议和 OVS 内核模块通信；②ovs-ofctl：设置流表工具，具体通过子命令 add-flow 添加流表，通过 dump-flow 查看流表；③ovs-dpctl：配置交换机内核模块；④ovs-vsctl：主要负责配置 ovs-vswitchd；⑤ovsdb-server：一个轻量级数据库，主要保存整个 Open vSwitch 的配置信息；⑥Open vSwitch 内核模块：负责快速处理数据包的转发和隧道，它本身并不感知 OpenFlow，只负责匹配流表，并执行动作。Open vSwitch 内部架构图如图 5-16 所示。

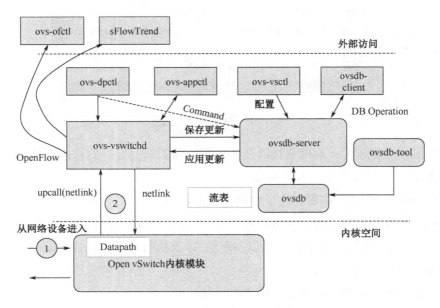

图 5-16　Open vSwitch 内部架构图

5.6.4.4 Open vSwitch 安装

OVS 可以通过源码包的方式安装，下面演示 Open vSwitch 在 CentOS7 上的安装过程。

1. 下载安装包。

```
# wget http://openvswitch.org/releases/openvswitch-2.5.2.tar.gz
```

2. 编译。

```
# mkdir -p ~/rpmbuild/SOURCES
# cp openvswitch-2.5.2.tar.gz ~/rpmbuild/SOURCES/
# cd ~/rpmbuild/SOURCES
```

```
    # tar xvfz openvswitch-2.5.2.tar.gz
    # sed 's/openvswitch-kmod, //g'
openvswitch-2.5.2/rhel/openvswitch.spec >
openvswitch-2.5.2/rhel/openvswitch_no_kmod.spec
    # rpmbuild -bb --nocheck
openvswitch-2.5.2/rhel/openvswitch_no_kmod.spec
```

3. 安装。

```
    # yum localinstall
~/rpmbuild/RPMS/x86_64/openvswitch-2.5.2-1.x86_64.rpm
```

4. 启动。

```
    # systemctl start openvswitch
```

5.6.4.5　Open vSwitch 常用命令

1. 创建网桥。

```
    # ovs-vsctl add-br br
```

其他还有命令，如 del-br 用于删除网桥，list-br 用于查询网桥，br-exists 用于判断网桥是否存在。

2. 添加端口。

```
    # ovs-vsctl add-port br0 eth1
```

其他还有 list-ports 命令用于查询端口，del-port 命令用于删除端口，port-to-br 命令用于查询端口对应的网桥。

3. 查询桥上面所有的流表项。

```
    # ovs-ofctl dump-flows br0
```

还有 add-flow 命令用于添加流表项，del-flows 命令用于删除流表项，dump-tables 命令用于查询流表。

4. 查看接口流量统计。

```
    # ovs-ofctl dump-ports br0
```

5. 设置 SDN 控制器。

```
    # ovs-vsctl set-controller br0 tcp:1.1.1.1:6633
```

5.7 SDN

网络设备的配置和管理一直是一个被网络工程师"垄断"的工作，配置命令复杂，而且每个厂家设备的配置命令还各不相同。不仅如此，数据中心内繁多的设备需要逐一正确配置才能保证网络的通用性。一个网络的变更，网络工程师可能需要配置多台交换机、路由器、负载均衡器，以及防火墙等。有些设备已经基本具备了 Web 管理的功能，但操作起来仍然十分麻烦。

为了统一管理这些网络设备，引入了 SNMP、NETCONF 等协议，SNMP（简单网络管理协议）听起来好像是网络管理，但由于其自身存在的安全隐患，以及配置能力上面的不足，目前，SNMP 通常作为网络监控协议使用。NETCONF 是一种基于 XML 的网络配置和管理协议，虽然解决了网络设备的配置问题，但是若添加一个网络端口，仍然不能实现数据包转发的控制。人们一直探索一种通过编程实现网络管理的方案，于是便出现了软件定义网络这个概念。

软件定义网络（Software-Defined Networking，SDN）是一种新型网络架构。它利用 OpenFlow 协议将路由器的控制平面（control plane）从数据平面（data plane）中分离出来，通过软件方式实现。软件定义网络架构示意图如图 5-17 所示，控制平面的核心是 SDN 控制器（controller），控制器负责链路发现和拓扑管理，主要是通过计算最短链路和下发流表来控制网络数据包的流向，控制器和交换机之间通过 OpenFlow 协议互通。数据转发平面负责数据包的转发。

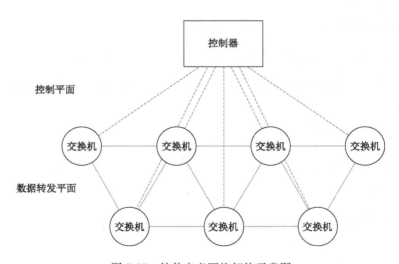

图 5-17　软件定义网络架构示意图

SDN 中的 SDN 控制器是 SDN 网络的"大脑"，它将信息传递给交换机"下方"（南向接口）和"上方"（北向接口）的应用和业务逻辑。常见的 SDN 控制器包括 OpenDaylight、ONOS、NOX / POX、OpenContrail、Ryu、Floodlight 等。

5.7.1　OpenFlow 解析

OpenFlow 协议是 SDN 中最重要的南向协议，它规范了流表（组表）、通道，以及 OpenFlow 交换机，从而控制网络交换器或路由器的数据转发平面，借此改变了网络数据包所走的网络路径。OpenFlow 被认为是第一个软件定义网络（SDN）的标准之一。从 2009 年 OpenFlow1.0 被提出后，规范一直被快速更新着。到 2012 年，OpenFlow1.3 版本是目前业内比较流行的使用版本。

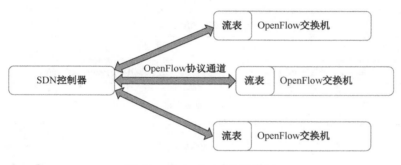

图 5-18　OpenFlow 协议解析

OpenFlow 协议通道负责将 SDN 控制器生成的流表通过安全传输协议下发到 OpenFlow 交换机，而流表的作用是规定 OpenFlow 交换机如何转发流量的，如图 5-18 所示。流表是由流表项组成的，下面将详细介绍流表项的构成。

5.7.1.1　*流表项*

每一个 OpenFlow 的交换机上面至少有一个流表。每个流表包含很多流表项。OpenFlow 协议定义流表项包含三个元素：头字段、计数器、行动，如图 5-19 所示。

头字段是流表里面流量的匹配字段，定义了从二层到四层的网络匹配规则。只有匹配了相应的头字段，才能执行流表的动作。头字段里面定义了输入端口（ingress port）表示数据包从哪个端口进入；源 IP 地址（IPv4 Source Address）表示数据包的源 IP 地址；目的 IP 地址（IPv4 Destination Address）表示数据包的目的 IP 地址；源 MAC 地址（Source MAC）表示数据包的源 MAC 地址；目的 MAC 地址（Destination MAC）表示数据包的目的 MAC 地址；数据包类型（Ethernet type）指数据包的类型，例如 IP 或者 ARP 等；VLAN ID 表示

匹配 vlan 的 ID；源端口（Source Port）即来源的端口；目标端口即目的端口。

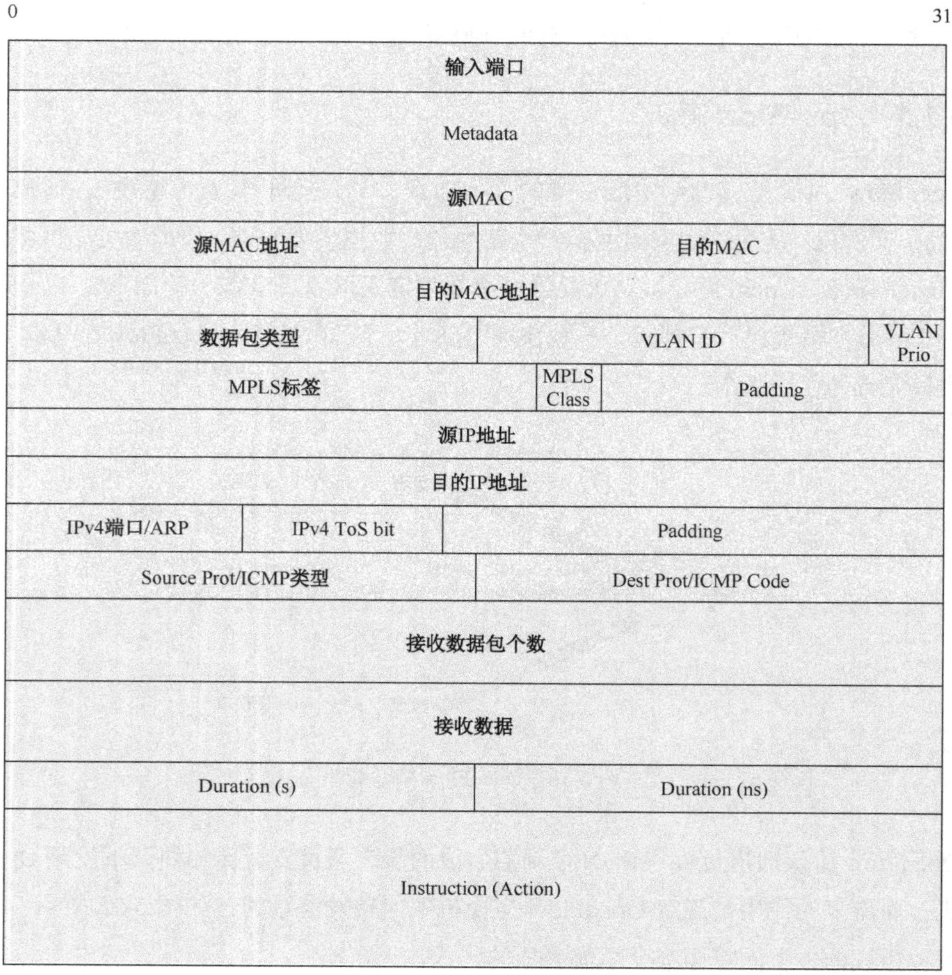

0   31

输入端口		
Metadata		
源MAC		
源MAC地址		目的MAC
目的MAC地址		
数据包类型	VLAN ID	VLAN Prio
MPLS标签	MPLS Class	Padding
源IP地址		
目的IP地址		
IPv4端口/ARP	IPv4 ToS bit	Padding
Source Prot/ICMP类型		Dest Prot/ICMP Code
接收数据包个数		
接收数据		
Duration (s)		Duration (ns)
Instruction (Action)		

图 5-19 OpenFlow 协议定义流表项示意图

OpenFlow 定义了四种计数器，分别针对流表、端口、流表项和队列。接收数据包个数（Received Packet）和接收数据（Received Byte）分别代表本流表处理的数据包个数和位个数。

动作是 OpenFlow 协议执行的具体操作指令。在 OpenFlow 协议 1.0 中定义了四种动作，①Forward：向指定端口发送数据包，例如 Forward 1 代表向端口 1 发送数据；②Drop：丢弃数据包；③Enqueue：（1.1 后改为 Set-Queue）设置 QoS 队列；④Modify-Field：修改数据包属性，可以修改 VLAN 的 ID 和优先级，去除 VLAN tag，修改源 MAC、目的 MAC、源 IP、目的 IP，以及源端口和目的端口。

下面结合之前的 OVS，实战说明一下流表是如何工作的。

```
# ovs-ofctl add-flow br0 ip,in_port=1,nw_src=192.168.1.1/24,actions=
output:2
```

上面的命令是在 br0 网桥上面插入一个流表项：匹配从端口 1 进入的 IP 数据包，并且包的源 IP 地址为 192.168.1.1/24，执行从端口 2 输出的动作，那么所有来自端口 1，即源地址为 192.168.1.1/24 的 IP 数据包都将被转发到端口 2。在匹配部分，如果需要配置目的 IP，则使用 dst_src。如果需要匹配 MAC 地址，分别使用 dl_src（源 MAC）和 dl_dst（目的 MAC）。执行动作可以修改数据包如：actions=mod_dl_src:00:00:00:00:00:01。通过 output:2 可以修改数据包的源 MAC 地址，还可以通过 mod_tp_src 修改 tcp 源端口，利用 mod_vlan_vid 修改 VLAN 号或者利用 strip_vlan 去除 VLAN 等一系列操作。

5.7.1.2　消息类型

介绍完流表的工作原理后，那么 OpenFlow 的控制器如何与 OpenFlow 交换机通信从而下发流表呢？下面介绍 OpenFlow 交换机和控制器之间常用的几种消息。

每个 OpenFlow 消息都包含 OpenFlow 头信息，OpenFlow 头包含四个主要字段：（1）version 代表 OpenFlow 版本，例如 x01 代表 OpenFlow1.0，x02 代表 OpenFlow1.1，控制器与交换机之前必须使用相同的版本通信；（2）length 表示消息长度；（3）xid 表示事务 ID，即将请求和返回对应匹配上；（4）type 即消息类型，下面将重点介绍。SDN 控制器和交换机之间的协议交互流程图如图 5-20 所示。

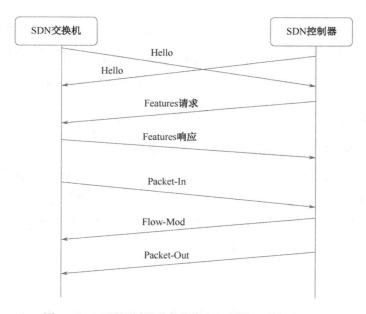

图 5-20　SDN 控制器和交换机之间的协议交互流程图

SDN 控制和交换机的关系类似于公司的领导（王总）和员工（小张）的关系。小张是第一天入职公司，Hello 数据包是他们俩第一次相互见面的问候。小张首先通过 Hello 消息问候王总："王总，您好，我是小张，第一天入职，请多关照"。王总回答："你好，小张"。这样双方就建立了联系。王总想了解小张在公司负责的工作内容，以及工作特长，于是通过 Features 请求，询问小张："小张啊，你都擅长做哪些东西啊？"小张通过 Features 响应礼貌回答了王总："报告王总，我主要是负责公司的快递接收工作，并把快递送到每个同事的工位上面。"这样，王总就知道了小张的工作职责了；小张刚一到岗就收到一个寄给小李的快递，但小张并不知道小李的工位在哪里，于是小张通过 Packet-In 消息，拿着快递找到了王总："请问王总，小李的工位在哪里？"于是，王总通过 Packet-In 消息告诉了小张"第三排第一个工位便是小李的工位。"并且通过 Flow-Mod 消息告诉小张："以后小李快递就不要再询问我了，都放到第三排第一个工位就行了"。这样小张本地就保存了这样一个规则记录，凡是小李的快递都放到第三排第一个就行。上面通过一个简单故事串讲了 OpenFlow 中常用的几种消息，下面将详细介绍每种消息的特点。

Hello 消息

当 OpenFlow 交换机第一次和控制器建立连接后，会首先互相发送 Hello 消息，发送 Hello 消息的目的是为了协商使用 OpenFlow 协议的版本，互相发送最大的支持版本，从而确定互相兼容的版本。

Features 消息

和 TCP 的三次握手类似，控制器和交换机也要相互握手。控制器会发送 Features 请求消息，当交换机收到请求后返回 Features 响应消息。响应消息主要包含交换机的相关属性，如：交换机标识 ID、缓存数据包最大个数、支持流表数量、支持的动作等。

Packet-In 消息

在交互机完成与控制器的通信后，便开始正常处理网络中的数据包。当一个数据到达交换机后会逐一匹配流表，当发现没有匹配的流表时会将数据包发送给控制器（部分版本会直接丢弃），这种消息被称为 Packet-In 消息。Packet-In 消息是为了将交换机的数据发送给控制器。当控制器接收数据包后会通过两种消息通知交换机执行操作：Packet-Out 或者 Flow-Mod。

Packet-Out 消息

Packet-Out 和 Packet-In 相反，它是从控制器发送给交换机的一种消息。如果是 Packet-In

消息，Packet-Out 主要包含交换机对数据包执行的动作。除此之外，控制器还可以主动发送 Packet-Out 消息，如触发交换机发送链路发现协议。为了避免数据包在交换机和控制器之间来回传输，通常，交换机会缓存数据包，和控制器之间通过 buffer ID 标识。

Flow-Mod 消息

Flow-Mod 是 OpenFlow 协议中最重要的消息。它就是负责设置流表项的消息。通过 Flow-Mod 消息可以对交换机的流表进行添加、删除、更新等操作。

除了上面介绍的几种常用的消息外，还有 Echo 消息（OpenFlow 交换机和控制器之间探活消息）、Set-Config 消息（设置交换机）、Error 消息等。

5.7.1.3　拓扑发现

如图 5-21 所示，SDN 控制启动的时候可谓"两眼一抹黑"，它并不知道它所在网络的真实情况，更无从谈起下发流表控制设备了。除了 OpenFlow 自身的链路发现外，OpenFlow 还引入了 LLDP（Link Layer Discovery Portocol）协议，它是 IEEE 定义的链路发现协议，主要负责网络中第二层设备的检测和管理。SDN 控制器先发送 Packet-Out 消息通知交换机发送 LLDP 协议，该协议会以组播的方式发送到相邻的交换机。相邻的交换机接收 LLDP 包后，再通过 Packet-In 发送到控制器，从而使控制器能够获取设备的连接情况。

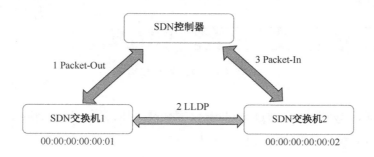

图 5-21　SDN 拓扑发现示意图

5.7.2　常见的 SDN 控制器

SDN 控制器是 SDN 的大脑，控制着整个网络中数据包的流向。常见的 SDN 控制器有 Ryu、Floodlight、OpenDaylight 和 ONOS 等。下面着重介绍两个典型的 SDN 控制器，一个是简单实用的 Ryu，另一个是目前功能最全面的 OpenDaylight。

5.7.2.1 Ryu

Ryu 是日本 NTT 公司开源的 SDN 控制器，使用 Python 语言编写。Ryu 在日语中是"龙"的意思，由于 OpenFlow 中的 Flow 代表"水流"，而 Ryu 代表的"龙"正是东方文化中的"水神"的意思。Ryu 的设计简单，适合构建小型的 SDN 网络，以及是 SDN 入门学习的首选。Ryu 整体架构如图 5-22 所示，主要分为控制层和应用层，在控制层主要负责协议解析（OpneFlow、OVSDB、VRRP 等）、事件分发，以及网络报文库。在应用层则是建立在控制层之上，提供一些内建的应用和用户自定义应用，其中内建的应用主要包括租户隔离、拓扑发现、防火墙等。

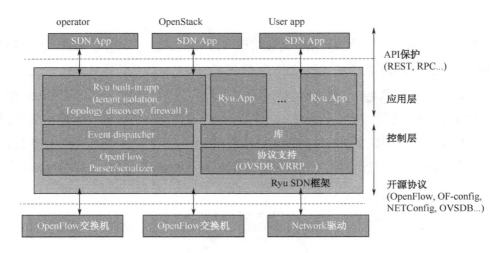

图 5-22　Ryu 整体架构

在部署方面，Ryu 还可以通过 zookeeper 完成高可用部署，通过 zookeeper 完成选主节点。如果主节点宕机，从节点将会提升为主节点。

5.7.2.2 OpenDaylight

OpenDaylight 是 Linux 基金会联合思科、Juniper，以及 Broad 等多家公司开源并维护的项目，简称 ODL。OpenDaylight 使用 Java 编程，大约每半年更新一个版本，版本命名非常有特点：以元素周期表命名。截止 2019 年 3 月份，已经更新到了 neon（氖）版。

为了灵活扩展对接不同的设备和协议，OpenDaylight 整体架构高度模块化。最底层南向接口，对接不同的协议支持，如：OpenFlow、SNMP、NETCONF、OVSDB 等。控制层是 OpenDaylight 核心，负责基础网络管理（拓扑管理、主机管理、交换机管理等）、网络服务（VPN、服务链等）、平台服务（AAA 认证、北向接口等），以及扩展服务。最上层提供 REST API 北向管理接口，提供用户及网络应用程序调用。OpenDaylight 架构图如图 5-23 所示。

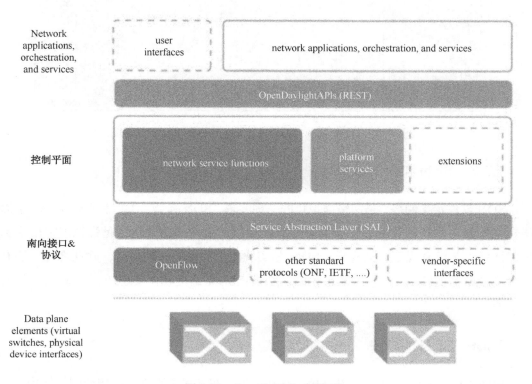

图 5-23　OpenDaylight 架构图

　　在控制层和南向接口之间还有一个 SAL（Service Abstraction Layer）层。它是 OpenDaylight 非常有特色的服务，是一个服务注册中心。南向接口将服务注册到 SAL 中，以便北向 API 可以调用这些注册的接口。SAL 从原先的 AD-SAL 升级到现在的 MD-SAL，增强了数据存储能力，避免了 AD-SAL 中南北向接口 1:1 的绑定关系。OpenStack Neutron 和 OpenDaylight 结合示意图如图 5-24 所示。

　　OpenDaylight 可以和 OpenStack 的网络管理组件 Neutron 很好结合，通过 Neutron 的 ODL 插件，可以实现二层网络、三层网络，以及负载均衡防火墙等 Neutron 支持的网络特性。

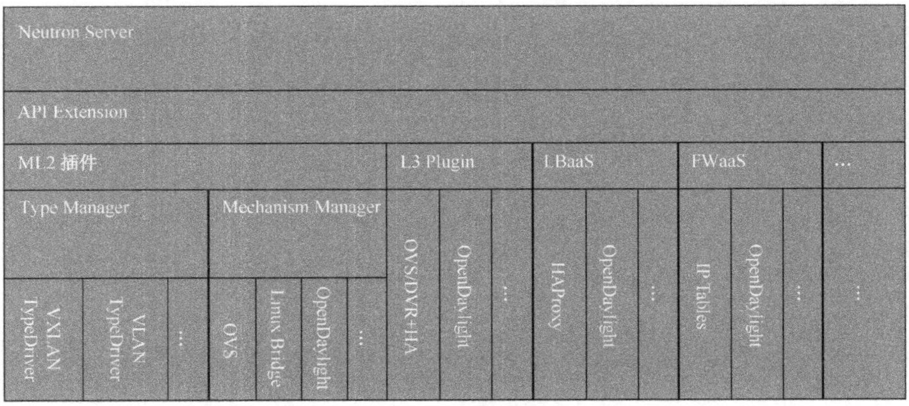

Neutron Server										
API Extension										
ML2 插件					L3 Plugin		LBaaS		FWaaS	...
Type Manager		Mechanism Manager								
VXLAN TypeDriver	VLAN TypeDriver	OVS	Linux Bridge	OpenDaylight	OVS/DVR+HA	OpenDaylight	HAProxy	OpenDaylight	IP Tables	OpenDaylight

图 5-24　OpenStack Neutron 和 OpenDaylight 结合示意图

5.7.3　SDN 和网络虚拟化

SDN 软件定义网络，是网络虚拟化的一种实现。SDN 强调：①控制平台与转发平面分离；②控制平面和转发平面之间通过开放的接口，而网络虚拟化则是强调虚拟出多套隔离的网络，并没有规定如何实现。SDN 是实现虚拟网络的一种方式。除此之外，还有另一个概念就是 NFV，它和 SDN 最大的区别是：SDN 是全软件实现的，NFV 需要依赖物理设备。

5.7.4　SDN 的未来

毋庸置疑，SDN 将会成为网络虚拟化的主流，在未来会逐步替换传统网络架构。SDN 市场的竞争更是异常激烈，传统的网络巨头（如思科）极力将自家的私有协议加入 OpenDaylight 中，导致很多商家不满，纷纷脱离 OpenDaylight 社区，自建 SDN 控制器。除了传统的网络设备公司以外，SDN 的竞争中加入了一些新兴科技公司，如 VMware、Google。VMware 在收购 Nicira 后推出了 NXS，大举进军网络和安全领域。SDN 前景虽然广阔，市场巨大，但鹿死谁手尚未可知。

第 6 章 OpenStack

Chapter Six

6.1 OpenStack 简介

OpenStack 是一个由 NASA（美国国家航空航天局）和 Rackspace 合作研发并发起的，以 Apache 许可证授权的自由软件和开放源代码项目。OpenStack 是一个旨在为公有云及私有云的建设与管理提供软件的开源项目，构建一个云操作系统，管理数据中心计算、存储、网络等资源。管理员可以通过前端 Web 完成所有针对资源的操作，同时也提供了命令行管理工具。

OpenStack 第一版是 2010 年 7 月发布的，命名为 Austin，当时只有虚拟机管理 Nova 和对象存储 Swift 这两个项目，后续基本上每六个月就会发布一次新版本，命名从 A 到 Z，在 Bexar 中加入了镜像管理 Glance，Essex 加入了管理控制台 Horizon 和鉴权管理 Keystone，Folsom 版本 nova-network 成为独立网络管理模块 Quantum，并且还加入了块存储管理 Cinder。2012 年 9 月的 Havana 中加入了监控模块 ceilometer 和编排模块 heat。这里还有个小插曲，由于 Quantum 被指侵权，所以在 Havana 版中更名为 Neutron。到 2014 年 4 月，发布了 Icehouse，在 Icehouse 中加入了数据库服务 Trove。之所以强调 Icehouse 这个版本，是因为它是 OpenStack 第一个相对成熟的稳定版本，并且笔者当时从事开发的时候也是在这个版本之上，尽管我不能详细概括当前 OpenStack 的一些新功能，但这并不影响大家对 OpenStack 的了解。后续 Juno 版本加入了大数据项目 sahara，Kilo 版本加入了物理机管理 Ironic，Liberty 版本加入的项目就更多了，例如 searchlight、Zaqar、Manila 等。截止 2018 年 12 月，已经更新到 Rocky 版本了，版本迭代非常快。图 6-1 为 OpenStack 的整体功能图，可以看到主要功能还是集中在物理机、虚拟机、存储、网络的管理之上。

OpenStack 的发展也是与时俱进，伴随着大数据和容器，以及机器学习等技术的流行，也随之产生了很多结合的项目，OpenStack 可以和 Kubernetes 充分结合，打通虚拟机和容

器，可以共享存储和网络。

OpenStack 部署主要可以通过 Ansible、Puppet、Fuel、Rdo 等自动化工具或者手动部署每个组件。对于开发者来说，使用 Devstack 则更加方便，下面将通过 Devstack 演示如何启动一个 OpenStack 集群。

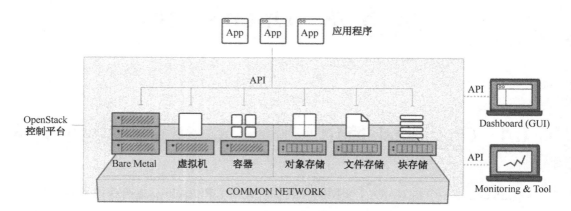

图 6-1 OpenStack 的整体功能图

6.2 Devstack 启动

● 配置 pip 国内源。

```
# cat ~/.pip/pip.conf
[global] index-url = http://pypi.douban.com/sample
[install] trushted-host=pypi.douban.com
```

● 配置 yum 源。

```
# wget -O /etc/yum.repos.d/epel.repo
http://mirrors.aliyun.com/repo/epel-7.repo
# wget -O /etc/yum.repos.d/CentOS-Base.repo
http://mirrors.aliyun.com/repo/centos-7.repo
```

● 创建 devstack 用户。

```
# useradd -s /bin/bash -d /opt/stack -m stack
# echo "stack ALL=(ALL) NOPASSWD: ALL" | sudo tee /etc/sudoers.d/stack
```

在 Devstack 源码里也提供了创建用户的脚本。

● 下载 Devstack 源代码。

```
# git clone git@github.com:openstack-dev/devstack.git
```

● 配置 local.conf。

```
[[local|localrc]]
ADMIN_PASSWORD=secret
DATABASE_PASSWORD=$ADMIN_PASSWORD
RABBIT_PASSWORD=$ADMIN_PASSWORD
SERVICE_PASSWORD=$ADMIN_PASSWORD
```

local.conf 文件中还可以选装 OpenStack 组件。

● 启动 devstack。

```
./stack.sh
```

脚本执行最后会输出 Web 管理控制台的地址，之后便可以通过 OpenStack 提供的 Dashboard 管理集群资源。

6.3　整体架构

OpenStack（https://github.com/openstack）主要使用 Python 语言开发，系统本身由多个组件构成，这些组件都是相互调用、互相配合从而完成资源的管理的。主要组件包括 Nova、Keystone、Neutron、Cinder、Glance 等，每个组件都提供了标准的 HTTP Rest API 接口，每种资源操作包括：获取列表、创建、修改和删除等，正好对应着 HTTP 协议提供的 GET、POST、PUT 和 DELETE 方法。组件之间通过 HTTP 接口相互调用，通过 Horizon 创建虚拟机，Horizon 通过调用 Keystone 验证用户信息，然后调用 Nova 接口创建虚拟机，Nova 又调用 Neutron 创建网卡，调用 Cinder 创建存储后执行存储挂载，组件之前通过 HTTP 接口互相通信。OpenStack 整体架构如图 6-2 所示。

组件内部通过消息队列相互交互，如创建虚拟机的流程。nova-api 接收创建虚拟机请求后将创建一个虚拟机对象，并发送到消息队列，然后 Nova 的调度程序 nova-schedule 获取未调度的虚拟机执行调度，并将调度后的虚拟机对象放回消息队列，最后，nova-compute 接收消息后创建虚拟机实例。同样，cinder-api、cinder-schedule 和 cinder-volume 也是通过消息队列通信的，消息中间件通常指的是 RabbitMQ，组件内部通过消息队列相互解耦，架构灵活，易扩展。

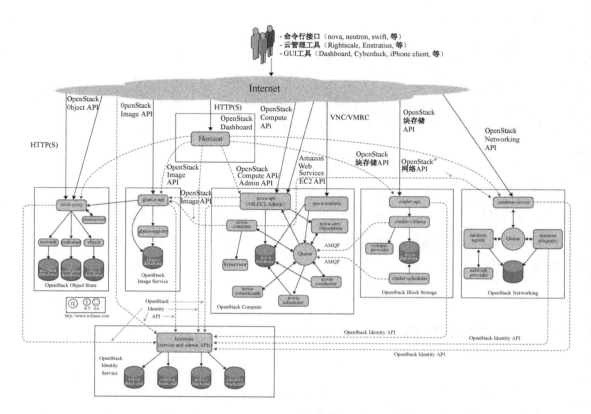

图 6-2　OpenStack 整体架构

6.3.1　Horizon

OpenStack 用户提供一个 Web 的自助 Portal。Horizon 采用 Django 框架开发，Django 也是一个遵循 MVC 设计的框架，可以看到 Horizon 代码里面有很多公用的模板文件，代码高度重用。OpenStack 控制台截图如图 6-3 所示。

管理页面主要提供总体资源视图，展现实例个数、总体 CPU 和内存、浮动 IP、存储等资源概览。实例（虚拟机）管理，主要是虚拟机列表查看，创建虚拟机，以及虚拟机的开关机、安全组等操作。存储管理，主要存储创建、删除挂载等操作。镜像管理主要查看镜像列表。权限管理是用户和项目的创建和授权。网络管理指主要子网管理、负载均衡、浮动 IP、端口管理等。

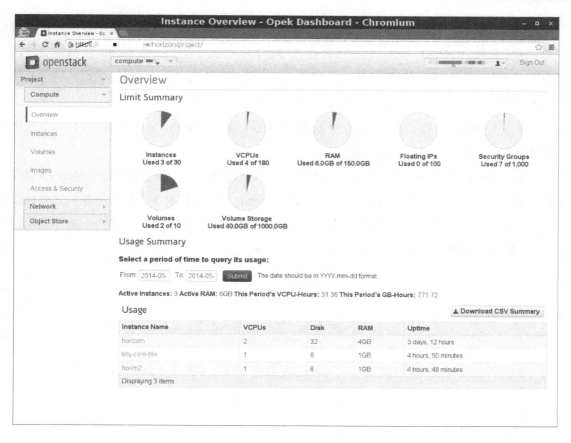

图 6-3　OpenStack 控制台截图

6.3.2　Keystone

Keystone（https://github.com/openstack/keystone）是 OpenStack 的认证组件，为其他服务提供认证和权限管理服务。简单来说，OpenStack 上的每一个资源的操作都必须通过 Keystone 的审核，从而保证了数据访问安全和资源操作安全。尤其是在公有云平台的建设中，用户的权限管理和访问控制尤其重要。

对于 Keystone 有几个基本概念。

用户（user）：这个用户主要是指访问 OpenStack 的用户，包括人或者其他系统。这些用户通过 basic 认证会拿到一个唯一的 token，后续其他接口的调用（或者页面操作）都需要携带这个 token 请求。

租户（tenant）：租户是一组资源（虚拟机、网络、存储等）的集合，在 V3 版本之中已经改成 project（项目）。用户在访问资源前，需要先绑定资源所属的租户，然后根据用户在这个租户中的角色确定针对这些资源的具体操作权限。

角色（role）：角色就是权限的集合。不同角色有着不同的资源管理权限，用户可以被绑定到任意租户下的某一个角色。可以这样理解，一个人（用户）在不同的项目或者团队（租户）里面有着不同的权限（角色），例如，张三是测试 leader，他对开发团队的虚拟机只有查看权限，而对测试团队的虚拟机有管理权限。

服务（service）和端点（endpoint）：服务就是上面介绍的 nova、cinder 等，每个服务可以部署多个节点，这些节点被称为端点。

Keystone 服务的 V3 版本为了更好地支持公有云部署，租户改为项目（project），定义为资源的集合，并引入了 domain 概念。一个 domain 下面可以有多个项目，除此之外还引入 group，定义为一组用户的集合，这样可以为一组用户批量授权角色。在 group 中的用户将获取该 group 的所有角色，整体关系如图 6-4 所示。

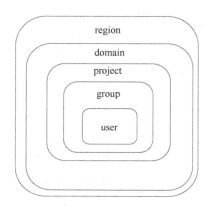

图 6-4　Keystone 服务整体关系

其中，最外层的 region 来自 AWS 区域的概念，一般只有在大规模部署时才会用到。例如，阿里云的华北一区、华东二区等。Keystone 主要功能包括了身份认证、令牌管理、服务管理和访问控制等。Keystone 整体结构如图 6-5 所示，通过前端的 API 提供 HTTP 接口，然后交由后端服务处理。

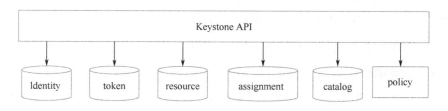

图 6-5　Keystone 整体结构

Identity（认证）服务，通过对接数据库或者 LDAP，提供用户元数据信息。

token 服务，token 的生成和 token 有效性的验证。token 服务提供了 4 种 token，分别是 UUID、PKI、PKIZ，以及 Fernet。最早期的 Keystone 只支持 UUID token。虽然 UUID token 本身设计很简单，但却带来了很多性能损耗。每个服务组件都需要通过 Keystone 才能验证 token 的有效性，于是引入了 PKI（Public Key Infrastructure）token。PKI token 是利用了公私钥非对称加密的原理，Keystone 用私钥对包含了用户信息的 token 进行加密，然后将其其他组件（Nova、Glance 等）通过公钥对 PKI token 进行解密，从而验证了用户有效性，并获取用户信息。由于 PKI token 包含了用户所属的租户（项目），还有访问端点。如果是集群个数过多，那么可想而知，这个 token 的大小会越来越大。而 token 本身又是通过 HTTP 头 X-Auth-token 传输，导致超过 X-Auth-token 允许的上限，又引入了 PKIZ，通过压缩算法将 token 压缩传输。伴随着用户的增多，数据库中需要保存很多 token 信息，在 OpenStack 的 K 版之后，还开发了 Fernet token，通过对称加密算法加密和解密 token。

resource 服务在数据库中保存了 Domain 和 Project 信息。assignment 是通过数据库保存角色关联信息的。

catalog 服务保存了服务端点信息。服务端点（Service Endpoint）是指服务暴露的访问 URL。每个服务通常有三个访问 URL：private（私有）URL、public（共有）URL，以及 admin（管理员）URL。其中，私有 URL 主要是供服务之间相互调用的，限局域网内部访问，共有 URL 则是开放给所有人允许公网访问的，而管理员 URL 则是只提供给内网管理员使用的。

policy 服务是通过配置的 policy.json 配置文件，配置操作对应的权限，它是一套 RBAC 权限管理。例如，设置创建用户的权限，只能是 admin 角色。

```
"identity:create_user" : "role:admin"
```

获取所有虚拟机的操作只能是 admin 或者资源所有者。

```
"compute:get_all": "rule:admin_or_owner"
```

Keystone 是整个集群安全中最重要的一环，所有资源的操作都必须通过它验证，图 6-6 展示了交互过程。

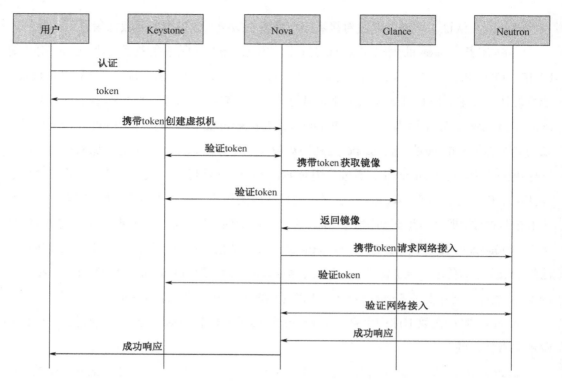

图 6-6　Keystone 交互过程

6.3.3　Nova

Nova 管理计算资源和 VM 的生命周期，是 OpenStack 中最早也是最核心的服务。Nova 主要有以下几个核心组件，nova-api 是提供 Nova 的 HTTP 接口，负责接收虚拟机资源操作请求，并且兼容 AWS 的 ec2 接口。nova-scheduler 负责虚拟机的调度，nova-conductor 是数据库交互模块，nova-no VNC proxy 是通过虚拟机 VNC 登录的，nova-compute 是负责计算节点管理虚拟机任务的，还有一些组件，如 nova-cert 提供 x509 证书，nova-spicehtml5proxy 通过 SPICE 协议，支持基于浏览器的 HTML5 客户端的整体架构如下图所示，他们都是通过消息中间件 RabbitMQ 通信的。整体架构如图 6-7 所示。

下面针对主要组件逐一分析。

nova-api：Nova 的 API 服务主要提供三种服务：OpenStack API、ec2 API 和 metadata API。其中，Nova 自身的 OpenStack API 主要提供虚拟机管理接口、配置（flavor）管理、镜像接口等。当接收用户的 HTTP 请求后，通过 Paste Deploy（发现和配置 WSGI 应用的一套系统）转入具体的 WSGI Application 后，再由 WSGI 路由到具体的函数执行。

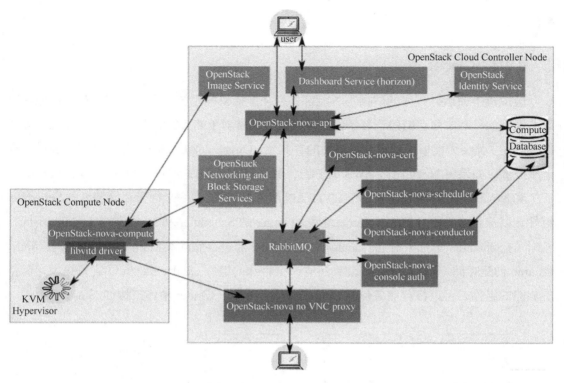

图 6-7 Nova 整体架构

nova-conductor：nova-conductor 是 Nova 与数据库交互的组件。由于 nova-compute 组件会经常访问数据库。为了数据安全性，nova-compute 并不直接连接数据库，而是通过 nova-conductor 完成的。

nova-compute：nova-compute 是负责执行具体任务的组件，如创建、启动、关闭虚拟机，为虚拟机挂载存储等。nova-compute 通过各种虚拟化软件接口控制虚拟化资源，如：Libvirt 接口管理 KVM，vCenter 接口管理 VMware 虚拟机。

nova-scheduler：nova-scheduler 是调度组件，通过过滤和排序算法确定虚拟机最优的运行主机。

以上介绍了每个组件的作用，下面将通过一个创建虚拟机的案例介绍组件之间如何协作。当通过该 OpenStack 的 Dashboard 或者命令行执行创建虚拟机的请求后，会通过 HTTP 的 Restful 接口访问 nova-api。nova-api 组件通过 Keystone 验证权限后，会创建虚拟机的元数据信息，保存到数据库中，并将它发送到 RabbitMQ。nova-scheduler 会监听到有新的虚拟机创建的请求，通过调度算法分配主机（将虚拟机的 host 字段设置成目标主机），并重新发回 RabbitMQ 中，nova-compute 监听到有新的虚拟机调度到本节点，则启动虚拟机，并且通过 HTTP 请求，调用 Glance、Neutron、Cinder 等其他组件下载镜像，并为虚拟机分

配网络和存储。

6.3.4　Cinder

　　虚拟机上面运行程序的数据不可能都保存在虚拟机的系统盘中，一方面存储性能和容量的限制，另一方面存储的迁移备份很难完成。通常对于高 I/O 的程序（如：MySQL 等数据库应用）都会为虚拟机单独挂载额外的存储卷。OpenStack Cinder 正是为虚拟机提供块存储服务的。如果将 Nova 比做 AWS 的 EC2，那么 Cinder 就是 AWS 的 EBS（弹性块存储）。

　　和 Nova 类似，Cinder 也有一个 HTTP API 服务接口，还有一个用于存储调度的 Scheduler 组件，以及具体操作存储的 Volume 组件。Cinder 的 Scheduler 和 Nova 的 Scheduler 不同，Nova 的 Scheduler 选择主机，而 Cinder 的 Scheduler 通过存储的类型和区域选择不同，Cinder Volume 创建存储。除此之外，Cinder 还有一个特殊的组件 Cinder Backup，它是提供存储备份功能的组件，可以将存储备份到 OpenStack Swift 里。Cinder 整体架构如图 6-8 所示。

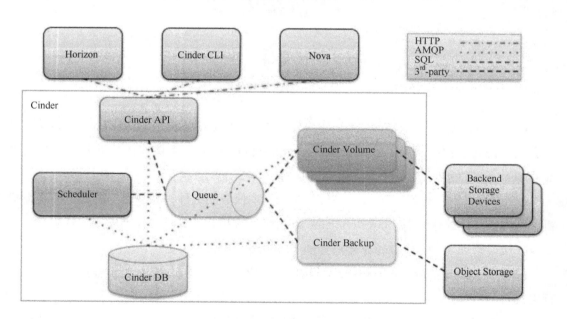

图 6-8　Cinder 整体架构

　　目前，Cinder 已经支持了很多后端存储，如 Ceph RBD、iSCSI、FC SAN、本地 LVM 等。每一种存储对于一个块存储而言，都有自己的定义，如本地存储定义的一个数据卷就是 LVM 里面的一个 lv（逻辑卷），而对于 RBD 存储来说，一个数据卷就是一个 RBD 的 image。

6.3.5　Neutron

Neutron 是 OpenStack 网络模块，负责创建和管理 L2、L3 网络，为 VM 提供虚拟网络和物理网络连接。Neutron 是 OpenStack 最复杂的一个组件，之所以复杂是因为涉及到多种服务，例如：负载均衡、路由器、VPN 等，还需要兼容不同的网络设备和不同的网络协议，为此 Neutron 的架构采用了 plugin 模式，通过针对每个网络实现开发对应的网络插件，从而完成不同网络的管理。图 6-9 所示为 Neutron 部署图，Neutron 组件需要在 OpenStack 的管理节点、计算节点和网络节点分别安装不同的组件。

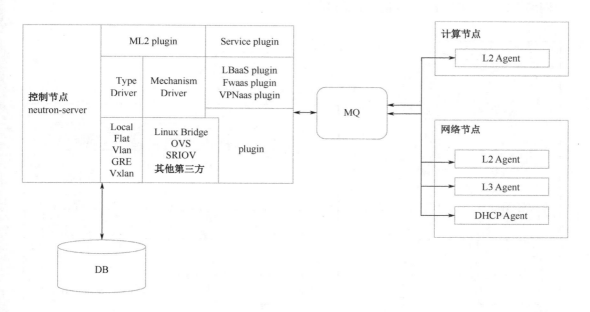

图 6-9　Neutron 部署图

控制节点需要安装 neutron-server 和各种 plugin。其中，neutron-server 是 Neutron 的 HTTP Restful API 组件，负责接收网络配置请求，然后这些请求交给各种 plugin 完成。plugin 主要分为两种，一种是核心网络管理驱动 ML2 plugin，另一种是高级网络服务插件 Service plugin。其中，ML2 plugin 又分为两种驱动，一种是管理各种网络（Local、Flat、vlan、GRE、VXLAN 等）的 Type Drivers，另一种是管理各种网络设备（Linux Bridge、OVS 等）的 Mechanism Driver。

在网络节点和计算节点上面需要安装 L2 Agent。除此之外，网络节点还需要安装 L3 Agent 和 DHCP Agent，其中，L2 Agent 主要配置二层网络，如 Linux Bridge 或者 OVS 等二层设备，而 L3 Agent 负责配置三层网络，如虚拟路由器等。DHCP Agent 则是为每个网络生成一个 DHCP 服务。这些 DHCP 服务，以及虚拟路由都是放到不同的网络名称空间中。

下面将通过一个 Neutron 的典型 VXLAN 网络概要介绍一下 Neutron 网络原理。如图 6-10 所示，有一个计算节点和一个网络节点，在这两个节点上面启动了两个网桥，分别是 br-int 和 br-tun。br-int 是一个集成网桥，负责常规的二层转发（根据 MAC 或者 vlan 转发），另一个是 VXLAN 隧道网桥 br-tun，它是负责将内部的 vlan 转化为 VXLAN 发送出去，对应的还需要将外部进入的 VXLAN 流量转化为内部 vlan 并交给 br-int。虚拟机并非直接和 br-int 网桥连接，而是中间经过了一个 qbrxxxx 的网桥，它的作用是实现 OpenStack 的安全组规则，控制虚拟机网络访问，保证虚拟机网络安全。Router 是虚拟的交换机，实现三层网络转发和 NAT，dhcp 则提供 dhcp 服务。

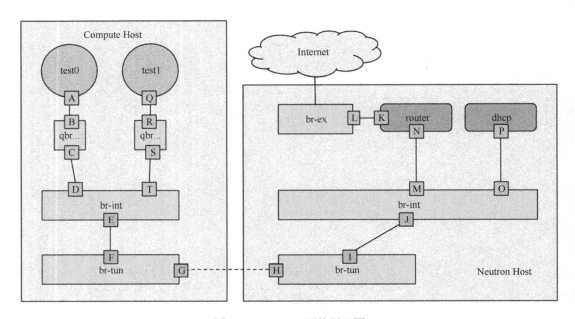

图 6-10　Neutron 网络原理图

虚拟机最常用的场景是对外提供服务，OpenStack 提供了浮动 IP 功能，可以将虚拟机绑定一个外部 IP，从而被外部网络访问。浮动 IP 会被添加到 router 的网络空间中的 K 网卡中。如果绑定多个浮动 IP，那么该网卡将会配置多个地址。当访问浮动 IP 的请求达到 br-ex 后会交给对应的 router 网络空间。router 空间中有两套 NAT 规则，一条是 DNAT，去往浮动 IP 地址的流量都转化为虚拟机流量，将目标地址改为 test0 的 IP；另一条是 SNAT，来自虚拟机 test0，并访问外部网络的流量，将源地址改为浮动 IP 地址。当外部访问的目标地址被修改为虚拟机 test0 地址后，经过 br-int 的 M 端口添加内部 vlan，并在 br-tun 封装成 VXLAN 数据包。通过 VXLAN 到达计算节点后，对 VXLAN 拆包转化成内部 vlan，再交由 br-int 转发到 test0 虚拟机。

如果是 vlan 模式，则更加简单，图 6-10 中的 br-tun 将变成 br-ethx，内部数据包将在 br-eth1 网桥的 phy-br-eth1 端口，将内部 vlan 转化为外部 vlan 发送出去，对应的从外部进来的数据包会经过 br-int 网桥的 int-br-eth1 端口，将外部 vlan 转化为内部 vlan，如图 6-11 所示。

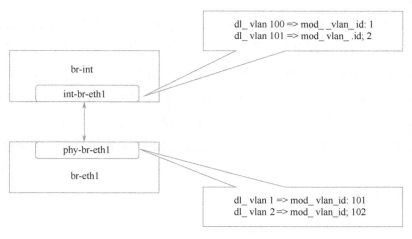

图 6-11　vlan 模式

如果是同一个租户下不同子网之前的互通，必须经过租户路由（router）转发，不仅会造成 Neutron 网络节点成为性能瓶颈，还会导致单点故障。所以，在 OpenStack 的 J 版推出了 DVR（Distributed Virtual Router）。DVR 的原理很简单，就是将 L3 Agent 部署到每个计算节点上，在每个计算节点上创建路由 namespace 和对应流表，每个计算节点都是一个路由器，东西流量无须经过 Neutron 节点，就可以将网络负载分摊到每个节点，如图 6-12 所示。

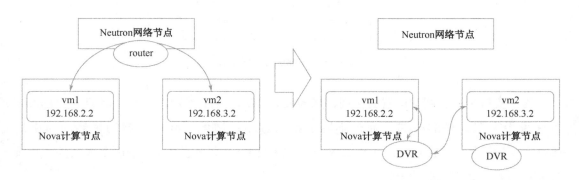

图 6-12　DVR 与 Neutron 路由对比

当 vm1 需要和 vm2 通信时，由于不同的网段，vm1 会将流量发送到自己的网关上面。在每个 DVR 节点上，br-int 会将目的地址是网关的流量转发到 DVR 中。DVR 和 Neutron 路由类似包含去往每个网段的路由，除此之外，DVR 中还静态注入了 vm2 的 MAC 地址，这样从 DVR 中出去的数据包目的 IP 和目的 MAC 都是 vm2，数据包再返回 br-int 后，静态 br-tun 发送到对端机器上。如果是 vm2，返回的数据包也是类似的，需要经过 vm2 宿主机上面的 DVR 转发。

除了上面介绍的基本网络功能，Neutron 还提供了一些高级特性，如 LBaaS（负载均衡即服务），FWaaS（防火墙即服务）等。下面着重介绍一下 LBaaS 的工作原理。LBaaS 是 Neutron 提供的，负责负载均衡组件。它允许用户自己定义负载均衡策略，目前默认的后端实现是 HAProxy（nginx 对 TCP 支持弱）。LBaaS 有三个核心概念：Listener 监听器负责监听端口请求，每个负载均衡器都会绑定多个虚拟 IP，通过"虚拟 IP：端口"访问服务；Pool 负载池包含多个后端服务（Member）；Health Monitor 监控检查，负责检查后端服务状态。

LBaaS 的工作原理如图 6-13 所示。

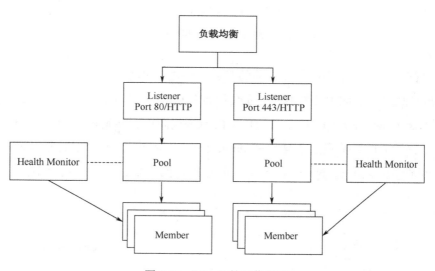

图 6-13　LBaaS 的工作原理

为了支持不同负载均衡器的实现，如 nginx、HAproxy、F5 等，LBaaS 和其他 Neutron 组件采用类似插件的模式，通过不同的第三方驱动适配不同的负载均衡器。如果是 HAproxy，那么会生成 HAproxy 配置文件，如果是 nginx，则会生成 nginx 配置文件，并通过各自的 reload 方法加载配置。

6.3.6　Glance

Glance 是 OpenStack 中负责管理虚拟机启动镜像的组件，Nova 在创建虚拟机时从 Glance 中拉取镜像。Glance 整体架构如图 6-14 所示，核心是 Glance Domain Controller。它负责 Glance 的认证、策略、数据库连接等。每个镜像都有两个主要组成：镜像数据和镜像元数据。其中，镜像数据通过存储层保存到各种后端存储中，如：本地文件系统、Swift、Ceph 等，而镜像元数据被存储到数据库中。

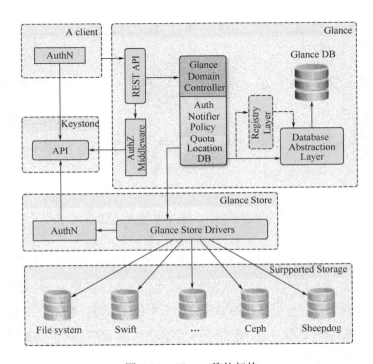

图 6-14　Glance 整体架构

由于大多数虚拟机镜像都是大于 2GB 的，镜像上传到 Glance 需要花费很长时间，所以，在 Glance 设计上面引入了 Task 机制，异步执行镜像的上传并结合状态机维护镜像当前状态。当通过客户端上传镜像时，镜像首先处于 queued 状态，这表示镜像信息已经入库，但镜像还未上传。接下来进入 saving 状态，表示镜像正在上传阶段。等到镜像完成上传后将进入 active 状态。

6.3.7　Swift

Swift 是 OpenStack 的对象存储，Swift 的初衷就是用廉价的成本来存储容量特别大的数据。Swift 使用容器来管理对象，允许用户存储、检索和删除对象和对象的元数据，而这些操作都是通过用户友好的 RESTful 风格的接口完成的。Swift 有三层数据模型：Account、Container、Object，Account 划分了不同账号的命名空间，同一个 Account 内的 Container 不能重名，不同的 Account 可以重名。

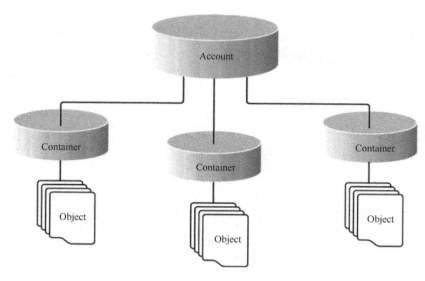

图 6-15　Swift 数据模型

　　账户（Account）包含自身的元数据，以及容器列表。这个账户一定要和 Keystone 里面用户的账户区别开来。很多人会误解这两个概念。这里的账户是一个逻辑的存储区域，也是一个存储的顶级目录，所以账户的名称必须全局唯一。可以针对这个目录做授权管理，这里的授权关联的是用户的账户，两个账户要区别开，在介绍 Swift 的时候，账户指的是存储目录，而不是用户的账户。

　　账户的下一级是容器。容器用于存储对象。账户是顶级目录，容器就是它的子目录，但容器是不能嵌套的，由于是二级目录，所以容器的名称是没有全局唯一的限制。和账户的结构一样，每个容器也有自己的元数据和容器列表。

　　容器的下一级是对象，对象就是最终需要保存的二进制实体，可以是视频、文档，或者图片之类的数据。每个对象都包含对象本身的数据和它的元数据。

　　Swift 的很多理念都是来自 AWS S3 的，首先，关于部署的架构上，同样借鉴了 AWS 关于域（Region）、域（Zone）、节点（Node）等概念，Swift 按照这种层级去部署，这里的 Zone 可以是一个机柜，也可以是在物理交换机下的几台设备，或者是一个物理独立的集合。Region 是物理区域的隔离，跨域的数据读写必定延迟较大，可以开启读写的亲和，而跨域数据的一致性可以通过异步方式保持。

Swift 组件主要包括两个部分，第一是服务类，主要包括 proxy 组件、Account Server 组件、Container Server 组件和 Object Server 组件，后面三个非常容易理解，这三个组件分别用于管理上面介绍的 Swift 的三个存储结构，账户的元数据就是通过 Account Server 组件后端的 SQLite 数据库保存的。同理，Container Server 组件维护容器的元数据，以及容器下面对象的列表，Object Server 组件负责对象的创建、删除和查询功能，它的元数据是保存在文件扩展属性（xattrs）里面的。最后介绍一下 proxy 组件，它是负责分发请求的。当客户端发送一个写对象请求时，proxy 组件决定这次请求分发到哪个存储节点上面，并且将数据发送到 Object Server 组件。如果这个节点不可用，proxy 组件会将请求转发到其他节点，只有大部分节点写入成功后才返回客户端成功信息。第二是一致性管理类，这里主要包括了各种审计器和复制器，以及过期回收器。审计器（账户审计器、容器审计器、对象审计器）运行在每个存储节点上面，负责定期扫描磁盘，确保存储节点上数据没有被损坏。如果发生损坏，则迁移到其他节点。Swift 是通过多副本保证数据的安全可靠，复制器就是为了保证数据副本，它会定期和远程节点同步。如果发现远程节点数据过期或者丢失，会将本地的副本推送至远程。过期收割器主要是为了回收资源的。当删除资源时，都是先标记资源为删除状态，然后通过收割器定期回收。

Swift 存储原理

在之前已经介绍 Ceph 是通过 crush 和 Hash 算法分布存储数据的，相对比较复杂。Swift 采用了一种改进版的一致性 Hash 环完成数据分布。

我们先假设，有很多对象 Object 需要保存，后端有 N 个服务器，如何完成数据的分布呢？我们最先想到求余数的方式，通过 Hash（Object）/N 得到目标机器，然后保存，这样既简单，又高效，但存在一个巨大的问题，如果有一台机器宕机，变成 $N-1$，那么数据需要重新分布，新的分布函数变成 Hash（Object）/（$N-1$）。

同理，如果存储容量不足时，需要扩容添加一台机器 $N+1$，又变成 Hash（Object）/（$N+1$），那么可能会导致所有的数据都要迁移，对于整个集群将是灾难性的。

于是，设计了下一版，环形的 Hash，叫作 Hash 环。首先设计一个首（0）尾（$2^{32}-1$）相接的圆环。

如图 6-16 所示，假设有三个存储节点：Node A、Node B、Node C，通过绿色标识和 Hash（Node X）计算出在 Hash 环上面的位置。对象 Object1、Object2、Object3、Object4 也通过 Hash（Object X）计算出数据下落的位置。如果计算结果在 Node C 和 Node A 之间，则保存在 Node A 上面，以此类推，每个对象都能找到需要保存的位置，添加和删除节点时，假设新添加的节点 Node D 位于 Node C 和 Node B 之间，如图 6-17 所示。

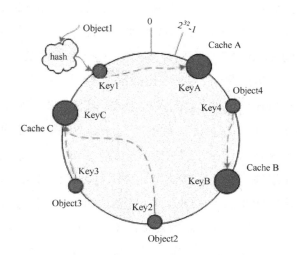

图 6-16　一致性 Hash 环数据分布原理图

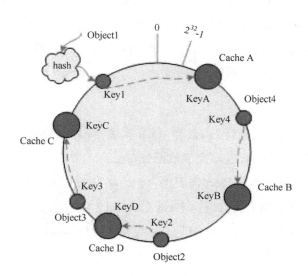

图 6-17　一致性 Hash 数据分布原理图

那么，只需要迁移部分的 Node C 节点的数据即可，其他节点数据保持不变，并不需要对整个集群的数据进行重新计算和分布。但它也存在一些问题，第一个就是 Hash 算法没法完成数据的均匀分布，也不能根据不同存储节点的容量设置权重。每台机器的容量不同，存储的数据自然不同。第二是添加或者删除节点会导致部分节点压力骤增，导致雪崩效应，例如上面添加的 Node D 节点，会将 C 节点部分数据迁移过去，此时很可能会跑满 Node C 节点的带宽，导致无法提供服务。继续改进，设计第三版，虚拟节点的 Hash 环。首先我们根据容量映射出虚拟节点，通过虚拟节点的 Hash 映射，映射到 Hash 环上。

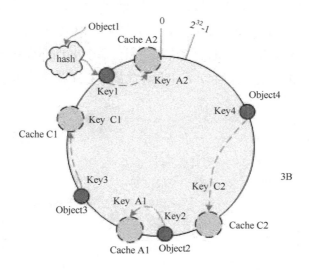

图 6-18　带虚拟节点的一致性 Hash 环

映射关系：

Object1->cache A2；Object2->cache A1；Object3->cache C1；Object4->cache C2。

这样在保存数据时需要经过两步。第一步，先通过 Hash 算法将对象映射到虚拟节点，然后再通过虚拟节点和物理节点的对应关系，保存到对应的物理节点。

除了上面介绍的各种组件以外，伴随着 OpenStack 的不断迭代，后期还引入了其他重要组件。（1）应用编排组件 Heat。它可以支持 yaml 模板文件，将应用所依赖的各种环境和配置通过配置文件指定，然后通过 Heat 引擎调用 OpenStack 其他组件完成应用的配置。（2）监控采集组件 Ceilometer，老版的 Ceilometer 是一个大而全的监控系统，在 N 版后专注于监控数据的采集和处理，并把数据存储交给 Gnocchi，告警处理交给 Aodh。（3）数据库组件 Trove。通过 Trove 可以很方便地部署和维护关系型数据库。（4）智能运维 Vitrage。它是 OpenStack 最新引入的组件，通过机器学习完成故障的预警和故障处理。

6.4　CloudStack

CloudStack 是一个创建、管理、部署基础设施的多租户云计算编排软件，支持 KVM、Xen、VMware vSphere 等虚拟化软件。CloudStack 是由 Cloud.com 公司发起的，并在 2010 年 5 月开源部分源码，在 2011 年 7 月，Citrix 收购 Cloud.com，并将其全部开源。目前已

经成为 Apache 基金会下的顶级开源项目。

图 6-19 是 CloudStack 部署图，最大的是 Region，和公有云的区域是一个概念。Zone 代表一个数据中心，Pod 代表机架，Cluster 则是多个主机的集合。其中，每个 Zone 都有一个二级存储，用于保存虚拟机的镜像和快照。每个主机都会挂载一个主存储，它是虚拟机的本地存储。这个主存储可以是一个外挂的 iSCSI 存储或者 NFS，也可以是宿主机的本地磁盘。

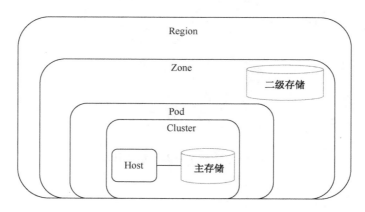

图 6-19　CloudStack 部署图

图 6-20 是 CloudStack 系统架构图，核心是 CloudStack Management Server，它是整个 CloudStack 的核心。对外提供管理 API，对内通过各种虚拟化接口 API 或者通过 CloudStack Agent 控制各种虚拟化软件，并通过 MySQL 数据库保存整个系统的元数据信息。

其中，CloudStack 集群内部提供了三种系统虚拟机：Console VM、Second Storage VM、Router VM。Console VM 提供 VNC 接入的虚拟机；Second Storage VM 即后端保存虚拟机镜像，提供镜像服务；Router VM 则是为虚拟机提供虚拟路由器的。

CloudStack 与 OpenStack 相比，可以明显看出其架构的特点：简单。简单带来的优点是系统部署方便和稳定性提高。与 OpenStack 相比，动辄七八个组件，每个组件内部又分为多个模块，CloudStack 的做法是追求简单、高效，把核心功能都集中在 Mangement Server 上。这两种架构对比有点像"单体架构与微服务"。从本质上来说，他们都是针对基础设施的管理，而且功能也很相似。OpenStack 之所以具有更高的热度和社区，与大厂的支持是分不开的，无论是思科还是华为都加入了 OpenStack 的阵营，但这也不能淹没 CloudStack 这个优秀的 IaaS 管理平台。

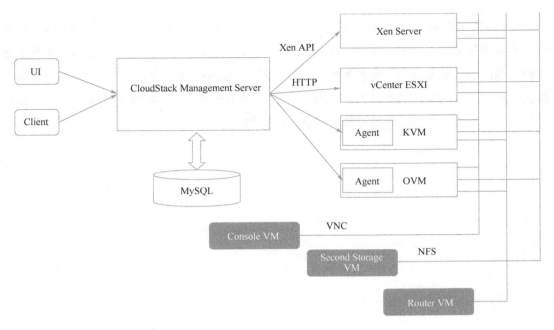

图 6-20 CloudStack 系统架构图

CloudStack 网络管理分为三类，管理网、客户（业务）网和公共网络，其中，管理网主要负责 CloudStack 和被管理主机之间的控制命令的下发；客户网主要是负责虚拟机内部通信，以及虚拟机和路由器之间的网络通信；公共网络则是虚拟机对外网（CloudStack 之外，并非一定是公网）的出口，如图 6-21 所示。

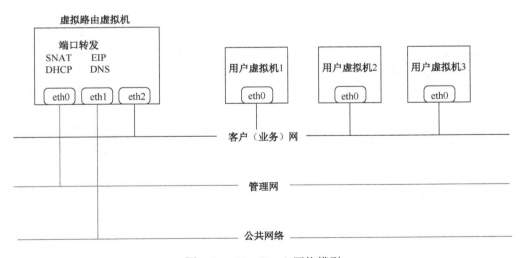

图 6-21 CloudStack 网络模型

除了 CloudStack 以外，国内还有一个借鉴 CloudStack 设计的 IaaS 平台 ZStack，它的核心成员也是来自 CloudStack 的，整体架构和 CloudStack 非常相似。ZStack 增加了异步通信和回调机制，从而缩短了资源创建时间，以及和 OpenStack taskflow 相似的 workflow，保证了任务多步骤执行的正确性。ZStack 分为开源版和商业版，在开源版中去除了很多高级特性，如克隆虚拟机、更换系统、云盘、QoS 等。

第 7 章 Docker 容器

Chapter Seven

容器技术是最近几年最流行的技术之一，将程序所依赖的环境打包成一个镜像文件，并可以跨平台部署，真正做到了一次编译，处处运行，对研发和运维体系都产生了巨大的影响。

7.1 容器的定义

在解释容器是什么之前，我们先回顾一下容器的历史。回到 1979 年，有个叫作 chroot 的系统调用已经诞生，通过名字就可以知道通过它可以修改进程，以及其子进程的根目录，这样的程序活动范围就被设定到了指定的目录里面了，但这个隔离能力太弱，并没有太多应用。一直到 2000 年，FreeBSD 团队将原本的 chroot 机制，导入虚拟化技术的概念，开发了新的 jail 系统命令，伴随着 FreeBSD 4.0 版一同发布，但黑客还是可以轻而易举地破解 chroot，因此又出现了 jailbreak。在 2007 年迎来了新的血液，cgroup 和 namespace 被加入 Linux 2.6 版内核中。在内核的支持下，2008 年，LXC 容器诞生，而后 Google 和 VMware 也都发布了自己的开源容器相关项目 lmctfy 和 warden，但也并未流行起来，直到 2013 年 Docker 诞生，才点燃了整个容器的生态圈，它倡导的 "build ship run" 概念和 DevOps 理念完美结合，打通了从开发测试到生产一整套流程，并且 Docker 定义了分层的容器镜像格式，这为容器跨主机部署定义了规范。2014 年底，CoreOS 正式发布了 CoreOS 的开源容器引擎 Rocket（简称 rkt）。Google 坚定地站在了 CoreOS 一边，并将 Kubernetes 支持 rkt 作为一个重要里程碑，Docker 发布的 Docker 1.12 版本开始集成了自家的集群系统 Swarm。从此，容器江湖分为两大阵营，Google 派和 Docker 派。直到最近 CoreOS 被红帽收购，这场争论被暂时平息。当前容器已经被广泛应用于生产环境，国内京东集群号称具有几十万台容器服务器的规模，阿里的所有电商业务也都迁移到了容器。

在介绍完容器发展简史后，我们先解析一下容器镜像。容器镜像是将程序所需的运行环境、配置文件，以及可执行程序打包到一个封闭的环境文件包中。容器就是通过容器镜像拉取起来的进程。通过这种方式将程序和它的运行环境（操作系统、lib 包、环境变量等）固化下来，难道在没有容器的时候就没法固化了吗？在虚拟机时代，我们通常是将一些固定不变的东西打包到虚拟机的镜像里面，而且需要针对不同的云环境分别制作虚拟机镜像，再把一些配置文件通过 Chef 或者 Puppet 这样的配置管理软件来进行从头到尾的配置，如果涉及代码版本回退之类的操作就更加复杂了。

容器对软件和编程的变革就像十年前虚拟机对服务器的变革一样巨大。总结一下，容器的优势有：1）更加轻量，镜像只打包了必要的 bin / lib，底层是公用内核的 API；2）由于轻量能做到秒级部署启动，根据镜像大小的不同，容器的部署在毫秒与秒之间，而且易于移植，一次构建，随处运行；3）提供快捷弹性伸缩，容器结合 Kubernetes 或 Mesos 这类管理平台，有着与生俱来的弹性管理能力。

7.2 容器和虚拟机的区别

容器和虚拟机有很多相同点，都提供了一种虚拟化途径，充分利用服务器的空闲资源，提高资源利用率。对于最终用户，也无须感知程序所处的运行环境究竟是虚拟机，还是容器。它们都提供资源的限制和隔离，可以限制 CPU 和内存等资源的使用，并且 KVM 也是通过 cgroup 去限制资源的使用，提供了 rootfs 的隔离、用户隔离、进程隔离、网络隔离等多种资源隔离的功能。最后，它们都可以将环境打包成镜像，通过镜像去启动多个副本。

但他们之前还是存在很大差异的。首先是设计差异，容器提倡开箱即用，建议每个容器只运行一个应用，而虚拟机的使用和物理服务器没有区别，会运行很多程序和软件。虚拟机是一种硬件虚拟化方案，是通过虚拟出一套硬件环境，在这个环境之上安装操作系统，所以它的隔离级别更高，这也导致虚拟机的镜像比容器的镜像要大很多，而容器是基于内核层面的虚拟化，通过内核的能力隔离文件系统、网络和进程等。与虚拟机相比，它减少了操作系统的开销，对比诸如 EXSi、Xen 或 KVM 这类使用虚拟机的 hypervisor 有更高的部署密度，更低的资源损耗。下面以 Cassandra 为例，分别在容器和虚拟机内压力测试：吞吐量和延迟。图 7-1 所示为 Cassandra 压力测试-吞吐量，图 7-2 所示为 Cassandra 压力测试。

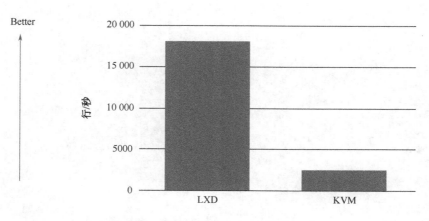

图 7-1　Cassandra 压力测试：吞吐量

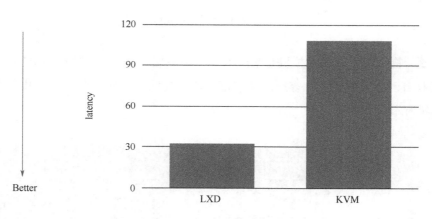

图 7-2　Cassandra 压力测试：延迟

可以看到 LXC／LXD 同 KVM 对比，在延迟和吞吐量上的优势非常明显。在 CPU 和内存的基准测试结果中，随着更多的 VM 或者容器加到主机上，服务器的功率随之上升，而且两者之间的差距并不明显。但是，当他们处理网络流量时，Docker 和 LXC 在完成相同的工作时要少消耗 10% 的能耗。

下面通过一个形象的类比说明虚拟机和容器的区别，我们将一台物理服务器比作大房子。对，没错，即一个独栋别墅，如图 7-3 所示，独立占用这块地面空间，拥有自己的游泳池和绿地。虽然它非常奢华，但不免浪费资源，并且只允许一户入住。

图 7-3　独栋别墅

那么，物理机上面的虚拟机是啥呢？是一幢高层楼房，在一块地面上创建出多套房屋，每户都有自己独立的厨房和客厅。它们都是建立在同一片地面上，并且共享小区的设施，如图 7-4 所示。

图 7-4　小区

　　容器的使用就更加精细了，它是一个胶囊公寓，如图 7-5 所示，每个人（程序）的生存空间都被挤压到一个更小的空间，这个空间只提供最基本的生活需求。大家能够共享厨房和卫生间，这也恰恰证明了容器的优势所在，需要精细的资源管理。如果你需要迁移独栋或者迁移整栋公寓，我想这是非常困难的，但如果是容器，你可以直接把胶囊公寓从北京搬运到上海，这是轻而易举就能够完成的，而里面的租户（程序）基本没有感知。

图 7-5　胶囊公寓

　　那么虚拟机是不是一定比容器安全呢？

　　定量方法测量 HAP=Linux 内核代码的缺陷密度*代码遍历产生的代码数量。我们假定 bug 的密度是统一的，这样 HAP 等于系统稳态下，遍历过的代码数。简而言之，先测出一个 VM 或容器裸系统的代码有多少行，然后用系统去运行一个指定的应用。系统的代码行数越多，就越有可能存在 HAP 级别安全漏洞。测试结果为：容器和 VM 所具备的安全等级是相当的。

　　其次，容器里面一般只安装简单的依赖库，并没有其他运维工具（如 SSH 等），这样减少了漏洞的可能性，并且配合镜像扫描机制可以进一步提升容器的安全性。

　　介绍了那么多，是不是说明容器就可以替代虚拟机了呢？在 Docker 兴起后，就有 Docker 会是 VMware 的掘墓人这种说法，将容器和虚拟机对立起来看，笔者并不是这样认为的，容器有它适合的场景，并不能拿来直接替换虚拟机。首先，虚拟机从使用裸机的蛮荒时代走过来，承载了大量传统的应用，这些应用可以无缝地从物理机迁移到虚拟机，但

却不能直接使用容器，还有一些应用由于架构设计和系统需求的原因，决定了无法迁移到容器里面运行，例如，.Net 只能运行在 Windows 操作系统上。其次，很多有状态应用和数据库等对性能有很高需求的应用，容器目前也很难满足其需求，将 Oracle 放入容器技术上面虽然可行，但引起的技术风险却远大于带来的便利。容器是运行在操作系统之上的，从这个角度来说，容器的使用替换了传统进程的运行方式，而不是虚拟机。所以，容器是一种隔离和限制进程使用资源，但又并不直接告诉你进程运行在一个虚拟的环境中的方案，而虚拟机限制你，并且告诉你所运行的完整环境，从而避免了容器环境中很多 OOM 的故障。

最后，还可以将容器运行到虚拟机里面，并打通容器和虚拟机的网络，在国内外很多公有云都是采用这种方案的，全球大部分的容器集群都是部署在公有云上面的。

7.3 Docker 是什么

Docker 的中文翻译是码头搬运工，就像图 7-6 中那个有很多触角的章鱼，它更多强调的是资源管理和协调。其实，我个人对这个比方不是很赞同，笔者觉得更合适的比方应该是集装箱，Docker 容器更像是一个将各个货物（程序及依赖环境）打包整理的集装箱。既然官方是这个叫法，那我们继续沿用。书面的说法是 Docker 是为开发人员和系统管理员设计的，用于构建、发布，并运行分布式应用程序的开放式平台。

图 7-6 Docker 示意图

不过在 2017 年，Docker 公司由于商业化的目的，已经将 Docker 项目改名为 Moby。这件事，社区的小伙伴们大部分都给予了负面的反馈，这也容易理解，毕竟大家已经熟悉

了 Docker 这个叫法，图 7-7 是 GitHub 上面大家针对这件事的投票结果，我猜想点赞的都不是 Docker 公司自己的人，其实不止是改名这么简单。Docker 公司在 Docker 开源方面做出了很多贡献，但公司需要盈利，Docker 公司将产品分为 Docker CE 和 Docker EE，也就是社区版和企业版，不用说大家也知道，企业版是收费的，在功能上面也会更丰富。Docker 的 CE 版本是通过 Moby（https://github.com/moby/moby）项目编译生成的。

图 7-7　GitHub 上投票结果

另外，在版本的命名上面也做了调整，从之前的 Docker 1.9.x 、Docker 1.10.x、Docker 1.12.x 的版本命名方式，修改成以发布年月命名的方式，后续就是 Docker 17.x 、Docker 18.x。

回到主题，首先看一下维基百科的定义。Docker 是一个开放源代码软件项目，让应用程序布署在软件容器下的工作可以自动进行，借此在 Linux 操作系统上，提供一个额外的软件抽象层，以及操作系统层虚拟化的自动管理机制。简单来说，Docker 是将软件和依赖环境打包成一个标准化单元，用于开发、测试、交付和部署。Docker 只是容器的一种类型，其实在 Docker 之前，Linux 原生就支持 LXC。Docker 出现之后，还有由 CoreOS 主导的 rkt 容器、国内阿里开源的 Pouch 等。

很多人都有疑问，为啥 Docker 要设计成每个容器里面只运行一个进程，这样的设计主要是为了考虑软件的解耦和依赖的拆分，设想如果将两个应用部署在一个容器里，如果只是升级一个应用，必然会导致另一个应用的重新发布，这是不友好的。通过微服务架构，可以将单体服务拆分成多个微服务，部署到容器里行，而且可以随意扩缩单个服务。反过来，如果在容器内运行多个程序，既增加了维护的难度，还需要维护多个程序生命周期，以及需要在容器安装 systemd 程序管理工具。虽然 rkt 也这么尝试，但易用性很差。还有就是效率的提升，通过单一职责容器的划分，容器变得更加轻量化，部署更加方便。

7.4　Docker 的优势

7.4.1　环境一致性

应用的上线需要经过开发、测试、准生产、生产等各个环境的验证才能保证功能的稳

定和可靠，但保持环境的一致性一直是一个令人苦恼的问题。开发环境部署一套服务，测试完毕，但怎样保证开发环境和生产环境的一致性呢？这里的一致性主要包括程序的二进制包、程序的依赖运行环境（库和环境变量）、程序启动相关参数等。Docker 倡导的理念就是 build、ship、run。一次打包，处处运行，这个要比 Java 的一次编译、处处运行又迈进了一步。

通过 Dockfile 将我们的程序和环境打包成 Docker 镜像（Image），推送到镜像仓库，然后在任何需要部署该程序的机器上面直接通过一条命令就可以拉取镜像，并启动程序，这样就达到了一次打包，处处运行的目的。由于是程序和运行环境的整套打包，从而保持了运行环境的一致性。Dockfile 镜像的工作原理图如图 7-8 所示。

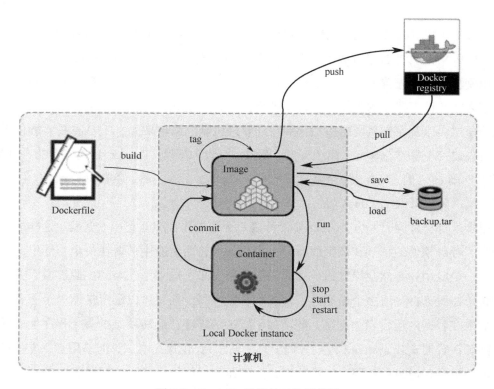

图 7-8　Dockfile 镜像的工作原理图

举个部署 Java Web 服务的例子。传统的部署方式是需要在服务器上先安装一套 Java 的运行环境，然后部署 Tomcat 服务，再把应用程序的 war 包放到 tomcat 目录下面，然后还需要配置一下 war 解压后的配置文件，例如，JDBC 的配置文件，然后才能启动应用。这个过程不仅耗时、费力，而且还容易出现配置错误。在此基础之上，出现了 Ansible 之类的自动部署工具，虽然减轻了操作的复杂度，但环境一致性还是很难保证的，例如 JDK 版

本等。通过将应用程序和环境打包到 Docker 镜像中，这样可以避免因环境不一致导致的问题，程序运行的环境与宿主机分离，甚至可以运行在 Windows Server 的机器上面，这对应用程序是没有任何感知的，真正做到了一次打包，多处运行。

7.4.2　资源隔离和限制

通过 Docker 镜像可以将运行环境固化，但最终运行的时候还需要运行时的隔离技术，一种是空间的隔离，另一种是资源的隔离。先说一下空间的隔离，每一个容器都有自己独立的命名空间，主要包括网络命名空间、用户命名空间等。不仅如此，每个 Docker 容器都有自己的 rootfs。资源隔离是限制每个容器所能使用的 CPU 和内存等资源。这里和虚拟机类似，提供一套虚拟的运行环境，每个应用程序能够在隔离的环境中独立运行，没有影响。但这种隔离是一种不完全的隔离，毕竟是一种共享内核的解决方案，所有的容器都共享系统时钟，所以，修改宿主机的系统时间会影响上面运行的所有容器。其次是资源限制，包括 CPU、内存限制，这样能够避免单个容器占用过多系统资源，从而影响该主机上面的其他业务容器，但这种限制在网络 I/O 和磁盘 I/O 方面的限制有限。

7.4.3　快速部署

容器的镜像可以非常小，在生产环境中，一个 Java 的基础镜像一般是 70MB 左右，与虚拟机动辄几 GB 的镜像相比，在网络的传输上面耗时更短，并且启动也更加迅速，毕竟虚拟机需要先启动操作系统。在处理高并发的业务场景中，Docker 能够实现秒级扩容，分担负载。

7.5　Docker 镜像

Docker 最关键的技术就是它的应用打包格式，类似 JAR、RPM 等，Docker 镜像和虚拟机的镜像很类似，都提供根（root）文件系统，只是背后文件组织方式的差异。Docker 最大的贡献应该是定义了一套镜像规范，可以认为 Docker = LXC + Docker Image，Docker 定义了一套完整的镜像分层规范，这个也是充分利用了 Union FS（联合文件系统）的特点和优势。镜像构建的时候通过分层，除了最底层以外，每一层都有一个指向底层的索引，这样就可以找到的自己的 "父层"。通过公用父层的方式，可以降低存储的占用，例如一个普通的 Java 服务和一个 Java Web 服务可以共享 JDK 之下的层级，图 7-9 展示了 Docker 镜像的分层结构。

最高的一层是读写层，而下面的每一层都是只读层，这个是需要大家注意的地方。既然叫作只读层，那么对于只读层的修改将不会直接作用于该层，而是通过 copyonwrite 的方式作用在最上面的读写层，先拷贝一份文件到读写层，然后在读写层完成对数据的修改，后续对文件的访问也是先遍历上层查找文件。如果文件不存在，则会向下层继续搜索。如果找到该文件则停止向下层搜索，这样，即便下层的文件仍然存在但却不能被访问，所以，单纯使用容器删除文件，减少镜像大小的方案是走不通的，如何解决这个问题将在后面的章节详述。

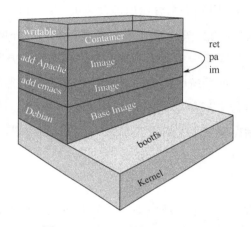

图 7-9   Docker 镜像的分层结构

7.6   Docker 为什么火起来了

除了 Google 率先将容器技术应用到自己的 Borg 系统中，容器给开发和运维带来的便利，越来越被人们熟知，再加上 DevOps 的理念逐步被人们接受，容器技术在短短两年内快速流行起来，互联网公司是敢于吃螃蟹的，目前京东和阿里都已经部署超过十万台物理机规模的容器集群，其他很多公司也都在逐步尝试将应用迁移到容器里。

7.7   Docker 安装部署

Docker 的安装部署非常方便，官方和红帽等公司都提供了 rpm 等安装包。

7.7.1　Docker 在 Linux 上的部署

如果是 CentOS 联网的情况下，可以直接通过 yum 的方式安装。

安装依赖包，执行以下指令。

```
# yum install -y yum-utils device-mapper-persistent-data lvm2
```

添加 Docker 软件包源。

```
# yum-config-manager --add-repo
https://download.docker.com/Linux/centos/docker-ce.repo
```

只显示稳定版的命令如下。

```
# sudo yum-config-manager --enable docker-ce-edge
# sudo yum-config-manager --enable docker-ce-test
```

更新 yum 包索引。

```
# yum makecache fast
```

安装最新版 Docker CE

```
# yum install docker-ce
```

如果需要安装指定版本，官方还提供了一个一键安装脚本。

```
# yum list docker-ce --showduplicates|sort -r
# yum install docker-ce-17.09.0.ce -y
```

这个是安装最新的测试版本，不建议生产环境使用。

```
# curl -fsSL get.docker.com -o get-docker.sh
# sudo sh get-docker.sh
```

如果是没有连接互联网的情况下，可以直接通过 rpm 包离线安装。

```
https://download.docker.com/Linux/centos/7/x86_64/stable/Packages
```

通过下载依赖的 rpm 包，主要依赖 docker-ce 和 docker-ce-selinux 这两个 rpm 包。

通过命令 yum install /path 安装包（.rpm）。如果在 CentOS 上，需要注意以下几点：（1）一定要关闭 selinux，否则会出现容器内无法创建目录等诸多问题。（2）关闭 firewalld，否则会在 iptables 添加拒绝规则，并且和 kube-proxy 冲突。（3）开启 ipv4.ip_forward 的内核转发，否则无法把主机当作路由，无论使用 flannel 还是 calico 都需要开启。Docker Linux 安装截图如图 7-10 所示。

← → C | 🔒 安全 | https://download.docker.com/linux/centos/7/x86_64/stable/Packages/

Index of /linux/centos/7/x86_64/stable/Packages/

```
../
containerd.io-1.2.0-1.2.beta.2.el7.x86_64.rpm              2018-08-30 12:26    23M
docker-ce-17.03.0.ce-1.el7.centos.x86_64.rpm              2018-06-08 05:48    19M
docker-ce-17.03.1.ce-1.el7.centos.x86_64.rpm              2018-06-08 05:48    19M
docker-ce-17.03.2.ce-1.el7.centos.x86_64.rpm              2018-06-08 05:48    19M
docker-ce-17.03.3.ce-1.el7.x86_64.rpm                            2018-08-30 11:19    19M
docker-ce-17.06.0.ce-1.el7.centos.x86_64.rpm              2018-06-08 05:48    21M
docker-ce-17.06.1.ce-1.el7.centos.x86_64.rpm              2018-06-08 05:48    21M
docker-ce-17.06.2.ce-1.el7.centos.x86_64.rpm              2018-06-08 05:48    21M
docker-ce-17.09.0.ce-1.el7.centos.x86_64.rpm              2018-06-08 05:48    22M
docker-ce-17.09.1.ce-1.el7.centos.x86_64.rpm              2018-06-08 05:48    22M
docker-ce-17.12.0.ce-1.el7.centos.x86_64.rpm              2018-06-08 05:48    31M
docker-ce-17.12.1.ce-1.el7.centos.x86_64.rpm              2018-06-08 05:48    31M
docker-ce-18.03.0.ce-1.el7.centos.x86_64.rpm              2018-06-08 05:48    35M
docker-ce-18.03.1.ce-1.el7.centos.x86_64.rpm              2018-06-08 05:48    35M
docker-ce-18.06.0.ce-3.el7.x86_64.rpm                            2018-07-18 10:50    41M
docker-ce-18.06.1.ce-3.el7.x86_64.rpm                            2018-08-21 11:02    41M
docker-ce-selinux-17.03.0.ce-1.el7.centos.noarch.rpm 2018-06-08 05:48    29K
docker-ce-selinux-17.03.1.ce-1.el7.centos.noarch.rpm 2018-06-08 05:48    29K
docker-ce-selinux-17.03.2.ce-1.el7.centos.noarch.rpm 2018-06-08 05:48    29K
docker-ce-selinux-17.03.3.ce-1.el7.noarch.rpm              2018-08-30 11:19    29K
```

图 7-10　Docker Linux 安装截图

7.7.2　Docker 在 Windows 上的部署

需 要 先 通 过　https://download.docker.com/win/stable/Docker%20for%20Windows%20Installer.exe 下载安装程序（Docker for Windows Installer.exe），单击安装。依次单击下一步就可以完成安装，然后就可以启动 Docker 了。Docker Windows 安装截图如图 7-11 所示。

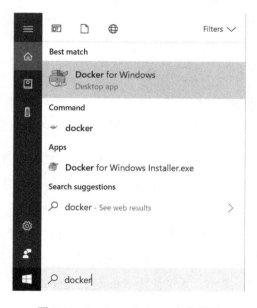

图 7-11　Docker Windows 安装截图

7.7.3　Docker 在 MAC 上的部署

Docker 在 MAC 上的安装和 Windows 类似，都是需要先下载安装包 Docker.dmg，然后拖拽安装就可以完成了。Docker MAC 安装截图如图 7-12 所示。

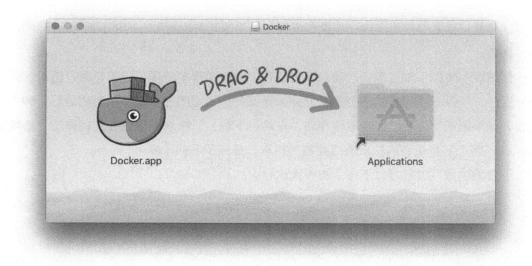

图 7-12　Docker MAC 安装截图

大家可能很好奇，Docker 不是强依赖 Linux 内核的吗？cgroup、namespace 这些东西，无论是 MAC 还是 Windows 都没有啊，对，的确没有。其实 Docker 在 Windows 和 MAC 上面的运行都是在 virtualbox 微内核的支持之下，通过虚拟一个在他们之上运行的极简版的 Linux 内核，才能运行 Docker 容器。

7.8　Docker 常用命令

如果需要启动容器，必须要有镜像，那么镜像来自哪里呢？我们先绕开这个类似于鸡生蛋、蛋生鸡的问题，Docker 官网和开源社区已经做好了很多可用的镜像，我们可以直接使用，通过 pull 命令拉取，格式如下。

```
docker pull [OPTIONS] NAME[:TAG|@DIGEST]
```

通过这个命令，我们就可以下载 Docker 官方的镜像（https://store.docker.com/）。由于在国内下载镜像比较慢，可以配置镜像加速器，国内的加速器有多个可以选择（阿里、网

易、Daocloud 等），笔者在下面的阿里云的镜像加速举例，在/etc/docker/daemon.json 文件中指定以下命令。

```
"registry-mirrors": [
  "https://66au4prg.mirror.aliyuncs.com"
]
```

这样就可以直接使用国内的镜像源下载，这个原理和配置 CentOS 下面 yum 源的道理是一样的。

仔细观察镜像下载过程会发现，下载过程中会出现很多进度条之前介绍过镜像的结构是分层的，所以下载的时候会先获取 mainfest 文件。这说明这个镜像所有的分层，和本地比较，如果发现部分层已经在本地存在，则跳过下载，只拉取本地没有的镜像层。新版的 Docker 还将之前单线程的拉取改成并发的拉取，提高了下载速度。

下载的镜像可以通过以下命令查看镜像列表。

```
docker images [OPTIONS] [REPOSITORY[:TAG]]
```

如果需要删除镜像，可以通过 rmi 命令完成。

```
docker rmi [OPTIONS] IMAGE [IMAGE...]
```

通过指定镜像的名称或者 ID 删除镜像。如果该镜像有关联的容器运行是不能直接删除的，可以通过-f 强制删除。

通过下载的镜像可以启动容器，镜像相当于容器的 rootfs，通过 run 命令实现。

```
docker run [OPTIONS] IMAGE [COMMAND] [ARG...]
```

docker run 命令是通过一个镜像启动一个 Docker 容器的，指定镜像如果不存在，则 Docker 后台进程将会先拉取这个镜像，然后启动。这里，初学者很容易犯的一个错误就是启动一个没有持续在前台运行的程序，例如在容器里面通过 startup.sh 脚本直接启动一个 tomcat 程序，会发现容器每次启动几秒钟后便退出了。还有的初学者会通过 "&" 的方式将进程放到后台启动，也会导致容器退出。这是因为，容器里面是一个新的进程空间，第一个进程的 ID 为 1，它相当于操作系统的 init 进程。如果该进程运行结束，所有的子进程都会退出，整个容器也会退出。那么针对这个问题有办法解决吗？其实最简单的方式就是增加一个日志打印功能，不停地向控制台输出日志，这样这个 "init" 进程便可以一直运行不退出。

关于 run 启动还有一些可选参数，下面介绍常用的几个。如果我们启动的时候能直接和容器交互，需要添加 –it，这是两个参数，通常结合使用，分别表示交互模式和终端模式，

这样容器的输出也可以打印到控制台，执行以下命令。

```
# docker run -it busybox sh
```

我们便可以直接进入容器内 sh 控制台，执行 exit 命令退出容器。

如果希望整个容器在后台运行，可以添加**-d** 参数，启动返回容器 ID，它就相当于进程中的 daemon 进程。容器的生命周期管理也是通过容器的 ID 去操作的，例如后面介绍的容器的删除，但 ID 操作起来毕竟不是很方便，并且相同镜像启动的容器也很难区分，所以 docker run 启动时可以指定容器的名称，通过**--name="xxxx"**，为容器指定一个名称，这样后续对容器的操作可以通过名称来完成。容器的设计目标是一次构建、处处运行，生产环境和测试环境如果使用不同的数据库地址，Docker 如何去切换？Docker 建议使用的方式是通过环境变量的方式注入的，运行程序从环境变量里面获取参数，大部分的编程语言都支持从环境变量中获取参数，对应的 docker run 启动容器可以通过**-e KEY="value"**，设置容器的环境变量。容器动后资源不是无限使用的，通过 cgroup 去限制容器使用的资源，在启动的时候添加**-m** 参数，设置容器使用内存最大值。如果需要限制交换分区的大小，可以添加**--memory-swap**。如果需要限制 CPU 的使用，可以通过**-c** 参数设定相对权重，从而限制 CPU 的使用。具体 cgroup 的测试后面会详细介绍。后面还有两个重要参数，分别是**-p** 和**-v**，分别用于容器的网络端口映射和存储挂载，容器的 IP 默认是一个 docker0 网桥分配的内部 IP，这个 IP 不能被外部网络访问，通过**-p** 端口映射，格式为：**主机端口:容器端口**，可以将容器的端口映射到宿主机上，这样便可以通过主机的 IP：PORT 方式访问容器。这样同一个主机上面容器的端口可以相同，只需要保证宿主机映射的端口不冲突即可。如果容器之间需要共享信息，或者避免联合文件系统性能瓶颈，容器可以挂载外部存储，通过**-v** 映射存储，格式为：**主机路径:容器路径**，可以将主机上面的目录或者文件直接挂载到容器里面。run 命令末尾的 COMMAND 和 ARG 组合可以设定容器的启动命令。如果设置，会覆盖 Dockerfile 中的 CMD 命令。

当我们顺利启动容器后，下面就是维护容器的生命周期了，首先查看已经启动的容器。

```
docker ps [OPTIONS]
```

默认情况下，为了显示方便，容器的 ID 会被截断前 12 位显示。如果希望显示完整的容器 ID，可以通过**--no-trunc** 不间断输出。如果只希望显示 ID，可以通过**-q** 设置为静默模式，只显示容器 ID。这个是非常有用的。举个例子，我们经常通过 docker rm $(docker ps -aq) 删除一些没用的容器。ps 的输出默认只会显示运行的容器。如果已经退出是不显示的，可以通过-a 显示所有容器，包括未运行的，还有异常退出的。如果还有一些特殊的筛选，可以通过**--filter "name=xxx"**模糊匹配名称相同的容器，或者**--filter "exited=0"**过滤退出码为

0 的容器。

查询到容器 ID 后，便可以通过 stop/start/restart 等命令管理容器的生命周期。

```
docker stop/start/restart [OPTIONS] CONTAINER [CONTAINER...]
```

上面的命令可以分别关闭、启动和重启一个或者多个容器。如果容器需要结束运行，可以通过 kill 命令，读者可能好奇，已经有了一个 stop 命令，为啥还需要一个 kill 命令呢？他们是有区别的，stop 命令是通过一种优雅关闭的方式停止容器，先向容器发送 SIGTERM（kill -15）的信号，此时，如果容器内的程序截获到这个信号后，便可以拒绝新的请求，结束事务，回收自己所占用的资源，优雅退出。Docker 默认等待 10s 后，如果容器仍然没有退出，则发送 SIGKILL（kill -9）的信号，强制退出。这个 10s 可以通过 docker stop 后面追加-t 的方式设定合理的停止时间，Kubernetes 默认使用 30s 的停止时间。如果使用 docker kill，则会直接发送 SIGKILL 信号。具体语法如下。

```
docker kill [OPTIONS] CONTAINER [CONTAINER...]
```

除此之外，docker kill 不仅可以发送 SIGKILL 信号，还可以支持其他信号。通过-s 向容器发送一个任意信号，例如 docker kill ----signal=SIGINT foo 便可以向容器发送一个 SIGINT 信号。我们经常会使用它给 nginx 容器发送一个 SIGHUP 的信号，用于重新加载 nginx 配置。

如果需要详细了解一个容器的情况，可以通过 inspect 命令，它可以详细地输出容器的相关配置和各种参数，例如，挂载信息、使用镜像、网络信息、启动参数、环境变量等。

```
docker inspect [OPTIONS] NAME|ID [NAME|ID...]
```

由于输出的结果较多，建议使用格式化输出，例如：docker inspect --format='{{.Config.Image}}' $INSTANCE_ID 获取容器的镜像，或者 docker inspect --format='{{range $p, $conf := .NetworkSettings.Ports}} {{$p}} -> {{(index $conf 0).HostPort}} {{end}}' $INSTANCE_ID 列出容器所有映射的端口。这些都是容器的静态信息。如果需要查看容器性能实时的动态信息，可以通过 stats 命令，查看容器 CPU、内存、网络 I/O 和磁盘 I/O。

```
docker stats CONTAINER
```

这个输出的结果有两点需要注意，先看输出示例。

```
CONTAINER ID  NAME  CPU %  MEM USAGE / LIMIT  MEM %  NET I/O  BLOCK I/O
PIDS
f7ee8e104a1a  romantic_mayer  0.12%  139.1MiB / 1GiB  13.58%  1.08kB /
0B      174MB / 0B
```

首先，它是通过 cgroup 采集的，计算方式和传统的 top 等方式有差异，数值上并不相等，这点需要区别。其次，输出结果中，"CPU%" 代表容器 CPU 的使用率，而 "MEM% " = MEM USAGE / LIMIT，表示容器内存的使用率，所以，当容器启动的时候没有设置内存的上限时，LIMIT 等于宿主机的内存，"MEM%" 也就成了容器占用宿主机内存的百分比。如果通过-m 参数限制内存的方式启动容器，分母将会变成我们设置的内存上限，分子还是容器使用的内存，这样就可以得出容器使用内存的百分比，其中，"MEM USAGE" 是容器申请的内存减去 cache 部分，这样计算更加准确，即内存的使用值减去缓存的值。源码实现保存在 cli/command/container/stats_helpers.go 文件里。

```
func calculateMemUsageUnixNoCache(mem types.MemoryStats) float64 {
  return float64(mem.Usage - mem.Stats["cache"])
}
```

还有一部分源码实现保存在 runc/libcontainer/cgroups/fs/memory.go 中。

```
stats.MemoryStats.Cache = stats.MemoryStats.Stats["cache"]
usage := strings.Join([]string{moduleName, "usage_in_bytes"}, ".")
value, err := getCgroupParamUint(path, usage)
```

如果需要在容器内部执行命令，可以通过 exec 命令实现。

```
docker exec [OPTIONS] CONTAINER COMMAND [ARG...]
```

在容器内新建一个 command 的任务，如果是直接通过 shell 进入容器，常使用以下命令。

```
# docker exec -it 容器名称/容器ID sh
```

进入容器，并且还可以像 run 命令一样支持-e 添加环境变量。在调试的时候，这个命令非常有用，很多容器的 webshell 控制台都是通过这个命令背后的 docker exec 接口完成的。通常情况下，可以通过 exit 方式退出容器，但如果有子进程 hang 住，此时会无法退出，需要先 kill 子进程后，再执行退出。

如果只是想查看容器的日志，不需要进入容器，可以通过 logs 命令实现。

```
docker logs [OPTIONS] CONTAINER
```

它和 tail 命令相似，通过-f 可以跟踪日志输出，查看最新的日志，并且可以通过**--tail**参数限制输出日志条数。这里查看的日志是容器打印到控制台的输出（标准输出 STDOUT 和错误输出 STDERR）。如果直接将日志的输出指定到一个文件中，是不会显示在 logs 命令中的。

这里引出了容器日志 Driver 这个问题。Docker 容器支持多种日志驱动，常用的包括：none、json-file、syslog、journald、fluentd 等。none 很容易解释，就是屏蔽所有的日志；json-file 是将日志输出到 json 文件中，默认情况就是/var/lib/docker/containers/容器 ID/容器 ID-json.log 的文件中，这样就可以通过 filebeat 等日志采集插件，到改目录进行日志采集；syslog 需要指定一个 syslog 的进程，将日志都输出到这个 syslog 程序中汇总，此时，docker logs 将看不到容器的任何日志，在使用 docker-compose 启动一组容器的时候，经常会用 syslog 汇总；journald 就是接着将日志输出到 journald 守护进程，那么就可以通过 journalctl CONTAINER_NAME=容器名称的方式获取容器的日志了，并且可以在 CentOS 系统的/var/log/message 里面看到日志；fluentd 的原理也是类似的，直接将容器的日志输出到 fluentd 的进程中统一采集。Docker 设置日志驱动的方式有两种，一种是在 Docker 的配置文件 daemon.json 中通过 log-driver 指定，另一种方式是启动容器 docker run 的时候通过 --log-driver 指定。

停止的容器并不会从磁盘中被删除，继续占用空间。如果需要删除，可以通过 rm 命令实现。

```
docker rm [OPTIONS] CONTAINER [CONTAINER...]
```

如果是正在运行的容器，需要强制删除，需要添加-f：，通过 SIGKILL 信号强制删除一个运行中的容器，并且回收磁盘空间。通常可以通过 docker rm $(docker ps -aq)的方式删除无用的容器。

容器启动都依赖 rootfs，这个是通过容器的镜像启动的。我们除了可以使用 Dockerfile 去构建容器镜像，还可以通过 export 命令将容器的 rootfs 导出成 tar 包。

```
docker export [OPTIONS] CONTAINER
```

将这个 tar 包拷贝到其他机器，再通过 import 命令导入这个 tar 包，就可以导入镜像了。

```
docker import [OPTIONS] file|URL|- [REPOSITORY[:TAG]]
```

除了将容器导出成 tar 包外，镜像也可以通过 save 命令导出。

```
docker save [OPTIONS] IMAGE [IMAGE...]
```

可以通过 " > " 指定输出文件，还可以通过-o 参数指定 tar 文件。这里有一个建议，save 指定导出镜像的时候，使用名称和 tag，这样在导入的时候可以继续保持这个名称，避免使用 ID 导出镜像，通过 load 命令导入镜像。

```
docker load [OPTIONS]
```

在此，用户可能会脑洞大开，既然 export 可以通过容器导出 tar 包，就可以 import 这

个 tar 包导入生成镜像。save 命令可以通过镜像生成 tar 包，通过 load 导入镜像。那么是不是可以交叉使用呢？答案是不可以的，这里需要深入了解一下。首先，通过 save 生成的 tar 是可以通过 import 导入的，但 export 的 tar 却不能使用 load 载入，原因在于上面说的 export 导出的是一堆文件目录，读者可以自行解压查看，而 save 保存的是分层的文件系统，本质上说，这些分层文件系统的最终表现形式就是 export 导出的文件目录，所以，通过 export 导出的镜像要比 save 保存的要小很多，而 load 命令只能导入分层文件系统，而 import 则是直接导入文件。这样通过 load 导入的镜像继续保留了分层，而 export 导入的镜像可以理解为只有一层。

如果需要将容器直接导出镜像，可以通过 commit 命令实现。

```
docker commit [OPTIONS] CONTAINER [REPOSITORY[:TAG]]
```

其实，它就是将容器的最上层的读写层提交为一层文件系统保存到镜像中。这里需要说明的是，如果使用自定义启动命令覆盖 Dockerfile CMD 启动容器后，通过 commit 保存镜像的 CMD 命令将会变为自定义的启动命令。如果需要特殊指定，可以在 commit 命令后面追加 --change='CMD ["xxx", "xxx"]' 的方式修改。

容器使用自己独立的文件系统和挂载点。如果需要将文件拷贝到容器里面，通常的做法是 run 命令后加-v 参数指定挂载宿主机的目录，但如果是已经运行的容器可以通过 cp 命令，将文件拷贝到容器或者将容器里面的文件拷贝到宿主机。

```
docker cp [OPTIONS] CONTAINER:SRC_PATH DEST_PATH|-
```

这种方式通常只是在调试的时候使用。

在最开始的时候，我们介绍了通过 pull 命令从公网的 docker 镜像仓库拉取镜像。如果我们需要分享镜像，可以通过 push 命令上传我们制作的镜像。

```
docker push [OPTIONS] NAME[:TAG]
```

和 pull 拉取同理，也是分层传输。如果某个分层已经在远程仓库存在，则跳过传输。这里需要注意，如果我们上传相同 tag 的镜像到远程仓库，会覆盖远端仓库的镜像，所以通常会根据代码版本或者时间戳作为镜像的 tag，避免镜像覆盖的问题。

启动容器之前，如果本地不存在镜像，则需要先从镜像仓库拉取镜像。如果远端仓库设置了安全认证，在 Docker 客户端需要先通过 login 命令登录，格式如下。

```
docker login [OPTIONS] [SERVER]
```

当用户执行 docker login 命令后，会要求输入镜像仓库的用户名和密码。如果认证通过后，会在用户的主目录下面生成对应的认证凭证，如下所示，后面针对此仓库的镜像下载

就可以使用这个凭证，无须再次登录。

```
# cat ~/.docker/config.json
{
        "auths": {
                "dockerhub.xxxx.corp:15000": {//镜像仓库地址
                        "auth": "xxxxxxx"//base64保存的用户名和密码
                }
        }
}
```

　　无论是 commit，还是 export 导出镜像都存在很多不确定性。如何将容器镜像的制作过程规范成一个文件呢？Dockerfile 就是这个作用。通过 build 命令，-f 参数指定要使用的 Dockerfile 路径。如果不指定，默认 Dockerfile 在当前目录下。build命令首选会读取 Dockerfile 文件，然后根据文件里面定义的内容逐步执行，如果其中某一步出现错误，则将终止运行。

```
docker build [OPTIONS] PATH | URL | -
```

　　通过**--tag 或者 -t** 指定新生成镜像的名字及标签，通常格式是 name:tag 或者 name 格式（tag 为 latest）。如果不指定 tag，则默认使用 latest 作为镜像默认 tag。镜像构建时，docker 客户端会遍历整个工作目录，所以不要在一个大目录下构建镜像，建议创建一个空目录，把 Dockerfie 和二进制拷贝到这个空目录下，再执行 build 命令。

　　docker build 在使用过程需要注意两点，第一，它不会默认拉取最新的基础镜像，这就意味着，如果本地存在基础镜像缓存，但基础镜像已经被修改，并上传到镜像仓库，此时 Docker 并不会拉取最新的基础镜像。解决方法是手动拉取一次最新的基础镜像，或者在 build 命令后面添加--pull 参数，指定每次构建拉取最新基础镜像。第二，镜像构建默认会使用之前构建的缓存，这样不仅可以节省空间，还能加速镜像的构建，但这也会造成问题，例如通过 "yum、apt-get" 等命令安装软件包的时候，在不同的时间点安装的软件包版本是不相同的，但 Docker 在判断是否已存在的时候，通过比较父镜像 ID、命令、添加文件的 Hash 值的方式判断 Docker 是否存在，这就导致软件包无法更新。解决的方法是可以删除本地缓存或者添加--no-cache，忽略缓存，每次都需要重新构建。

7.9　Dockerfile

　　Dockerfile 是用于构建镜像的，有读者可能会好奇 Docker 本身不是提供了 commit 命令

打包镜像了吗？为啥还需要 Dockerfile 呢。其实，Dockerfile 不仅可以将镜像打包通过文件的方式固化下来，而且提供了修改功能。如果镜像需要重新打包，编辑 Dockerfile 重新执行 build 命令即可。在构建过程中，如果位于下层的镜像层没有变化，Docker 会高效利用之前缓存的镜像分层，而无须重复构建，除非使用上面介绍的--no-cache 选项跳过缓存。

FROM 语法。

```
FROM <image>:<tag>
```

注：tag 可以换成分层的 digest。如果不指定 tag 和 digest，默认是 latest。

Docker 镜像是分层的，FROM 是指定基础镜像的，每个 Dockerfile 都必须有 FROM 命令。后续构建的镜像就是在这个基础镜像之上添加一层或者多层，所有基础镜像要尽可能做到精简，不仅需要节省存储的资源，更重要的是要考虑安全性。安装的软件越多，系统存储漏洞的风险也就越大。

WORKDIR 语法。

```
WORKDIR /path/to/工作目录
```

注：路径必须是绝对路径。

WORKDIR 是指定程序运行的工作目标，如果是程序通过相对路径寻找依赖文件的时候，必须设定正确的 WORKDIR。当通过 exec 进入容器后，也会进入这个工作目录。例如 tomcat 镜像会将默认的 WORKDIR 指定到 tomcat 解压后的目录。当然，也可以在运行容器时，通过"-w"参数自定义工作目录。

RUN 语法。

```
RUN ["exec", "param1", "param2"]
```

这个是在镜像打包过程中需要执行的命令。每执行一次 RUN，都会生成一个新的镜像分层，所以，Dockerfile 的最佳实践是将所有需要执行的命令通过&符号相连，一次执行完所有命令。

COPY 语法。

```
COPY ["<源路径1>","<源路径2>"... "<目标路径>"]
```

注：原路径可以是多个，甚至可以是通配符，通常会将源文件拷贝到和 Dockerfile 同级的目录中。目标路径虽然也是基于 WORKDIR 指定相对路径的，但为了便于阅读，建议写成绝对路径。

COPY 是将一个或者多个文件或者目录拷贝到镜像里面。通常会用它把我们自己编写的程序或者配置文件拷贝到镜像里，如：编译后的 jar 包或者 war 包。

ADD 语法。

```
ADD ["<源路径>",... "<目标路径>"]
```

细心的读者可能已经发现，这个 ADD 和 COPY 命令的语法和作用是一样的。对，大多数情况，ADD 和 COPY 是可以互换的，但 ADD 提供了两个特殊的功能。第一是 ADD 的源可以是 URL。当遇到 URL 时，可以通过 URL 下载文件，并且复制到<dest>，这样也会带来安全隐患，所以建议生产环境尽量使用 COPY。 第二，ADD 可以解压，当遇到 tar, gzip, bzip2 等压缩格式，可以解压到指定的目录。ADD 的解压并非直接读取文件后缀，而是通过解析文件内容确定源文件是否属于压缩归档文件。如果是一个压缩归档文件，无论如何重命名，都可以解压到指定的目标目录下。

这里还需要注意：无论是 COPY，还是 ADD 源路径，都是相对于 Dockerfile 文件来说的，所以这些需要拷贝的文件必须放到 Dockerfile 同级或者其子目录里面，不支持通过 "../" 方式从父目录中搜索文件。

ENV 语法。

```
ENV <key1>=<value1> <key2>=<value2>...
```

ENV 命令是将环境变量注入镜像里。这样容器内的运行程序可以根据这些环境变量执行不同的业务操作。容器的最佳实践应该是将程序依赖的各种配置都转化为环境变量的方式配置，程序从环境变量读取参数。当需要变更配置时，只需要调整容器启动的环境变量，从而改变程序的执行逻辑。如：配置 Redis 数据库的地址，可以将数据库地址保存到 REIDS_ADDR 的环境变量中，从而根据程序运行的不同环境（测试、生产）动态调整。

这里的 ENV 是将环境变量固化到容器镜像里。如果需要更新，通过容器启动命令 "docker run -e" 的方式覆盖 ENV 设定的环境变量。

深入思考一下，既然可以通过 RUN 执行命令，那么便可以通过 "RUN export" 的方式创建或者修改环境变量，为啥还需要 ENV 这个语法支持呢？是不是多此一举？答案当然不是，通过 RUN 的方式在构建镜像的过程中，每次 RUN 都会生成一个中间层，但这些中间层不会保存到最终的镜像文件中，只是在当前进程的上下文中有效。下面通过两个案例说明一下。

● 容器内设置环境测试。

在终端一中启动一个容器，并设置 TEST 环境变量。

```
# docker run -it busybox sh
# export TEST=test
```

登录到终端二中，进入容器，查看环境变量。

```
# docker exec -it 9c18a594aa09（终端一创建容器ID） sh
# env
```

输出的结果中并没有终端一里面设置的环境变量 TEST。这个实验在本质上与 Docker 并无关系，而是 Linux 系统本来就是这样设计的。通过 export 设置的环境变量，只是在当前程序的上下文有效。当通过 exec 进入容器后，启动一个新进程，自然没法再保存到镜像中。

- Dockerflie ENV 测试。

创建一个测试的 Dockerfile 文件。

```
FROM busybox
ENV FOO=foo
RUN export BAR=bar
RUN export BAZ=baz && echo "$FOO $BAR $BAZ"
```

执行构建命令 docker build 后，将会输出下面的结果。

```
# docker build -t testenv .
Sending build context to Docker daemon 2.048 kB
Step 1/4 : FROM busybox
 ---> d8233ab899d4
Step 2/4 : ENV FOO foo
 ---> Running in 51ddaa260ea7
 ---> f8a1656d3e7e
Removing intermediate container 51ddaa260ea7
Step 3/4 : RUN export BAR=bar
 ---> Running in 803d486a476a
 ---> 5f12d131af2a
Removing intermediate container 803d486a476a
Step 4/4 : RUN export BAZ=baz && echo "$FOO $BAR $BAZ"
 ---> Running in a9a6dd63eb90
foo  baz
 ---> 0ad9d79ebc6c
Removing intermediate container a9a6dd63eb90
Successfully built 0ad9d79ebc6c
```

从输出的结果可以看到通过 export 设置的环境变量只能在当前进程的上下文有效，而无法持久化到镜像中。而通过 ENV 设置的环境变量将保存到镜像文件的config.json文件中，可以持续有效。

EXPOSE 语法。

```
EXPOSE <port> [<port>...]
```

它是用于设定容器暴露的端口的，例如 tomcat 会指定 8080 端口。这点需要注意，如果镜像里面没有设置 EXPOSE。通过这个镜像启动容器后，是不是就没法访问这个端口了？当前不是，这个 EXPOSE 的真正目的是为了能够动态映射宿主机端口，用户可以直接访问没有 EXPOSE 的容器端口。

VOLUME 语法。

```
VOLUME ["/data"]
```

这个是指定为该镜像的容器挂载一个匿名的存储卷的，这个命令需要谨慎使用，特别是在集群环境中，因为它会在宿主机本地映射一个目录到容器里面。如果跨宿主机，这些存储数据将会丢失。

USER 语法。

```
USER user:group
```

为容器内运行的程序指定用户和用户组，通常需要结合 RUN adduser（添加用户）一起使用。可以通过 docker run -u 的方式覆盖 USER 的设定启动用户。之所以需要通过指定的用户启动程序，一方面是因为有些程序要以某些特定的用户才能启动的，另一方面是从安全角度考虑，避免所有程序都是 root 用户启动的。

ENTRYPOINT 语法。

```
ENTRYPOINT ["command ", "param1", "param2"]
ENTRYPOINT command param1 param2
```

这个是容器启动时执行的命令，不要和 RUN 混淆了，RUN 是打包镜像时候执行的命令，一般是安装某些程序所使用的，而 ENTRYPOINT 指定容器内程序的启动命令，一般用于启动一个不退出的前台进程。

CMD 语法。

```
CMD ["command ","param1","param2"]
CMD ["param1","param2"]
CMD command param1 param2
```

这个命令的语法和作用与 ENTRYPOINT 非常相似，但他们还是有区别的。CMD 启动命令是可以在 docker run 启动时被覆盖的，而 ENTRYPOINT 是不能被覆盖的。细心的读者可能发现上面第二个 CMD 没有执行命令，只有执行参数。对，这是为了和 ENTRYPOINT 组合使用。在 Dockerfile 的编写中，ENTRYPOINT 指定启动命令，而 CMD 指定命令的参数。最后还需要申明的是，凡事无绝对，ENTRYPOINT 也是可以被覆盖的，在容器启动时候指定 "docker run-entrypoint" 可以覆盖 ENTRYPOINT，但这一般只用于调试。

最后，通过一个 tomcat 镜像的例子串联上面的命令。

指定基础镜像。

```
FROM openjdk:7-jre
指定环境变量。
ENV CATALINA_HOME /usr/local/tomcat
ENV PATH $CATALINA_HOME/bin:$PATH
执行命令。
RUN mkdir -p "$CATALINA_HOME"
设定环境变量。
WORKDIR $CATALINA_HOME
```

暴露端口。

```
EXPOSE 8080
```

启动命令。

```
CMD ["catalina.sh", "run"]
```

在实际项目中，为了节省编译环境的安装和维护，经常使用 Docker 容器编译源代码，并打包编译过后的二进制到 Docker 镜像中。编译代码的镜像和程序运行的镜像通常是不同镜像，这样就需要通过两步才能完成。在 Docker 17.05 以后，引入了多阶段镜像构建功能，通过一个 Dockerfile 将镜像构建之前的准备工作和镜像打包合成一个 Dockerfile，go 程序的镜像打包代码如下所示。

```
FROM golang:1.7.3 as builder
WORKDIR /go/src/github.com/alexellis/href-counter/
RUN go get -d -v golang.org/x/net/html  COPY app.go .
RUN CGO_ENABLED=0 GOOS=Linux go build -a -installsuffix cgo -o app .

FROM alpine:latest
RUN apk --no-cache add ca-certificates
WORKDIR /root/
COPY --from=builder
 /go/src/github.com/alexellis/href-counter/app .
CMD ["./app"]
```

首先，通过 golang 的镜像，将 go 源代码编译成二进制程序，然后将程序 app 打包到

alpine 镜像里面，从而将代码编译和镜像构建合并到一个 Dockerfile 中，极大地提高了构建的效率。那么这两步走是怎样关联的呢？构建任务通过 as 定义了本阶段名称为 builder，然后通过--from 指定文件来源于 builder 构建的产物，从而将多个阶段串联起来。

7.10 Docker 进阶

7.10.1 Direct-lvm

Docker 后端支持多种镜像存储格式。如果是 Ubuntu 系统，推荐使用 overlay2 和 aufs。如果是 CentOS，则推荐 overlay2 和 devicemapper。目前，overlay 已经被废弃了，并且未来 devicemppper 也将被废弃，推荐使用 overlay2 镜像存储格式。

Docker 在 CentOS 上面安装后，默认使用 devicemapper 的 loopback-lvm 模式。它是先创建一个稀疏文件，模拟一个硬件设备，因此，性能比较差。如果是生产环境，建议改成 direct-lvm 模式。在 Docker 17.06 以后的版本中，配置过程非常简单，只需要通过 dm.directlvm_device 指定块设备即可。如下所示是一个完整的 direct-lvm 配置过程。

```
{
  "storage-driver": "devicemapper",
  "storage-opts": [
   "dm.directlvm_device=/dev/xdf",
   "dm.thinp_percent=95",
   "dm.thinp_metapercent=1",
   "dm.thinp_autoextend_threshold=80",
   "dm.thinp_autoextend_percent=20",
   "dm.directlvm_device_force=false"
 ]}
```

7.10.2 高级命令

7.10.2.1 清理垃圾镜像

之前介绍了 rmi 清理容器镜像的原理。通常，我们还需要清理一些垃圾镜像，docker rmi $(docker images -f "dangling=true" -q)只删除 dangling 的镜像，那么什么是 dangling 的镜像呢？镜像的 tag 是 none 镜像，那这些 tag 是 none 的镜像是来自哪里呢？当我们每次构建完成一个镜像后，都会给它指定名称和 tag，相当于镜像的指针，但是如果我们新构建的镜像

名称：tag 和本机上已存在的 tag 冲突了，此时会指向新的镜像层，那么之前镜像层将置为 none，表示没有引用，就像编程中，一个没有指针指向的内存区域，它应当被回收。

7.10.2.2　查看系统状态

在 Docker API 1.25 以上版本支持 prune 命令。

```
docker image prune
```

删除所有的 dangling 镜像。如果需要删除所有无用的镜像，可以通过以下命令实现。

```
docker image prune -a
```

它不仅包括了 dangling 的镜像，还包括所有没有关联容器的镜像，非常实用。还可以通过 system 命令获取当前系统的一些状态。

docker system df	Docker 的磁盘占用 列出了本机上镜像和容器所占用的空间
docker system events	获取实时的事件信息
docker system info	获取系统信息
docker system prune	删除无用数据

7.10.2.3　关闭容器

伴随着业务的不断更新和迭代，容器的启动和停止经常发生。当容器停止时，如果容器内的程序未执行完，那么将会造成数据不完整，特别是一些分布式事务，可能会导致数据不一致，为此，容器引入优雅关闭功能。

当我们执行 docker stop 命令后，Docker 会向容器中进程 ID 为 1 的进程发送 SIGTERM(kill -15)信号。当等待一段时间后，若程序仍然没有退出，将发送 SIGKILL（kill -9）信号强制杀死进程。等待时间可以通过参数设置。

```
docker stop ----time=30 foo
```

但如果使用 docker kill 命令的话，则不会有等待时间，直接发送 SIGKILL 信号。Kubernetes 在容器关闭时也是通过 docker stop 命令关闭容器，那么当容器内应用接收到 SIGTERM 信号后，将拒绝新请求，并且执行完未处理的任务，回收占用的资源。下面通过一段 Go 的代码举例如何获取信号，并退出。

```go
term := make(chan os.Signal)
signal.Notify(term, os.Interrupt, syscall.SIGTERM)
```

```go
cancel := make(chan struct{})
select {
case <-term:
    level.Warn(logger).Log("msg", "Received SIGTERM, exiting
gracefully...")
    #执行回收动作
}
```

可以采用其他编程语言关闭容器，但这里有个坑需要注意。由于 Docker 关闭的时候只给进程号是 1 的进程发送信号，也就是说，如果应用程序的进程 ID 不是 1，那么将不会收到信号。下面举例说明，先看一个正常的 Java 程序 "Kill.java"。

```java
class Kill {
    private static Thread main;
    public static void main(String[] a) throws Exception {
        Runtime.getRuntime().addShutdownHook(new Thread(new Runnable() {
            public void run() {
                System.out.println("TERM");
                main.interrupt();
                for (int i = 0; i < 4; i++) {
                    System.out.println("busy");
                    try {
                        Thread.sleep(1000);
                    } catch (Exception e) {}
                }
                System.out.println("exit");
            }
        }));
        main = Thread.currentThread();
        while (true) {
            Thread.sleep(1000);
            System.out.println("run");
        }
    }
}
```

执行 "javac Kill.java" 编译代码，并打包到 Docker 镜像中。Dockerfile 如下所示。

```dockerfile
FROM openjdk:8-jre-alpine
ADD Kill*.class /
ENTRYPOINT ["java","Kill"]
```

启动容器，进入容器可以看到 "java Kill" 进程号为 1。当执行 docker stop 命令后，程序将接收到 TERM 信号，并退出。然后，我们再修改一下 Dockerfile，添加一个启动脚本 start.sh，脚本非常简单，就两行，如下所示。

```
#! /bin/sh
java Kill
```

重新构建镜像并启动，新的 Dockerfile 如下所示。

```
FROM openjdk:8-jre-alpine
ADD Kill*.class /
ADD start.sh /
ENTRYPOINT ["sh","-c","/start.sh"]
```

启动容器后，进入容器会发现，Java 进程的 ID 变成 7，成为 shell（进程 ID 为 1）的子进程。

```
# ps -ef
PID   USER    TIME  COMMAND
1     root    0:00  {start.sh} /bin/sh /start.sh
7     root    0:00  java Kill
```

此时，再次执行 docker stop 命令，容器将不会收到 TERM 请求，并在默认的 10 秒关闭时间后，直接退出。所以，当需要优雅退出时，必须保证应用程序的进程 ID 为 1。那有没有别的方法呢？当然有，我们可以在容器关闭前执行 prostop 脚本，脚本里面首先动态获取 Java 进程的 ID，然后通过 kill 直接对这个进程发送 TERM 信号，从而优雅关闭程序，如下所示。

```
PID=`pidof java` && kill -SIGTERM $PID。
```

7.10.2.4　设置内核参数

我们都知道 Docker 容器是共享主机的内核的，所以没法直接在容器内修改内核参数。例如，直接通过命令设置最大 backlog 的大小。

```
# sysctl -w net.core.somaxconn=4096
```

会给出如下错误提示。

```
sysctl: setting key "net.core.somaxconn": Read-only file system
```

Docker 支持启动时通过 sysctl 参数设置。

```
# docker run -ti --sysctl net.core.somaxconn=4096 centos sh
```

进入容器后查看。

```
# sysctl net.core.somaxconn
net.core.somaxconn = 4096
```

7.10.2.5　进入容器网络空间

当 Docker 容器启动后，如果不是主机模式，那么将会在宿主机上面创建一个新的网络命名空间。但由于没有链接到 "/var/run/netns" 下，所以没法通过 ip netns 命令管理。为了方便排查问题，可以将容器的网络命令空间链接到 "/var/run/netns" 下。具体命令如下。

```
# pid=$(docker inspect -f '{{.State.Pid}}' ${container_id})
# mkdir -p /var/run/netns/
# ln -sfT /proc/$pid/ns/net /var/run/netns/$container_id
```

这样便可以通过 ip netns 命令进入容器，排查问题。

```
# ip netns exec $container_id sh 进入容器网络空间
```

还可以通过 nsenter 命令进入容器网络空间。

```
# nsenter -t pid -n sh
```

7.10.3　Docker 注意事项

7.10.3.1　动态库

Docker 容器提供了一套虚拟的运行环境。在实际的使用过程中，需要注意动态库的使用。相比静态库在程序链接的时候就已经和程序打包到一起的方式，动态库采用运行时加载的方式，这样可以节省存储空间，但同时也带来一个问题。如果 Docker 容器内没有这个动态库，则会抛出 "not found" 的错误。

解决的方案通常有两种：一是采用静态编译，从而将依赖库和执行程序打包到一起，或者直接修改代码，去除动态库依赖；二是将依赖的动态库打包到 Docker 镜像里面，或者将动态库挂载到容器中。

7.10.3.2　启动命令

通常通过 Dockerfile 设置启动。

```
ENTRYPOINT ["/sleep.sh"]
```

这个脚本很简单，并且只有一行。

```
sleep 4000
```

但当容器启动后，会报出下面的错误。

```
standard_init_Linux.go:190: exec user process caused "exec format error"
```

怎么触发一个 go 异常呢？原因是因为这个脚本是通过 go 去启动的，但并没有指定怎么使用解析器去处理这个脚本。通常解决办法有两种：1）修改 Dockerfile。

```
ENTRYPOINT ["sh","-c","/sleep.sh"]
```

2）修改启动脚本。

```
#!/bin/sh
sleep 4000
```

标识这个脚本，通过 shell 去解析运行。

7.10.3.3 OOM

OOM（Out Of Memory：内存溢出）指程序在运行时超过了系统内存限制，Linux 内存分配采用了懒分配策略（缺页异常后才分配内存），从而完成内存的 overcommit 机制。Linux 为了保障系统在内存不足时仍然稳定运行，会关闭部分优先级较低的进程，从而回收内存资源。在容器场景中，会通过 cgroup 去限制应用的内存占用，但应用程序本身却无法感知自己正运行在容器环境中，导致超过 cgroup 设置的内存上限从而引发 OOM。为了避免容器内应用 OOM 通常有两种方案：第一是直接限制程序的内存使用；第二是告知应用程序当前处于容器内运行，需要动态调整内存参数。

下面将通过一个 Java 案例介绍如何解决容器内 OOM 的故障，JVM 启动后，默认将最大使用堆大小设置为物理内存的四分之一，例如，一台普通的 x86 服务器配置 128GB 内存，那么在容器内启动的 JVM 会将自己最大允许使用的堆内存调整为 32GB 内存。如果容器启动时设置 JVM 只允许使用 4GB 大小的内存，那么当 JVM 使用内存超 4GB 后，将会导致内核杀死 JVM。测试代码如下。

```java
import Java.util.ArrayList;
import Java.util.List;

public class MemEat {
    public static void main(String[] args) {
        List l = new ArrayList<>();
```

```
while (true) {
    byte b[] = new byte[1048576];
    l.add(b);
    Runtime rt = Runtime.getRuntime();
    System.out.println( "free memory: " + rt.freeMemory() );
    }
}
```

代码非常简单，只是通过一个死循环不停地申请内存。如果在 Java 8u111 版本之前，直接通过 docker run -m 100m 限制使用 100MB 内存的情况下，运行一段时间后直接被内核杀死。输出如下所示。

```
# Java MemEat
. . .
free memory: 1307309488
free memory: 1306260896
free memory: 1305212304
free memory: 1304163712
free memory: 1303115120
Killed
```

为了避免这种情况，可以通过 "-Xmx" 设置最大堆内存后，再次运行。

```
# Java -Xmx100m MemEat
. . .
free memory: 8382264
free memory: 7333672
free memory: 6285080
free memory: 5236488
Exception in thread "main" Java.lang.OutOfMemoryError: Java heap space
MemEat.main(MemEat.Java:8)
```

可以看到 JVM 由于堆内存不足，自己退出了。这种在 JVM 添加参数的方式有一个弊端：如果修改了容器的内存限制，还需要调整启动参数。为此，在 Java 8u144 版本之后添加了动态调整的功能，能够根据用户设定的内存限制动态调整，启动参数如下所示。

```
# Java -XX:+UnlockExperimentalVMOptions
-XX:+UseCGroupMemoryLimitForHeap MemEat
```

当我们修改了内存参数后，JVM 便可以随之调整。Java 对于容器的支持不断增强到最

新的 Java 10 版本后，已经原生支持容器环境，无须添加任何参数。不仅如此，新版 Java 10 还支持 CPU 在容器内动态调整。如下所示，JVM 调整内存最大堆。

```
# docker  run -it -m 1024M --entrypoint bash openjdk:11-jdk
# java -XX:+PrintFlagsFinal -version | grep MaxHeapSize
  size_t MaxHeapSize = 268435456
openjdk version "11.0.3" 2019-04-16
```

可以看到上面的最大堆调整到内存限制的四分之一，而非物理内存的四分之一。还可以支持 CPU 自适应，如下所示。

```
# docker  run -it --CPUs 2 ---entrypoint bash openjdk:11-jdk
jshell> Runtime.getRuntime().availableProcessors()
$1 ==> 2
```

可以通过 Java API 获取当前设置的 CPU 个数。

如果是其他编程语言希望获取容器的 CPU 和内存限制，可以通过容器内的 cgroup 文件系统实现。

```
# cat /sys/fs/cgroup/memory/memory.limit_in_bytes
104857600
```

7.10.4　Docker 接口调用

Docker daemon 提供了 REST API 接口可以直接调用（如 v1.37 版本访问 https://docs.docker.com/engine/api/v1.37）。如果是采用了 go、Python 或者 Java 等高级语言的开发者，官方提供了 SDK。下面是官方提供的 SDK 的例子。

```
package main

import (
    "io"
    "os"

    "github.com/docker/docker/client"
    "github.com/docker/docker/api/types"
    "github.com/docker/docker/api/types/container"
    "github.com/docker/docker/pkg/stdcopy"

    "golang.org/x/net/context"
```

```go
)

func main() {
    ctx := context.Background()
    cli, err := client.NewEnvClient()
    if err != nil {
        panic(err)
    }
    // 拉取镜像
    _, err = cli.ImagePull(ctx, "docker.io/library/alpine",
types.ImagePullOptions{})
    if err != nil {
        panic(err)
    }
    // 创建容器，并设置启动命令为打印hello world
    resp, err := cli.ContainerCreate(ctx, &container.Config{
        Image: "alpine",
        Cmd:   []string{"echo", "hello world"},
    }, nil, nil, "")
    if err != nil {
        panic(err)
    }
    // 启动容器
    if err := cli.ContainerStart(ctx, resp.ID,
types.ContainerStartOptions{}); err != nil {
        panic(err)
    }


    statusCh, errCh := cli.ContainerWait(ctx, resp.ID,
container.WaitConditionNotRunning)
    select {
    case err := <-errCh:
        if err != nil {
            panic(err)
        }
    case <-statusCh:
    }
    // 获取启动日志
    out, err := cli.ContainerLogs(ctx, resp.ID,
```

```
types.ContainerLogsOptions{ShowStdout: true})
        if err != nil {
            panic(err)
        }


        stdcopy.StdCopy(os.Stdout, os.Stderr, out)
    }
```

通过这些 SDK 可以轻松管理容器和镜像。这里需要注意的是，如果通过 HTTP 接口请求 Docker API，需要利用 -H　tcp://127.0.0.1:2376 开放端口。为了安全起见，请不要设置 -H tcp://0.0.0.0:2376 开放所有地址访问，Docker 最佳实践应该是通过本地 socket 文件方式利用 -H unix:///var/run/docker.sock 连接 Docker 的。

7.10.5　Docker 的网络方案

Docker 的默认网络模式可以分为：主机模式、桥接模式或者 none 模式。主机模式就是和宿主机共享协议栈，那么就可以在容器里面看到宿主机的网卡 IP 等信息，可以通过 localhost 访问宿主机上面的服务。这里需要注意，在容器内启动服务需要避免和宿主机的端口冲突。none 模式是不连接网络的，这个主要有两个用途，第一是有些业务场景，容器是不需要联网的，例如一些本地批处理任务等；第二是可以让用户自己添加网络，用户可以通过 ovs-docker 等工具为容器自定义网卡。桥接模式是 Docker 的默认网络模式，容器启动会挂载到 Docker0 网桥上，并且会分配一个与 Docker0 相同网段的 IP。如果容器连接外网，需要通过 SNAT（准确来说是 MASQUERADE）的方式映射成宿主机的 IP。

```
POSTROUTING -s 172.17.0.0/16 ! -o docker0 -j MASQUERADE
```

如果是外部访问容器，需要通过 DNAT 映射，例如通过 3306 访问 Docker 容器。

```
DOCKER ! -i docker0 -p tcp -m tcp --dport 3306 -j DNAT --to-destination
172.17.0.2:3306
```

上面的方式并不能满足容器互连的网络需求。Docker 官方 2015 年初推出的项目，旨在将 Docker 的网络功能从 Docker 核心代码中分离出去，单独创建了一个 Libnetwork 项目，并定义了一套网络规范 CNM。实现了 CNM 的网络控制器可以为 Docker Daemon 和网络驱动程序之间提供了接口，网络控制器负责将驱动和一个网络进行对接。每个驱动程序负责管理它所拥有的网络，以及其他组件，例如，IPAM 组件负责 IP 地址分配，并且支持多个驱动程序和多个网络同时共存。

CNM 规范中定义了下面几个概念。

Sandbox 的实现是通过 Linux 网络命名空间的，包含了一个容器的网络栈。包括了管理容器的网卡、路由表，以及 DNS 设置，一个 Sandbox 可以包含多个 endpoint。

endpoint 将 Sandbox 连接到 Network 上。一个 endpoint 的实现可以通过 veth pair, Open vSwitch internal port 或者其他的方式。一个 endpoint 只能属于一个 network，也只能属于一个 Sandbox。

Network 由一组可以相互通信的 endpoint 组成。一个 Network 的实现可以是 Linux bridge、vlan 或者其他方式。一个网络中可以包含多个 endpoint，如图 7-13 所示。

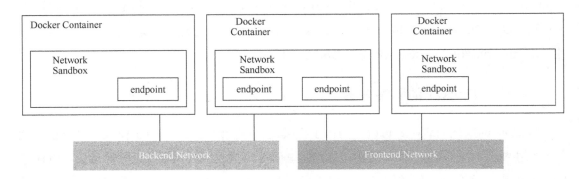

图 7-13　Network 构成

当执行 docker network create 创建网络的过程中会触发下面的 CNM API。

1. /IpamDriver.RequestPool: 创建 subnet pool 用于分配 IP 地址池。

期望的返回参数如下所示。

```
{
 "PoolID": string
 "Pool":　 string
 "Data":　 map[string]string
}
```

这里的 Pool 就是网络的网段信息。

2. /IpamDriver.RequestAddress: 为 gateway 获取 IP。

3. /NetworkDriver.CreateNetwork: 创建 Neutron network 和 subnet。

当执行 docker run 启动容器时，会执行下面的 CNM API。

1. /IpamDriver.RequestAddress: 为容器获取 IP。

2. /NetworkDriver.CreateEndpoint: 创建 port。

3. /NetworkDriver.Join: 绑定容器和 port。

当执行 docker delete 命令删除容器时，会触发下面的 CNM API。

1. /NetworkDriver.RevokeExternalConnectivity。

2. /NetworkDriver.Leave: 为容器和 port 解绑。

3. /NetworkDriver.DeleteEndpoint。

4. /IpamDriver.ReleaseAddress: 删除 port，并释放 IP。

当执行删除网络 docker network delete 删除网络时，会触发下面的 CNM API。

1. /NetworkDriver.DeleteNetwork: 删除 network。

2. /IpamDriver.ReleaseAddress: 释放 gateway 的 IP。

3. /IpamDriver.ReleasePool: 删除 subnetpool。

7.10.6　Docker 安全

Docker 安全一直是被业内诟病的问题，由于 Docker 的共享内核模式会造成整个主机的宕机，所以容器安全尤为重要。下面笔者将针对在生产环境中使用 Docker 提出一些建议。

第一是使用精简镜像。越是精简的系统，漏洞越少，尽量不要在容器里面安装过多的第三方应用，并且需要定时对容器镜像进行安全扫描，找出存在漏洞的镜像，并加以修复。还可以对镜像进行签名，防止镜像被篡改。

第二是非 root 方式运行容器。这包括两个方面，首先是要求 Docker Engine 本身以非 root 方式启动，其次是在 Docker 容器中以非 root 方式启动应用。Docker 容器中默认都是以 root 方式启动应用，很容易造成提权漏洞，为此建议在 Dockerfile 中通过 USER 命令指定一个普通用户启动。命令如下所示。

```
RUN groupadd -r test &&useradd -r -s /bin/false -g test test
WORKDIR /app
RUN chown -R test:test /app
USER test
```

第三是构建镜像，使用 COPY 而非 ADD。由于 ADD 支持从公网链接中下载第三方包，而这个包很有可能被篡改而引发安全问题。

7.11　Docker 架构和源码分析

7.11.1　Docker 架构分析

Docker 本身也是一个 C/S 模式，前端的 Docker client 和后端的 Docker Daemon 两个模

块通过 REST API 通信。Docker client 比较简单，通过接收用户参数转化为 HTTP 的请求发送到 Docker Daemon。下面详细介绍一下 Docker 服务端的整体架构。

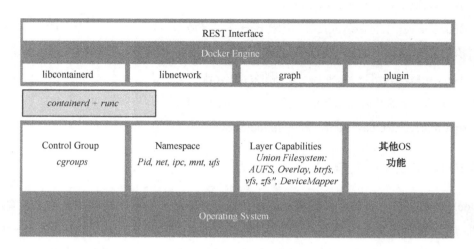

图 7-14　Docker 服务端的整体架构

最上面的是 Docker Engine（dockerd），它的作用被慢慢削弱，目前主要提供各种服务 API，然后调用 Containerd。Containerd 作为一个工业级标准的容器运行时，它强调简单性、健壮性和可移植性。Containerd 可以在宿主机中管理完整的容器生命周期，包括创建容器到销毁容器，容器的执行，以及存储和网络，还包括容器镜像的传输和存储。Containerd 的设计目的是抽象容器接口，通过 unix socket 暴露 gRPC API，为各种容器管理平台调用，如 Kubernetes、Docker 等。Containerd 结构如图 7-15 所示。

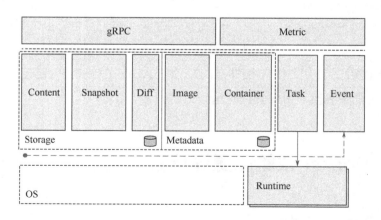

图 7-15　Containerd 结构

整个 Containerd 的设计非常清晰，包括 Storage、Metadata 和 Runtime 。其中，Storage 部分主要是镜像存储，Metadata 保存镜像的元数据信息，Runtime 则是对接容器运行。

Containerd 为了兼容各种镜像文件系统，从原本 graphdriver 模式转变为 snapshotter 模式。镜像的存储方式有两种，一种是 overlay 文件系统，如 overlay、overlay2、aufs 等，他们实现的原理是通过构建在 xfs 或者 ext4 等文件系统之上分层保存文件的差别，从而构建出覆盖文件系统；另一种是快照文件系统，如 devicemapper、brtfs、zfs 等，他们分层保存块级别的差异（Diff），而并非 overlay 使用文件级别。

在 Runtime 中调用的是 runc 的接口，那么 runc 又是什么呢？runc 是 OCI 规范的实现，那么 OCI 又是什么？这里有一个历史小插曲，就是关于容器运行时的标准问题。早在 2015 年容器兴起的时候，各个厂家都不希望看到容器运行时被 Docker 一家公司控制，于是 Linux 基金会联合 Docker、红帽等多家公司共同指定一个开放容器运行时标准 OCI。Docker 则把自家的 libcontainer 封装了一下，变成 RUNC 捐献出来作为 OCI 的参考实现。之后，Kubernetes 为了兼容不同的容器运行时又折腾出一个 CRI 标准，为此还出现了一个 CRI-O（CRI 转化为 OCI）的项目。

规范就是接口，凡是实现了 OCI 规范的都可以被 Containerd 调用。我们先介绍一下 OCI 规范。OCI 规范定义了两件事，第一是容器镜像格式，第二是容器运行配置。核心便是通过一个 config.json 文件定义容器的运行时。

config.json 主要包括 7 个属性：1）ociVersion 定义了 oci 的版本；2）process 定义启动进程，包括启动命令和参数、环境变量、工作目录、运行用户等；3）root 指定 rootfs 路径；4）hostname 指定容器的主机名；5）mounts 指定挂载点，包括 proc、dev 等；6）Linux、Window 或者 Solaris 操作系统支持。如果是 Linux 系统，那么可以设置不同的 namespace；7）hook 定义了 prestart、poststart、poststop 三个钩子函数，分别用于进程启动前、启动后和停止后，用于用户程序配置或者资源回收。

下图展示了一个删减版的 config.json 文件的样例。

```json
{
    "ociVersion": "1.0.0",
    "process": {
        "args": [
            "sh"
        ],
        "env": [
    "PATH=/usr/local/sbin:/usr/local/bin:/usr/sbin:/usr/bin:/
sbin:/bin",
```

```
                    "TERM=xterm"
            ],
            "cwd": "/"
    },
    "root": {
            "path": "rootfs",
            "readonly": true
    },
    "hostname": "runc",
    "mounts": [
            {
                    "destination": "/proc",
                    "type": "proc",
                    "source": "proc"
            },
    ],
    "linux": {
            "namespaces": [
                    {
                            "type": "pid"
                    },
                    {
                            "type": "network"
                    },
                    {
                            "type": "ipc"
                    },
                    {
                            "type": "uts"
                    },
                    {
                            "type": "mount"
                    }
            ],
    }
}
```

runc 的使用方式非常简单，首先是制作根文件系统 rootfs。

```
# mkdir /mycontainer && cd /mycontainer
# mkdir rootfs
# docker export $(docker create busybox) | tar -C rootfs -xvf -
```

通过 spec 生成 config.json 文件。

```
# runc spec
```

启动容器，执行以下命令。

```
# runc run mycontainerid
```

当然，runc 也支持容器的其他操作，如 start、stop、ps、kill、exec、list 等，基本与 Docker 命令类似。

7.11.2　runc 源码分析

runc（https://github.com/opencontainers/runc）是 Docker 最核心部分。runc 的源代码主要来自之前 Docker 的 libcontainer 部分，添加了从 OCI 转化到 libcontainer 的转化。runc 支持的命令很多，最主要的是启动容器，下面通过流程图介绍 runc 是如何启动容器的。

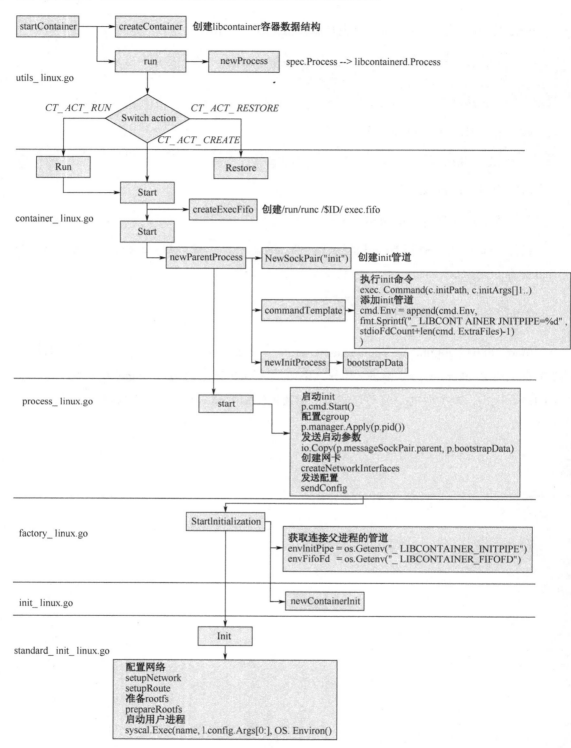

图 7-16　runc 如何启动容器流程图

其中，有很多关键的细节需要详细阐述。

1. 进程通信

父子进程是如何通信的？这里有两种方式：第一种通过环境变量，这种方式虽然简单，但只能传输一些内容较少的文本数据。如果是内容较多的文本或者是流数据，则只能使用管道。首先，在 runc 里面创建一个管道。

```go
func (c *linuxContainer) newParentProcess(p *Process) (parentProcess,
error) {

  parentInitPipe, childInitPipe, err := utils.NewSockPair("init")
  if err != nil {
      return nil, newSystemErrorWithCause(err, "creating new init pipe")
  }
  messageSockPair := filePair{parentInitPipe, childInitPipe}
  . . .
  cmd, err := c.commandTemplate(p, childInitPipe, childLogPipe)
  . . .
  return c.newInitProcess(p, cmd, messageSockPair, logFilePair)
  }
```

在 commandTemplate 方法中将管道的另一端（childInitPipe）加入子进程的外部文件，并通过环境变量告知子进程管道文件句柄 ID。

```go
func (c *linuxContainer) commandTemplate(p *Process, childInitPipe
*os.File, childLogPipe *os.File) (*exec.Cmd, error) {
  cmd := exec.Command(c.initPath, c.initArgs[1:]...)
  . . .
  cmd.ExtraFiles = append(cmd.ExtraFiles, childInitPipe)
  cmd.Env = append(cmd.Env,
      fmt.Sprintf("_LIBCONTAINER_INITPIPE=%d",
stdioFdCount+len(cmd.ExtraFiles)-1),
      fmt.Sprintf("_LIBCONTAINER_STATEDIR=%s", c.root),
  )
  . . .
  return cmd, nil
  }
```

Init 子进程读取管道，获取进程配置信息。

```
func (l *LinuxFactory) StartInitialization() (err error) {
 var (
     pipefd, fifofd int
     consoleSocket  *os.File
     envInitPipe    = os.Getenv("_LIBCONTAINER_INITPIPE")
     envFifoFd      = os.Getenv("_LIBCONTAINER_FIFOFD")
     envConsole     = os.Getenv("_LIBCONTAINER_CONSOLE")
 )

 // 获取Init管道.
 pipefd, err = strconv.Atoi(envInitPipe)
 . . .
 var (
     pipe = os.NewFile(uintptr(pipefd), "pipe")
     it   = initType(os.Getenv("_LIBCONTAINER_INITTYPE"))
 )
 defer pipe.Close()
 . . .
 i, err := newContainerInit(it, pipe, consoleSocket, fifofd)
 if err != nil {
     return err
 }
 return i.Init()
}
```

2. cgroup 设置

cgroup 是通过 "/sys/fs/cgroup/" 目录下的文件设置的。runc 中 cgroup 接口有两个主要方法：Set 和 Apply。

```
//设置cgroup
func Set(path string, cgroup *configs.cgroup) error
//将进程PID加入cgroup管理
func Apply(d *cgroupData) (err error)
```

下面通过一个 cgroup 设置内存的例子看一下这两个方法是如何实现的。首先，看 Set 方法（libcontainer/cgroups/fs/memory.go）。

```
func (s *MemoryGroup) Set(path string, cgroup *configs.Cgroup) error {
//设置内存和swap
  if err := setMemoryAndSwap(path, cgroup); err != nil {
      return err
  }
. . .
}
```

setMemoryAndSwap 具体实现如下所示。

```
func setMemoryAndSwap(path string, cgroup *configs.Cgroup) error {
    writeFile(path, cgroupMemorySwapLimit,
strconv.FormatInt(cgroup.Resources.MemorySwap, 10));
    writeFile(path, cgroupMemoryLimit,
strconv.FormatInt(cgroup.Resources.Memory, 10));
    writeFile(path, cgroupMemoryLimit,
strconv.FormatInt(cgroup.Resources.Memory, 10));
    writeFile(path, cgroupMemorySwapLimit,
strconv.FormatInt(cgroup.Resources.MemorySwap, 10))
    }
```

通过 writeFile 将 cgroup 的配置文件写入 "/sys/fs/cgroup/memory" 目录下，从而完成 cgroup 的配置。下面接着看 Apply 是如何实现的。

```
func (s *MemoryGroup) Apply(d *cgroupData) (err error) {
. . .
  _, err = d.join("memory")
  if err != nil && !cgroups.IsNotFound(err) {
      return err
  }
  return nil
}
```

join 方式将 pid 追加到文件中。

```
func (raw *cgroupData) join(subsystem string) (string, error) {
  path, err := raw.path(subsystem)
  if err != nil {
      return "", err
  }
  if err := os.MkdirAll(path, 0755); err != nil {
```

```
        return "", err
    }
    if err := cgroups.WriteCgroupProc(path, raw.pid); err != nil {
        return "", err
    }
    return path, nil
}
```

3. namespace 的设置

runc 中 namespace 的设置有点特殊。Go 代码里面似乎没有涉及设置 namespace 的代码，这是由于 Linux 系统调用 setns，并不支持多线程环境。C 语言可以通过 gcc 扩展"__attribute__((constructor))"来实现程序启动前执行特定代码的功能，所以 runc 采用 cgo 的方式，在启动 Go runtime 前执行下面的 init 里面的 nsexec 函数。

```
package nsenter

/*
#cgo CFLAGS: -Wall
extern void nsexec();
void __attribute__((constructor)) init(void) {
 nsexec();
}
*/
import "C"
```

在需要被拦截的地方注入包，那么在启动前便可以被 nsexec 方法拦截，例如 runc 中的 init.go 包如下所示。

```
_ "github.com/opencontainers/runc/libcontainer/nsenter"
```

在执行 init 的时候，新启动的 init 进程的 namespace 就可以被正确设置了，具体设置方法 nsexec 实现方法如下所示。

```
void nsexec(void)
{
// 这里和上面Go程序相同，仍然是通过_LIBCONTAINER_INITPIPE获取管道的FD（文件描述符）
 pipenum = initpipe();
// 从管道中读取并解析成config结构体
```

```
nl_parse(pipenum, &config);
//通过一个状态机保障执行顺序
switch (setjmp(env)) {
  case JUMP_PARENT:{
          . . .
// 如果是父进程则创建子进程，进入JUMP_CHILD
          clone_parent(&env, JUMP_CHILD);
          . . .
      }
  case JUMP_CHILD:{
          . . .
// 配置namespace
          if (config.namespaces)
              join_namespaces(config.namespaces);
//创建init进程，进入JUMP_INIT
          clone_parent(&env, JUMP_INIT);
          . . .
      }
  case JUMP_INIT:{
          . . .
          //配置进程的sid、uid、gid
          if (setsid() < 0)
              bail("setsid failed");

          if (setuid(0) < 0)
              bail("setuid failed");

          if (setgid(0) < 0)
              bail("setgid failed");
      }
//  Go runtime接管
```

7.11.3　镜像构建源码分析

首先，读取 Dockerfile 文件后通过 ParseInstruction 方法将 Dockerfile 中的每一个命令转化为具体的命令，具体实现如下所示。

```
func ParseInstruction(node *parser.Node) (interface{}, error) {
```

```
req := newParseRequestFromNode(node)
switch node.Value {
case command.Env:
    return parseEnv(req)
case command.Maintainer:
    return parseMaintainer(req)


. . .


case command.Shell:
    return parseShell(req)
}
return nil, &UnknownInstruction{Instruction: node.Value, Line:
node.StartLine}
}
```

通过 ParseInstruction 将 Dockerfile 中的每一行转化为具体执行命令，并放到 stages 数组中，然后通过 dispatchDockerfileWithCancellation 方法逐一执行这些命令。

```
func (b *Builder) build(source builder.Source, Dockerfile *parser.Result)
(*builder.Result, error) {
    defer b.imageSources.Unmount()
    stages, metaArgs, err := instructions.Parse(Dockerfile.AST)
    . . .
    dispatchState, err := b.dispatchDockerfileWithCancellation(stages,
metaArgs, Dockerfile.EscapeToken, source)
    . . .
    return &builder.Result{ImageID: dispatchState.imageID, FromImage:
dispatchState.baseImage}, nil
}
```

在 dispatchDockerfileWithCancellation 方法中，遍历 stage 中的每个命令，再通过 dispatch 方法分发执行命令。

```
func (b *Builder) dispatchDockerfileWithCancellation(parseResult
[]instructions.Stage, metaArgs []instructions.ArgCommand, escapeToken rune,
source builder.Source) (*dispatchState, error) {
    . . .
```

```
    for _, stage := range parseResult {
      . . .
      for _, cmd := range stage.Commands {
        . . .
        if err := dispatch(dispatchRequest, cmd); err != nil {
          return nil, err
        }
        . . .
      }
    }
  }
```

在 dispatch 方法中，根据命令的真实类型转化为具体的命令对象，然后分别执行。

```
func dispatch(d dispatchRequest, cmd instructions.Command) (err error) {
  . . .
  switch c := cmd.(type) {
  case *instructions.EnvCommand:
    return dispatchEnv(d, c)
  case *instructions.MaintainerCommand:
    return dispatchMaintainer(d, c)
  . . .
  case *instructions.ArgCommand:
    return dispatchArg(d, c)
  case *instructions.ShellCommand:
    return dispatchShell(d, c)
  }
  . . .
}
```

下面将针对 Dockerfile 的 ADD 命令具体介绍一下命令的工作原理，并着重于在 builder/Dockerfile/dispatchers.go 中 dispatchAdd 方法的实现。

```
func dispatchAdd(d dispatchRequest, c *instructions.AddCommand) error {
  //ADD命令支持从HTTP URL中下载资源
    downloader := newRemoteSourceDownloader(d.builder.Output,
d.builder.Stdout)
    copier := copierFromDispatchRequest(d, downloader, nil)
    defer copier.Cleanup()
```

```
    copyInstruction, err :=
copier.createCopyInstruction(c.SourcesAndDest, "ADD")
    if err != nil {
        return err
    }
    copyInstruction.chownStr = c.Chown
//ADD支持归档文件解压
    copyInstruction.allowLocalDecompression = true


    //执行COPY的命令
    return d.builder.performCopy(d, copyInstruction)
    }
```

其实，ADD处理的后期就是通过COPY命令完成的，只不过支持远端URL下载和拷贝时解压。COPY的具体实现是通过performCopy函数的。

```
func (b *Builder) performCopy(req dispatchRequest, inst copyInstruction)
error {
    state := req.state
    srcHash := getSourceHashFromInfos(inst.infos)
    //查询缓存
    var chownComment string
    if inst.chownStr != "" {
        chownComment = fmt.Sprintf("--chown=%s", inst.chownStr)
    }
    commentStr := fmt.Sprintf("%s %s%s in %s ", inst.cmdName, chownComment,
srcHash, inst.dest)


    runConfigWithCommentCmd := copyRunConfig(
        state.runConfig,
        withCmdCommentString(commentStr, state.operatingSystem))
    hit, err := b.probeCache(state, runConfigWithCommentCmd)
    if err != nil || hit {
        return err
    }
    //获取基础镜像
imageMount, err := b.imageSources.Get(state.imageID, true,
```

```
req.builder.platform)
    //创建读写层
    rwLayer, err := imageMount.NewRWLayer()
    //获取读写层在宿主机的目录
    destInfo, err := createDestInfo(state.runConfig.WorkingDir, inst,
rwLayer, state.operatingSystem)
    //拷贝文件到读写层
    for _, info := range inst.infos {
        opts := copyFileOptions{
            decompress: inst.allowLocalDecompression,//是否解压
            archiver:  b.getArchiver(info.root, destInfo.root),
        }
        if !inst.preserveOwnership {
            opts.identity = &identity
        }
        if err := performCopyForInfo(destInfo, info, opts); err != nil {
            return errors.Wrapf(err, "failed to copy files")
        }
    }
    //export导出镜像
    return b.exportImage(state, rwLayer, imageMount.Image(),
runConfigWithCommentCmd)
    }
```

这样，执行一次 ADD 命令就完成了。这里有一个细节需要注意，之前介绍 Dockerfile 的时候说过，镜像构建会优先使用本地缓存，那么 Docker 是怎样确认缓存是否存在的呢？就是通过上面的 probeCache 方法完成的，probeCache 是通过调用 image/cache/compare.go 里面的 compare 方法完成的。

```
func compare(a, b *container.Config) bool {
. . .
//比较命令是否相同
 for i := 0; i < len(a.Cmd); i++ {
     if a.Cmd[i] != b.Cmd[i] {
         return false
     }
 }
//比较环境变量是否相同
```

```
    for i := 0; i < len(a.Env); i++ {
        if a.Env[i] != b.Env[i] {
            return false
        }
    }
    //比较label是否相同
    for k, v := range a.Labels {
        if v != b.Labels[k] {
            return false
        }
    }
    //比较映射端口是否相同
    for k := range a.ExposedPorts {
        if _, exists := b.ExposedPorts[k]; !exists {
            return false
        }
    }
    //比较启动命令是否相同
    for i := 0; i < len(a.Entrypoint); i++ {
        if a.Entrypoint[i] != b.Entrypoint[i] {
            return false
        }
    }
    //比较存储配置是否相同
    for key := range a.Volumes {
        if _, exists := b.Volumes[key]; !exists {
            return false
        }
    }
    return true
}
```

那么细心的读者可能又会有疑问，这里只是比较了命令，如果只是简单的 ENV 配置当然没有问题。但如果 COPY 一个同名的文件，命令不就相同了吗？其实不然，仔细看上面 performCopy 函数的前几行的实现，它首先通过 getSourceHashFromInfos 方法计算拷贝对象的 Hash 值，并追加到命令的注解中。只有当被拷贝对象 Hash 值相同的情况下（极端情况下出现的 Hash 碰撞暂且忽略）才会跳过构建，直接从缓存中获取。

7.12　Pouch

Pouch 是阿里开源的一个高效富容器引擎。之所以说是富容器，并且不是说阿里很"富"，而是说这个容器里面会安装很多程序。相比 Docker 提倡的一个容器只运行一个进程的方式，Pouch 将多个程序打包到一个镜像中，把容器当作虚拟机使用，这样运行多个进程的容器相比单进程的容器"富"。

Pouch 的诞生也是为了适应阿里集团内部的需求，如果说从物理机到虚拟机是为了提供高效的隔离，那么从虚拟机到容器则是为了进一步提高资源的利用率。但从虚拟机直接迁移到 Docker 容器势必需要业务的改造，即便业务人员能够配合改造，也需要很长的周期才能完成。为此，阿里内部开始自主研发富容器 Pouch，一个将 SSH、Systemd 打包到镜像中，并且使用固定 IP 的容器引擎就此诞生了。从而业务方可以无缝地从虚拟机迁移到容器中。

Pouch 的整体架构如图 7-17 所示。左侧是 Pouch 提供的管理接口，除了支持 Kubernetes 的 CRI，还支持 Docker client 调用。中间是核心的 pouchd 守护进程，负责容器管理，通过 CNI 接口配置容器网络，通过 containerd 启停 OCI 容器，通过 CSI 配置容器存储，再结合 lxcfs 挂载 proc 文件系统，通过 Dragonfly 快速分发镜像。

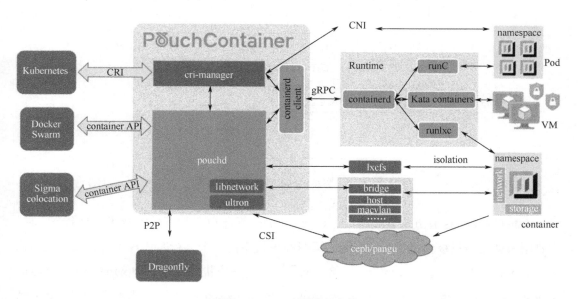

图 7-17　Pouch 的整体架构

7.13 Kata Containers

容器共享内核的方案一直被业内所诟病，除了存在的稳定性问题，还会导致安全风险，容器的提权漏洞将会导致整个系统被侵入。所以，目前大部分的容器的场景还是在私有云中。如果在公有云中，通常的做法是将容器放到虚拟机中运行，从而保障安全，但这种方案不仅管理复杂，而且虚拟机本身也存在性能损耗，那么，有没有一种折中的方案呢？当然，那就是 Kata Containers。

Kata Containers 是由 OpenStack 基金会管理的容器项目。它整合了 Intel 的 Clear Containers 和 HyperHQ 的 runV。使用容器镜像以超轻量级虚拟机的形式创建容器的运行时，并符合 OCI（Open Container Initiative）规范，这就意味着 Kata Containers 可以直接运行 Docker 镜像，同时还可以兼容 Kubernetes 的 CRI（Container Runtime Interface）接口规范。图 7-18 是 Kata Containers 逻辑示意图，主要是通过硬件虚拟化技术模拟出一个独立虚拟机环境，并在上面运行一个精简版的内核。虚拟机的模拟器还是 QEMU，KVM 也是使用 QEMU 作为虚拟机模拟器的。

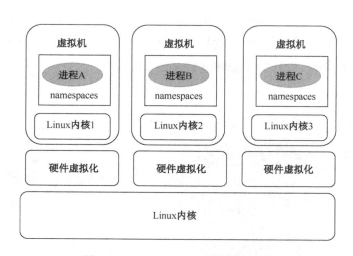

图 7-18　Kata Containers 逻辑示意图

Kata Containers 有五个核心组成：1）runtime：符合 OCI 规范的容器运行时命令工具，主要用来创建轻量级虚机；2）Agent：运行在虚机中的一个运行时代理组件，核心代码都来自 runc，主要用来执行 runtime 传给它的指令，并在虚机内创建各种 namespace（Mount namespace、PID namespace、UTS namespace、IPC namespace，注意这里没有创建 Network namespace，因为一个虚拟机可以看作一个 Pod 共享网络空间）；3）shim：用于给容器内进程发送 I/O 数据流和信号；4）精简内核：提供一个轻量化虚拟机的 Linux 内核，最小的内核仅有 4MB;5）proxy：每个虚拟机都对应启动一个 proxy，它负责接收 runtime 和 shim 的信号和流等数据，并通过 QUME 串口发送到 Agent。

　　Kata Containers 通过虚拟机作为进程的隔离环境之后，原生就带有 Kubernetes Pod，即：这个 Kata Containers 启动的虚拟机，就是一个 Pod，虚拟机里面的进程共享相同的网络空间。为了高效地和 Kubernetes CRI 集成，新版的 Kata Containers 直接将 containerd-shim 和 kata-shim，以及 kata-poxy 融合到一起，缩短启动容器的调用链，CRI 与 Kata Containers 集成如图 7-19 所示。

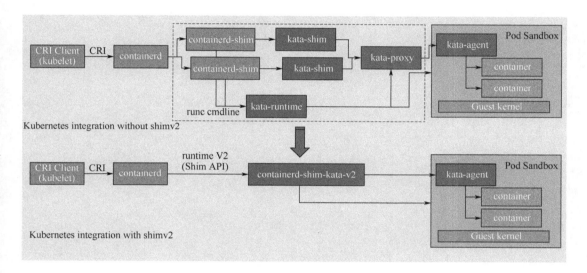

图 7-19　CRI 与 Kata Containers 集成

　　除了上面介绍的 Pouch 和 Kata Containers 以外，目前开源社区里面还有很多容器或者类容器的方案。例如，Google 开源的 gVisor（https://github.com/google/gvisor），它借助 KVM 虚拟化拦截并交给一个 Sentry 进程的模拟系统调用。还有 AWS 开源的 firecracker（https://github.com/firecracker-microvm/firecracker），它也是利用 KVM 实现的轻量级虚拟机容器，目前主要用于 AWS 的 Serverless 计算。

7.14　Go 语言

　　Go 语言又称为云语言，除了我们熟知的 Docker 和 Kubernetes 外，还有 etcd、Prometheus、

OpenFalcon、Harbor、Codies、beego、fabric 等一大波采用 Go 语言编写的程序。

Go 是静态类型，相比 Python 动态类型代码更加严谨，不能将一个字符串赋值给 int 类型的变量。Go 采用极简主义和实用主义，接口实现不再是强耦合。Go 支持静态编译，这使得 Go 比大多数其他解释语言快得多。此外，Go 语言最大的优势是用户态线程（协程），使用用户态线程最大的优势是创建和销毁协程的开销非常小，协程创建的主要开销只有为协程分配协程栈，并且多个协程之间不仅可以共享内存数据，还可以通过管道互相传输数据。运行时支持根据 $N:M$ 模型的代码执行和用于网络的非阻塞输入输出，允许编写快速多线程异步代码。当然，Go 的错误处理也被大家吐槽，这里不展开叙述。

第 8 章 Docker 实现原理

Chapter Eight

Docker 是基于 LXC（Linux 容器）实现的，但是它并不是要替代 LXC。相反，Docker 则是基于 LXC 提供一些高级功能，比如版本应用、跨主机部署可迁移应用等。而无论是 Docker，还是 LXC，都是基于内核的特性而开发的。Docker 的本质是 cgroup + namespace + union filesystem，其中，cgroup 负责资源限制，namespace 负责资源隔离，而 union filesystem 则是文件系统。下面将逐一介绍这些内核提供的作用。

8.1 cgroup

8.1.1 CPU

cgroup 主要负责资源的限制和监控，如 CPU 和内存等。这里分为两个方面，一方面是资源限制，即对进程组使用的资源总额进行限制。如果程序超过了设定的 cgroup 内存的上限，便会触发 OOM；另一方面是监控，可以统计资源的使用情况，如 CPU 使用时长，内存用量等。cgroup 为了限制资源引入了以下概念。

- task（任务），这代表系统中的一个进程。
- subsystem（子系统），子系统是资源调度控制器，比如 CPU 子系统可以控制 CPU 时间分配，内存子系统可以限制 cgroup 内存使用量，在 CentOS7 上可以查询当前支持的子系统。

```
# lssubsys -am
cpuset /sys/fs/cgroup/cpuset
cpu,cpuacct /sys/fs/cgroup/cpu,cpuacct
memory /sys/fs/cgroup/memory
devices /sys/fs/cgroup/devices
```

```
freezer /sys/fs/cgroup/freezer
net_cls,net_prio /sys/fs/cgroup/net_cls,net_prio
blkio /sys/fs/cgroup/blkio
perf_event /sys/fs/cgroup/perf_event
hugetlb /sys/fs/cgroup/hugetlb
pids /sys/fs/cgroup/pids
```

其中，CPU 限制 cgroup 的 CPU 使用率；cpuacct 统计 cgroup 的 CPU 的使用率；cpuset 绑定 cgroup 到指定 CPU 和 NUMA 节点；memory 统计和限制 cgroup 的内存的使用，包括 process memory，kernel memory 和 swap；devices 限制 cgroup 创建（mknod）和访问设备的权限；freezer 用于 suspend 和 restore 一个 cgroup 中的所有进程；net_cls 将一个 cgroup 中进程创建的所有网络包加上一个 classid 标记，用于 tc 和 iptables，但只对发出去的网络包生效，对收到的网络包不起作用；blkio 限制 cgroup 访问块设备的 I/O 速度，这里需要注意 cgroup 只能对 direct I/O 限制；perf_event 对 cgroup 进行性能监控；hugetlb 限制 cgroup 的 huge pages 的使用量；pids 限制一个 cgroup 及其子孙 cgroup 中的总进程数。这些都是内核支持的 cgroup 子系统。

● hierarchy（层级），这些子系统和进程是直接绑定的吗？当然不是，cgroup 通过层级树的方式组织，多个子系统可以绑定到一个层级中，并且子节点可以继承父节点的属性。在 Centos7 上可以看到子系统的挂载情况。

```
# mount -t cgroup
cgroup on /sys/fs/cgroup/systemd type cgroup
cgroup on /sys/fs/cgroup/pids type cgroup
cgroup on /sys/fs/cgroup/net_cls,net_prio type cgroup
cgroup on /sys/fs/cgroup/cpuset type cgroup
cgroup on /sys/fs/cgroup/cpu,cpuacct type cgroup
cgroup on /sys/fs/cgroup/blkio type cgroup
cgroup on /sys/fs/cgroup/perf_event type cgroup
cgroup on /sys/fs/cgroup/devices type cgroup
cgroup on /sys/fs/cgroup/memory type cgroup
cgroup on /sys/fs/cgroup/freezer type cgroup
cgroup on /sys/fs/cgroup/hugetlb type cgroup
```

● cgroup（控制组），当层级树节点绑定子系统后，这些节点具备了子系统的能力，但具体限制的数值是通过节点下面的控制组完成的。控制组负责具体限制的 cgroup 的资源限，举例来说，将一个内存控制子系统挂载到一个层级树的节点，这个节点下面可以创建多个控制组，每个控制组用于限制不同的内存使用。图 8-1 总体展示了它们之间的关联关系。

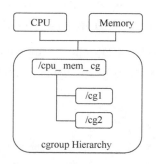

图 8-1　控制组内关联关系

在层级 cpu_mem_cg 上绑定了 CPU 和 memory 两个子系统，并且创建了 cg1 和 cg2 两个控制组。当我们将进程的 PID 写入其中一个控制组，便可以被这个控制组所管理了。

那么很多人可能会有疑问，如果将一个程序的 PID 同时写入两个控制组会怎样呢？其实可以不用这么纠结，内核不允许你这么做，cgroup 的使用遵从下面几点约束：（1）一个层级下面可以绑定多个子系统，如图 8-1 所示；（2）一个已经被挂载的子系统只能被再次挂载在一个空的层级上，在图 8-1 所示的例子中，CPU 子系统已经被挂载到了 cpu_mem_cg，只能被挂载到其他空的层级上。如果这个层级已经有挂载，则会报错；（3）每一个 task 只能在同个层级的唯一一个 cgroup 里，这个就解释了上面的疑惑，但这个 task 可以同时在另一个层级下面的 cgroup 里面；（4）子进程继承父进程的 cgroup，当然这个是可以调整的。

首先，看 CPU 的限制，Docker 容器启动可以做以下指定：

```
-c, --cpu-shares int        CPU shares (relative weight)
--cpu-period int       Limit CPU CFS (Completely Fair Scheduler) period
--cpu-quota int        Limit CPU CFS (Completely Fair Scheduler) quota
```

其中，cpu-shares 是通过 cgroup 的 cpu.shares 来设置 CPU 的相对值的，并且是针对所有 CPU 限制各个组之间的配额，默认是 1024。假设两个控制组 foo 和 bar：

```
/cpu/foo/cpu.shares : 2048
/cpu/bar/cpu.shares : 1024
```

在 foo 和 bar 控制组中的进程是在 CPU 满负荷的情况下，分别占用 CPU 2（2048）：1（1024）的计算资源，也就是说 foo 可以使用 66% 的计算能力。如果还有另一个控制组加入，这些权重将被重新计算。譬如，此时添加一个新的 xxx 权重为 1024 的控制组，那么它将占用 1024/(1024+1024+2048)=25% 的计算能力。当然，如果一个是空闲的情况，另一个会占用全部的 CPU 资源。可见它只是在 CPU 满负荷运行的情况下才有意义。这种方式的优势

是可以充分利用资源，但弊端也很明显，不能绝对限制资源，导致使用不受限制。之后，内核 cgroup 中加入了 cpu.cfs_period_us 和 cpu.cfs_quota_us，用来限制组中的所有进程在单位时间里可以使用的 CPU 时间，这里的 cfs 是完全公平调度器的缩写。cpu.cfs_period_us 就是时间周期，默认为 100 000，即百毫秒。cpu.cfs_quota_us 就是在这期间内可使用的 CPU 时间，默认-1，即无限制。如果需要限制一个 CPU 的使用可以做如下设置。

```
# echo 100000> cpu.cfs_quota_us
# echo 100000> cpu.cfs_period_us
在100ms period时间内，使用了100ms quota的CPU时间片，也就是使用了一个核计算能力。
```

同理，如果限制使用0.5个核，应该设置：

```
# echo 50000 > cpu.cfs_quota_us
# echo 100000> cpu.cfs_period_us
在100ms period的时间周期内，配置了50ms quota的时间片配额，也就是使用了0.5个核，
```

那么quota能大于period吗？当然，如果使用两个核应该设置成：

```
# echo 200000> cpu.cfs_quota_us
# echo 100000> cpu.cfs_period_us
```

通过设置在 100ms period 内使用 200ms quota 的时间片，控制可以使用两个核的计算能力。下面通过一个例子看一下具体如何设置。

```
首先，启动一个简单的shell死循环。
# while : ; do : ; done &
通过top命令查看
```

```
PID USER      PR  NI    VIRT    RES    SHR S  %CPU %MEM     TIME+ COMMAND
29510 root    20   0  115444    396      0 R 100.0  0.0   2:30.48 bash
```

可以看到这个进程占用了 100% 的 CPU，代表使用了一个核。大家可能觉得奇怪，为什么正好是一个核呢？上面的死循环不是应该消耗了所有的 CPU 吗？如果是 8 核的机器，应该消耗 800% 才对？这是因为 bash 只能运行在一个核上面，所以造成只能使用 100% 的 CPU 的假象。言归正传，那如何让它使用 0.5 个核呢？上面已经介绍过了其核心配置。

```
# cd /sys/fs/cgroup/cpu
# mkdir test  //创建控制组
# cd test && ls
cgroup.clone_children  cpuacct.usage          cpuacct.usage_percpu_sys
cpuacct.usage_user  cpu.rt_period_us   cpu.stat
cgroup.procs           cpuacct.usage_all    cpuacct.usage_percpu_user
```

```
cpu.cfs_period_us    cpu.rt_runtime_us    notify_on_release
      cpuacct.stat              cpuacct.usage_percpu    cpuacct.usage_sys
cpu.cfs_quota_us     cpu.shares              tasks
      配置CPU使用
      # cat  cpu.cfs_period_us
      100000
      # echo 50000 > cpu.cfs_quota_us
      将PID写入
      # echo 29510 > tasks
      查看效果，如下为使用0.5个核的计算能力：
```

PID	USER	PR	NI	VIRT	RES	SHR	S	%CPU	%MEM	TIME+	COMMAND
29510	root	20	0	115444	396	0	R	50.2	0.0	17:03.57	bash

　　cgroup 的 CPU 子系统除了限制资源用量，还可以绑定 CPU 运行，这个主要是可以在 NUMA 架构中提升性能，避免程序切换 CPU 导致缓存失效，以及跨内存节点访问数据慢的问题。cpuset.cpus、cpuset.mems 就是用来限制进程可以使用的 CPU 核和内存节点，这两个参数中，CPU 核心、内存节点都用 id 表示，之间用 "," 分隔，比如 0,1,2。也可以用 "-" 表示范围，如 0-3。两者可以结合起来用，如 "0-2,6,7"。在添加进程前，cpuset.cpus、cpuset.mems 必须同时设置，而且必须是兼容的，否则会出错。举例如下。

```
      创建cgroup
      # cd /sys/fs/cgroup/cpuset/
      # mkdir test
      设置cgroup的CPU绑定
      # echo 0 > test/cpuset.cpus
      # echo 0 > test/cpuset.mems
      写入PID
      # echo 11839 > test/tasks
      查看效果
      # cat /proc/11839/status|grep '_allowed_list'
      cpus_allowed_list:       0
      Mems_allowed_list:       0
```

　　可以看到，该进程可以使用的 CPU 和内存节点。在一些高并发场景中，对性能的提升还是非常大的。

　　最后，看一下 cgroup 关于 CPU 的监控。

nr_periods：表示过去多少个CPU.cfs_period_us里面配置的时间周期。

nr_throttled：表示在上面的这些周期中，有多少次是受到了限制（即cgroup中的进程在指定的时间周期中用光了它的配额）。

throttled_time：表示cgroup中的进程被限制使用CPU持续了多长时间（纳秒）。

8.1.2 内存

相比CPU限制，内存的限制相对简单得多，Docker 支持在启动时设定内存的cgroup使用。

```
-m, --memory string                  Memory limit
--memory-swap string            Swap limit equal to memory plus swap: '-1'
to enable unlimited swap
```

主要是设置内存，以及交换内存的大小。比如，

```
# docker run -it -m 300M busybox sh -c "cat
/sys/fs/cgroup/memory/memory.limit_in_bytes && cat
/sys/fs/cgroup/memory/memory.memsw.limit_in_bytes"
314572800
629145600
```

这里故意省去了交换分区 memory-swap 的参数设置，因为在设置了内存的情况下，默认的交换分区大小和内存相同，总的内存（内存+交换）是内存的两倍。

首先，看一下 cgroup 关于内存的限制有哪些参数，当进入 cgroup 挂载目录（/sys/fs/cgroup/memory/）下，主要有以下这些参数：

```
cgroup.event_control        #用于eventfd的接口
memory.usage_in_bytes       #显示当前已用的内存
memory.limit_in_bytes       #设置/显示当前限制的内存额度
memory.failcnt              #显示内存使用量达到限制值的次数
memory.max_usage_in_bytes   #历史内存最大使用量
memory.soft_limit_in_bytes  #设置/显示当前限制的内存软额度
memory.stat                 #显示当前cgroup的内存使用情况
memory.use_hierarchy        #设置/显示是否将子cgroup的内存使用情况统计到当前
cgroup里面
memory.force_empty          #触发系统立即尽可能回收当前cgroup中可以回收的内存
memory.pressure_level       #设置内存压力的通知事件，配合cgroup.event_control
一起使用
memory.swappiness           #设置和显示当前的swappiness
memory.move_charge_at_immigrate #设置当进程移动到其他cgroup中时，它所占用的
内存是否也随着移动过去
```

```
memory.oom_control            #设置/显示oom controls相关配置
memory.numa_stat              #显示numa相关内存
```

一方面是与控制相关的，一方面是与统计监控相关的。下面通过例子介绍如何设置 cgroup 的内存控制 top 命令的内存使用。

```
# cd /sys/fs/cgroup/memory/test/
# sh -c "echo $$ >> cgroup.procs"
# top
打开一个新的窗口，查看top命令已经加入cgroup。
# cat tasks
1271    /*上面的bash*/
3562    /*上面的top*/
```

这里通过回顾之前 cgroup 基本知识可知，bash fork 出来的子进程 top 默认也会加入 cgroup 中。

可以看到，top 限制使用的内存和当前使用的内存。

```
#  cat memory.limit_in_bytes
9223372036854771712    /*目前还未限制*/
#  cat memory.usage_in_bytes
1642496
可以看到使用了1 604KB的内存，下面开始限制它的内存使用。
echo 1000K > memory.limit_in_bytes
然后输出
# cat memory.limit_in_bytes
1022976
```

限制 top 命令对资源的使用，上述的实验在部分内核执行时会出现 "Device or resource busy" 的错误，那是因为内核不允许设置上限小于当前使用内存。不过这并不影响实验效果，我们可以先设置内存使用，然后执行一些消耗内存的进程。看下面的例子。

```
# cd /sys/fs/cgroup/memory/
# mkdir foo
# cd foo
# echo 8000000 > memory.limit_in_bytes
# echo 8000000 > memory.memsw.limit_in_bytes
# echo $$ > tasks
# dd if=/dev/zero | read x
```

这个例子非常简单，首先设置内存和交换分区为 8MB，然后读取不停地将数据读入内存，很快便会触发 OOM。

补充说明一下进程的 OOM 分数，每个进程下面都有以下三个和 OOM 相关的文件：

```
/proc/$PID/oom_adj
/proc/$PID/oom_score
/proc/$PID/oom_score_adj
```

其中，oom_score 表示 OOM 的分数。该分数越大，越有可能被内核终止。

而 oom_adj 的功能是调整 OOM 的分数。如果 oom_adj 为负值，会对 oom_score 减分，从而降低被终止的可能性。而针对 oom_score_adj，从 Linux 2.6.36 开始，用于替换 oom_adj。

8.1.3 磁盘

cgroup 的资源限制目前对网络和磁盘 I/O 的限制比较弱，v1 的 cgroup 只支持 direct I/O 的限制，这是由于之前我们在存储基础知识里面介绍过关于数据写入的流程，块层和调度层根本拿不到发起 I/O 进程信息，所有 bio 都由后台 flush 线程异步发给块层，但在现实的生产环境中是需要对这些带缓存（buffer）的 writeback 读写限速的。我们先测试一下 cgroup v1 关于磁盘的限速。

（1）创建 cgroup

```
# mkdir -p /sys/fs/cgroup/blkio/g1
```

（2）设置磁盘限速，其中，8 和 0 分别是主从设备号，限制 1MB/s 的写入。

```
# echo "8:0 1048576" >
/sys/fs/cgroup/blkio/g1/blkio.throttle.write_bps_device
```

（3）将当前进程写入 cgroup 限制组。

```
# echo $$ > /sys/fs/cgroup/blkio/g1/cgroup.procs
```

（4）用 dd 命令测试写入速度。

```
# dd if=/dev/zero of=/tmp/file1 bs=512M count=1
1+0 records in
1+0 records out
536870912 bytes (537 MB, 512 MiB) copied, 1.25273 s, 429 MB/s
```

（5）可以看到限速没有起到任何作用，但如果使用 direct I/O，则可以限制在 1MB/S 的速度上。

```
# dd if=/dev/zero of=/tmp/file1 bs=512M count=1 oflag=direct
1+0 records in
1+0 records out
536870912 bytes (537 MB, 512 MiB) copied, 539.509 s, 995 kB/s
```

为了解决这个问题，在内核 4.5 之后，cgroup v2 版本实现了 writeback 读写的限速，其步骤为如下。

（1）添加 io 限速 cgroup。

```
# echo "+io" > /cgroup2/cgroup.subtree_control
```

（2）设置磁盘限速。

```
# echo "8:0 wbps=1048576" > io.max
```

（3）和上面的操作一样，将当前进程写入 cgroup 限制组。

```
# echo $$ > /sys/fs/cgroup/blkio/g1/cgroup.procs
```

（4）dd 测试。

```
# dd if=/dev/zero of=/tmp/file1 bs=512M count=1
1+0 records in
1+0 records out
536870912 bytes (537 MB, 512 MiB) copied, 468.137 s, 1.1 MB/s
```

至此，可以看到磁盘限速成功。

8.1.4　PID

Docker 的旧版本存在一个严重的漏洞便是 PID 炸弹。在容器内部不停地创建新进程，导致耗尽整个宿主机的所有进程 ID，进而导致主机宕机。在 Docker 之后的版本中添加 "--pids-limit" 参数，目的便是限制最大进程数。其实现原理也是依赖 pid cgroup 。

首先，创建一个 pid cgroup。

```
# cd /sys/fs/cgroup/pids/
# mkdir test
# cd test/
# cat pids.current   当前pid个数
0
# cat pids.max   最大pid个数
max
```

默认情况是没有限制的。

```
# echo 1 > pids.max   设置最多只运行一个进程
# echo $$ > cgroup.procs 将当前进程写入pid cgroup限制
# cat cgroup.procs
bash: fork: retry: No child processes
bash: fork: Resource temporarily unavailable
```

可以发现无法启动子进程读取"cgroup.procs"文件内容，打开一个新的窗口后，便可以重新打开该文件（因为新窗口的进程 ID 没有加入 pid cgroup 中）。

```
$ cat cgroup.procs
13895
```

8.2   namespace

Docker 的空间隔离使用的是 namespace（空间）。它是内核提供的一种空间隔离，在一个空间下，每个进程看到的视图是一致的。同理，如果不在一个空间下，看到的资源视图则是不一致的。举个例子，如果两个进程在同一个网络命令空间下，那么它们可以通过 localhost 的方式互相访问。常用的有 6 种 namespace，在 Linux 内核 4.6 之后又添加了 cgroup 这个 namespace。几种常用 namespace 种类及作用见表 8-1。

表 8-1   几种常用 namespace 种类及作用

namespace	系统调用参数	隔离内容
UTS	CLONE_NEWUTS	主机名与域名
IPC	CLONE_NEWIPC	信号量、消息队列和共享内存
PID	CLONE_NEWPID	进程编号
Network	CLONE_NEWNET	网络设备、网络栈、端口等
Mount	CLONE_NEWNS	挂载点（文件系统）
User	CLONE_NEWUSER	用户和用户组
cgroup	CLONE_NEWCGROUP	cgroup 的根目录

上面创建 Mount 挂载空间的系统调用参数是 CLONE_NEWNS，从字面理解是创建一个命名空间的意思，这是由于历史原因导致的，因为它是第一个 namespace，内核的开发者可能也没有预料到后续还有其他的 namespace 加入。

图 8-2 展示了 Linux 4.8 内核中支持的 7 种 namespace。

```
struct nsproxy {
        struct uts_namespace *uts_ns;
        struct ipc_namespace *ipc_ns;
        struct mnt_namespace *mnt_ns;
        struct pid_namespace *pid_ns_for_children;
        struct net *net_ns;
        struct cgroup_namespace *cgroup_ns;
};
struct user_namespace *ns, *parent_ns
```

图 8-2　Linux 支持的 7 种 namespace

换句话说，其他的都没有差异，譬如，时钟，所有容器和操作系统都共享同一个时钟。如果修改了操作系统的时间，所有容器的时间都会变化。

而每个进程都有一个关于 namespace 的属性 nsproxy，去标识关联的 namespace。

```
struct task_struct { ...
 /* namespaces */
struct nsproxy *nsproxy;
 ...
}
```

当进程被创建后，会继承其父进程的 namespace。Linux 通过读取 "/proc/进程 ID/ns/" 下的文件，可以获取每个进程对应的 namespace。

8.2.1　PID namespace

通过对内核的系统调用可以创建一个新的 PID 空间。我们都知道每个进程都有自己的 PID，Linux 在启动进程的时候会为每个进程分配一个本系统中唯一进程号，子进程通过 PID 标识自己的父进程。当创建一个新的 PID namespace 后，进程的 ID 将从 1 重新计算，但这其实只是一个 "障眼法"。实际上，Linux 通过将 PID namespace 中进程的 ID 映射到上一级的 PID namespace 中，从而实现进程隔离。如图 8-3 所示，在系统启动后默认有 level 0 的 PID namespace。当创建一个新的 level 1 PID namespace 后，进程 ID 重新从 1 开始计数，但

level 1 中的进程 ID 为 1 的进程其实是映射到 level 0 进程 ID 为 5 的进程。

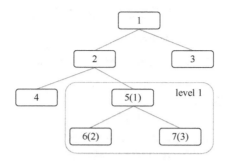

图 8-3　进程隔离示意图

上一级的 PID namespace 可以看到下一级的所有进程，但下一级的 PID namespace 却看不到上一级进程。内核中 PID 结构体的定义中通过 level 定义 PID 属于哪个 level 中。同一个进程，在不同的 level 中分配不同的 PID。

```
struct pid
{
 unsigned int level;
 struct upid numbers[1];
};
```

下面是 C 语言编写创建的 PID 命名空间的例子。

```
#define _GNU_SOURCE
#include <sys/types.h>
#include <sys/wait.h>
#include <stdio.h>
#include <sched.h>
#include <signal.h>
#include <unistd.h>
#define STACK_SIZE (1024 * 1024)
static char child_stack[STACK_SIZE];
char* const child_args[] = {
  "/bin/bash",
  NULL
};
int child_main(void* args) {
  printf("在子进程中!\n");
```

```
  execv(child_args[0], child_args);
  return 1;
}
int main() {
  printf("程序开始: \n");
  int child_pid = clone(child_main, child_stack+STACK_SIZE,
         CLONE_NEWPID | CLONE_NEWIPC | CLONE_NEWUTS
         | SIGCHLD, NULL);
  waitpid(child_pid, NULL, 0);
  printf("已退出\n");
  return 0;
}
```

编译并运行。

```
# gcc -Wall pid.c -o pid.o && ./pid.o
```

可以看到以下信息。

```
root@tim:~# echo $$
1
root@tim:~# exit
exit
```

由此可以看到，在新的 PID 空间内，进程的 ID 又开始从 1 计数了。

8.2.2　Network namespace

Network namespace（网络命名空间）是内核支持的一种网络虚拟方式，可以在一个操作系统中创建出多个网络空间，每个网络空间都有一个独立的协议栈。网络命名可以通过用户工具 ip 管理，如下所示。

```
# ip net help
Usage: ip netns list
       ip netns add NAME #创建网络空间
       ip netns set NAME NETNSID
       ip [-all] netns delete [NAME] #删除网络空间
       ip netns identify [PID]
       ip netns pids NAME #查看指定空间内的进程ID
       ip [-all] netns exec [NAME] cmd ... #在空间中执行命令
       ip netns monitor
```

```
        ip netns list-id
```

如创建一个网络空间，命令如下：

```
# ip net add net1
# ip net list
net1
# ls  /var/run/netns/
net1
```

当通过ip命令行工具创建一个net1网络空间后，会在/var/run/netns目录下创建一个net1的关联文件。

在这个新的网络空间会有独立的网卡、ARP表、路由表、iptables规则等网络相关属性，通过命令可以查看。

新的空间中只有一个环回网卡。

```
# ip netns exec net1 ip add
1: lo: <LOOPBACK> mtu 65536 qdisc noop state DOWN qlen 1
link/loopback 00:00:00:00:00:00 brd 00:00:00:00:00:00
```

没有任何 ARP 记录和路由记录。

```
# ip netns exec net1 arp -a
#
# ip netns exec net1 ip route
#
```

主机网络也是在一个网络空间之中，那么主机如何与不同的网络空间通信，这些网络空间之间又如何通信呢？通常是通过之前网络部分介绍的 veth 虚拟网卡进行通信，如图 8-4 所示。

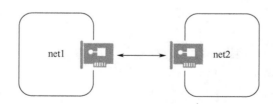

图 8-4　网络空间之间的通信

我们先创建出另一网络空间。

```
# ip net add net2
```

```
# ip net list
net2
net1
```

创建虚拟网卡对。

```
# ip link add type veth
```

将网卡分别插入到两个空间中。

```
# ip link set veth1 netns net1
# ip link set veth0 netns net2
```

此时，在主机上面通过 ip link 已经看不到这两个虚拟网卡了，它们已经分别加入 net1 和 net2 两个网络空间中。

```
# ip netns exec net1 ip add
1: lo: <LOOPBACK> mtu 65536 qdisc noop state DOWN qlen 1
    link/loopback 00:00:00:00:00:00 brd 00:00:00:00:00:00
129235: veth1@if129234: <BROADCAST,MULTICAST> mtu 1500 qdisc noop state
DOWN qlen 1000
    link/ether 9a:42:97:da:d1:91 brd ff:ff:ff:ff:ff:ff link-netnsid 1
```

然后，配置两个网络空间中的网卡。

```
# ip netns exec net1 ip link set veth1 up
# ip netns exec net1 ip addr add 192.168.1.1/24 dev veth1
# ip netns exec net2 ip link set veth0 up
# ip netns exec net2 ip addr add 192.168.1.2/24 dev veth0
```

验证。

```
# ip netns exec net2 ping 192.168.1.1
PING 192.168.1.1 (192.168.1.1) 56(84) bytes of data.
64 bytes from 192.168.1.1: icmp_seq=1 ttl=64 time=0.069 ms
64 bytes from 192.168.1.1: icmp_seq=2 ttl=64 time=0.041 ms
64 bytes from 192.168.1.1: icmp_seq=3 ttl=64 time=0.027 ms
```

这样两个命名空间直接就可以互相通信。

通常情况下，相同宿主机的容器之间是通过网桥互连的。

首先，创建网桥。

```
# brctl addbr netbr
# ip link set netbr up
```

然后，创建虚拟网卡。

```
# ip link add type veth
```

执行两次，分别创建两个虚拟网卡对。

```
# ip link|grep veth
36: veth0@veth1: <BROADCAST,MULTICAST,M-DOWN> mtu 1500 qdisc noop state
DOWN mode DEFAULT qlen 1000
37: veth1@veth0: <BROADCAST,MULTICAST,M-DOWN> mtu 1500 qdisc noop state
DOWN mode DEFAULT qlen 1000
38: veth2@veth3: <BROADCAST,MULTICAST,M-DOWN> mtu 1500 qdisc noop state
DOWN mode DEFAULT qlen 1000
39: veth3@veth2: <BROADCAST,MULTICAST,M-DOWN> mtu 1500 qdisc noop state
DOWN mode DEFAULT qlen 1000
```

分别将一端插入网络空间，并启动。

```
# ip link set veth0 netns net1
# ip link set veth3 netns net2
# ip netns exec net1 ip link set lo up
# ip netns exec net1 ip link set veth0 up
# ip netns exec net2 ip link set lo up
# ip netns exec net2 ip link set veth3 up
```

另一端插入网桥上。

```
# brctl addif netbr veth1
# brctl addif netbr veth2
# ip netns exec net1 ip addr add 192.168.1.1/24 dev veth0
# ip netns exec net2 ip addr add 192.168.1.2/24 dev veth3
```

验证连通性。

```
#  ip netns exec net1 ping  192.168.1.2
PING 192.168.1.2 (192.168.1.2) 56(84) bytes of data.
64 bytes from 192.168.1.2: icmp_seq=1 ttl=64 time=0.123 ms
64 bytes from 192.168.1.2: icmp_seq=2 ttl=64 time=0.100 ms
64 bytes from 192.168.1.2: icmp_seq=3 ttl=64 time=0.071 ms
```

Kubernetes 里面每个 Pod 都附带了一个 Sandbox（沙箱）容器。这个容器的作用就是提供业务容器的网络空间。业务容器启动后会加入到这个沙箱容器中，共享网络空间。当我们通过以下命令方式查询容器 IP 地址的时候，只有沙箱容器能够返回容器网络信息，而业务容器的 IPAddress 属性为空。

```
docker inspect --format '{{ .NetworkSettings.IPAddress }}' 容器ID
```

8.2.3　UTS namespace

UTS namespace 主要用来隔离主机名和主机域名。每个 UTS namespace 中都允许有自己的主机名。在 PID namespace 中通过一个 C 程序案例介绍如何创建一个新的 PID namespace，下面将通过一个 Go 程序创建一个新的 UTS namespace。后续其他 namespace 的创建，读者可以自行调整参数。

```go
package main
import (
 "fmt"
 "os"
 "os/exec"
 "syscall"
)
func main() {
 cmd := exec.Command("/bin/sh")

 cmd.Stdin = os.Stdin
 cmd.Stdout = os.Stdout
 cmd.Stderr = os.Stderr

 cmd.Env = []string{"PS1=-[ns-process]- # "}

 cmd.SysProcAttr = &syscall.SysProcAttr{
     Cloneflags: syscall.CLONE_NEWUTS,
 }

 if err := cmd.Run(); err != nil {
     fmt.Printf("Error running the /bin/sh command - %s\n", err)
     os.Exit(1)
 }
}
```

通过 go build 编译后便可以直接"./"运行，此时会启动一个新的 UTS namespace。具体操作如下。

```
-[ns-process]- # hostname -b vv
-[ns-process]- # hostname
vv
```

由此看到，在新的 UTS namespace 中可以设置一个独立的主机名。此时主机的主机名保持不变。

8.2.4 IPC namespace

IPC（进程间通信）是指在不同进程之间传播或交换信息的。IPC 的方式通常有管道（包括无名管道和命名管道）、消息队列、信号量、共享存储、Socket、Streams 等。只需要将上面程序添加 CLONE_NEWIPC 参数便可以创建一个新的 IPC namespace，测试也非常简单，先执行以下命令。

```
# ipcmk -Q 创建一个消息队列
# ipcs -q   查询已经创建的队列
```

然后，启动程序后，重新执行以下命令。

```
# ipcs -q  发现并没有之前创建的队列了
```

8.2.5 Mount namespace

Mount namespace 是 Linux 最早支持的命名空间，在不同的 namespace 中可以看到不同的挂载视图。在上面的程序中，添加 CLONE_NEWNS 便可以创建一个新的 Mount namespace。运行程序后，进入"/proc"文件系统下可以发现里面的内容是宿主机的 proc 文件系统，所以执行 ps -ef 将会看到宿主机所有进程，可以通过在新的 Mount namespace 下重新挂载 proc 文件系统方式，隔离 proc 文件系统，具体命令如下：

```
# mount -t proc proc /proc
```

执行后，在 proc 文件系统下将只有该进程空间中的进程属性。退出程序后，请不要忘记在宿主机上面再次执行上面的命令，将 proc 文件系统重新挂载到宿主机/proc 文件系统下。

Mount namespace 挂载会导致挂载传播（mount propagation）。挂载传播是指由一个挂载对象的状态变化导致其他挂载对象的挂载与解除挂载动作的事件。常见的有三种挂载方式。

共享关系（share relationship），如果两个挂载对象具有共享关系，那么其中一个挂载对象中的挂载事件会传播到另一个挂载对象，反之亦然。

从属关系（slave relationship），如果两个挂载对象形成从属关系，那么其中一个挂载对象中的挂载事件会传播到另一个挂载对象，但是反过来不行。在这种关系中，从属对象是事件的接收者。

私有关系（private relationship），两个挂载对象之间互相不传播，相互独立。

8.3　Union Filesystem

Docker 最大的共享就是定义容器镜像的分层的存储格式，相比于 cgroup 和 namespace 的拿来主义，Docker 将 Union Filesystem（联合文件系统）用于容器的镜像分层。这样既可以充分利用共享层，又可以减少存储占用。举例来说，一个是 tomcat 镜像，另一个是 jetty 镜像，它们底层都公用一个 JDK 镜像，只是在最上层有区别。

Union Filesystem 文件系统有多种，常见的包括 aufs、devicemapper、overlayFS 等，官方的建议是 Ubuntu Docker CE 建议使用 overlay2、aufs 和 devicemapper；而在 CentOS Docker CE 版本建议使用 devicemapper 和 overlay2。下面详细介绍一下 overlayFS 的工作原理。overlayFS 目前主要有 overlay 和 overlay2 两个版本。其中 overlay 版本将会被弃用。OverlayFS 将单个 Linux 主机上的两个目录合并成一个目录，这些目录被称为层，统一过程被称为联合挂载。OverlayFS 关联的底层目录称为 lowerdir，对应的高层目录称为 upperdir，合并过后的统一视图称为 merged。如图 8-5 所示是一个 docker 镜像和 docker 容器的分层示意图。docker 镜像是 lowerdir，docker 容器是 upperdir，而统一的视图层是 merged 层。

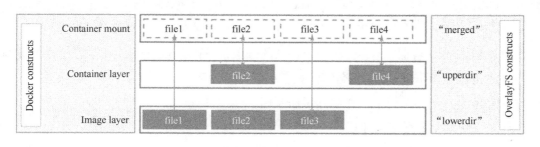

图 8-5　docker 镜像和 docker 容器分层示意图

Docker 1.10 之后，镜像层 ID 和/var/lib/docker 中的目录名不再一一对应。对于 overlay2

存储来说，可以支持 128 层。每一层都有两个重要文件，第一个是 lower 文件标识它的依赖层关系；另一个 diff 目录，下面保存本层变化的内容。对于 lower 文件，通过 ":" 将多个分层串联。以下展示了每一层的 lower 内容。

```
        //倒数第二层
        # cat
91af527ebbb6357fb1694334be10105edd07432da7cb901ef17ecdaf28944442/lower
        l/YSWCORVIDFAIEIAFPP5AWBJZ5G
        //倒数第三层
        # cat
76bc3e1bdecdd1da6ecfea3086d7fecefa589e567da864fd5a4b910c04568bbb/lower
        l/N7S5NM6TVQ4X7NFK7ROIQ6JOAP:l/YSWCORVIDFAIEIAFPP5AWBJZ5G
        //倒数第四层
        # cat
6d7bdb155539b21b411fe5a4b7ebd41a7bc92dfb5d0158b961622dee834e19d0/lower
        l/Q7UBZ47OWOXEF4YL5POZBJ3UKY:l/N7S5NM6TVQ4X7NFK7ROIQ6JOAP:l/YSWCORVID
FAIEIAFPP5AWBJZ5G
        //最上层
        # cat
c249bc61bf63b4f39b316b30f0dbe83bc6b9425f6fc92b28dd9b36bf80308f5e/lower
        l/JF7WPJE6K6CN5A7SSJEYDWWWMA:l/Q7UBZ47OWOXEF4YL5POZBJ3UKY:l/N7S5NM6TV
Q4X7NFK7ROIQ6JOAP:l/YSWCORVIDFAIEIAFPP5AWBJZ5G
```

可以看到，每一层（除了最下面的一层）都记录它依赖的父层，从而可以在镜像构建或者容器启动时候分层挂载。diff 目录下记录变化的内容，譬如在一个镜像中添加一个 aa 的文件，那么便可以从该分层中查看该文件。

```
        # ls
a1d281675ce2eacb0617b989ae846e29b8890954b8917b2919fbd025f537d7a0/diff/var
        -rw-r--r-- 1 root root 0 1月 31 12:23 aa
```

如果是 Docker 容器，还会创建两个特殊的分层，一个是 merge 层，用于最上层的读写；另一个是 init 层，用于设置主机名等信息。

下面通过一个 aufs 例子，介绍其工作原理。

首先，创建 4 个测试文件。

```
        # echo dir0 > dir0/001.txt
        # echo dir0 > dir0/002.txt
        # echo dir1 > dir1/002.txt
```

```
# echo dir1 > dir1/003.txt
# tree
.
├── dir0
│   ├── 001.txt
│   └── 002.txt
├── dir1
│   ├── 002.txt
│   └── 003.txt
└── root
```

以只读的方式挂载文件，dir0 在上层，dir1 在下层，都挂载到 root 目录下。

```
# sudo mount -t aufs -o br=./dir0=ro:./dir1=ro none ./root
# cd root/
# ls
001.txt  002.txt  003.txt
```

可以看到下面只有三个文件，其中，"002.txt"文件发送了覆盖。

```
# cat 002.txt
dir0
```

只能看到 dir0（上层文件的内容）。如果是写文件，那么同样只会修改最上层的文件，举例如下：

```
# mount -t aufs -o br=./dir0=rw:./dir1=ro none ./root
# echo "root->write" >> ./root/001.txt
# echo "root->write" >> ./root/002.txt
# echo "root->write" >> ./root/003.txt
# echo "root->write" >> ./root/005.txt
# ls root/
001.txt  002.txt  003.txt  005.txt
# ls dir0/
001.txt  002.txt  003.txt  005.txt
# ls dir1/
002.txt  003.txt
```

可以看到最上层的 dir0 和 root 目录结构相同，而 dir1 始终保持不变。

```
# cat root/002.txt
dir0
```

```
root->write
```

修改的内容会影响最上层的文件。

```
# cat dir0/002.txt
dir0
root->write
```

而最底层文件仍然保持只读，不会发生变化。

```
# cat dir1/002.txt
dir1
```

8.4 chroot 和 pivot_root

chroot，即 change root directory（更改 root 目录）。在 Linux 系统中，系统默认的目录结构都是以 "/"，即是以根（root）开始的。而在使用 chroot 之后，系统的目录结构将以指定的位置作为 "/" 位置。通过 chroot，一方面可以增加系统的安全性，限制用户的权限；另一方面，在经过 chroot 之后，在新根下将访问不到旧系统的根目录结构和文件，从而增强了系统的安全性。其实是可以建立一个与原系统隔离的系统目录结构，方便用户开发。使用 chroot 后，程序读取的是新根下的目录和文件，建立一个与原系统根下文件不相关的目录结构。在这个新的环境中，用户可以随意地调试程序，举例如下。

```
# sudo chroot . /busybox pwd 将当前目录设置成系统根目录/
```

上面使用的 busybox 是一个开源的命令行工具包，里面包含了一些常用的 Linux 命令。如果启动一个 shell 将会更有意思，举例如下。

```
# sudo chroot ./ok  /busybox sh
/ # pwd
/
```

启动 shell 后，可以将当前 ok 目录设置为根目录。

```
/ # /busybox ls /
busybox
```

查询根目录，只有一个 busybox 二进制文件。除了 chroot 以外，Linux 还提供另一个类似的命令 pivot_root。格式如下：

```
# pivot_root new_root put_old
```

其中，new_root 是新的 root 目录，put_old 则是旧的根文件系统。可以通过在容器里面使用 pivot_root 切换 root 目录。

```
# docker run -it -v /root/kkkk:/test --privileged=true busybox sh
# cd /test &&mkdir oldroot/
# pivot_root . oldroot/
```

但 pivot_root 和 chroot 在使用上还是有区别的。

（1）pivot_root 会修改进程的根文件系统，chroot 则不会；

（2）pivot_root 会修改进程的根目录、工作目录，chroot 只会修改工作目录为根目录。

pivot_root 主要把整个系统切换到一个新的 root 目录，而移除对之前 root 文件系统的依赖，这样就能够 unmount 原先的 root 文件系统。而 chroot 是针对某个进程的，系统的其他部分依旧运行于旧的 root 目录下。

8.5　50 行代码创建一个简单的容器

上面介绍了各种 namespace 和 pivot_root 的使用实例。下面将通过一个简单例子将它们组合成一个容器。首先还是和 RUNC 一样构建一个 rootfs（docker export $(docker create busybox) | tar -C rootfs -xvf - ）。在 ubuntu 14.04 系统上，编译并运行下面程序。

```
package main
import (
 "fmt"
 "os"
 "os/exec"
 "syscall"
)
func main() {
 switch os.Args[1] {
 case "run":
    parent()
 case "child":
    child()
 default:
```

```go
            panic("wat should I do")
    }
  }


func parent() {
    cmd := exec.Command("/proc/self/exe", append([]string{"child"},
os.Args[2:]...)...)
    cmd.SysProcAttr = &syscall.SysProcAttr{
        Cloneflags: syscall.CLONE_NEWUTS | syscall.CLONE_NEWPID |
syscall.CLONE_NEWNS,
    }
    cmd.Stdin = os.Stdin
    cmd.Stdout = os.Stdout
    cmd.Stderr = os.Stderr
    if err := cmd.Run(); err != nil {
        fmt.Println("ERROR", err)
        os.Exit(1)
    }
  }
  func child() {
    must(syscall.Mount("rootfs", "rootfs", "bind",
syscall.MS_BIND|syscall.MS_REC, ""))
    must(os.MkdirAll("rootfs/.oldrootfs", 0700))
    must(syscall.PivotRoot("rootfs", "rootfs/.oldrootfs"))
    must(os.Chdir("/"))

    cmd := exec.Command(os.Args[2], os.Args[3:]...)
    cmd.Stdin = os.Stdin
    cmd.Stdout = os.Stdout
    cmd.Stderr = os.Stderr

    if err := cmd.Run(); err != nil {
        fmt.Println("ERROR", err)
        os.Exit(1)
    }
  }


func must(err error) {
```

```
      if err != nil {
          panic(err)
      }
  }
```

当执行 run 命令后，程序调用自己（/proc/self/exe 指向程序本身）child 命令重新执行并设置各种 namespace，切换 root 目录，从而创建一个新的容器。

第 9 章　Kubernetes 基础

Chapter Nine

9.1　Kubernetes 概览

9.1.1　Kubernetes 起源

Kubernetes 起源于 Google 的 Borg 系统。Borg 是在 2003 年开发的一个大规模集群管理系统。它支撑 Google 数千个应用程序（十万个应用程序）。如果大家对 Borg 系统感兴趣的话，可以详细阅读这篇文章 *Large-scale cluster management at Google with Borg*。可以看到 Kubernetes 的设计思想完全延续了 Borg 的设计思路。Google 在开源 Kubernetes 之前在容器和容器管理方面已经有十几年的探索和尝试了。

9.1.2　Kubernetes 发展

2014 年，Google 推出了 Kubernetes。2014 年 6 月 7 日完成在 GitHub 上面的第一次提交之后，Red Hat、IBM、Docker 等加入 Kubernetes 社区，在 7 月 21 日 Kubernetes 发布了 v1.0 版本，加入 DNS 服务发现特性，随后 Google 与 Linux 基金会成立了云原生计算基金会（CNCF），Kubernetes 自然是其中顶级的项目，灿烂的一颗明珠。2016 年 3 月 16 日，v1.2 版本发布，支持 1000+节点的集群，Pod 启动时间小于 3 秒，并且通过读缓存（不是每次 API 的读请求都发送到 ETCD 中）做到了 99% 的 API 操作延迟仅有几十毫秒，同时引入 Pod 生命周期事件生成器（PLEG），它取消了之前的并发（每个容器启动一个协程）周期获取容器状态的做法，改成缓存配合事件驱动的方式。如果通过运行时接口获取的容器状态与缓存不一致，则产生对应的 Pod event 交由 kubelet 处理，大大降低了 CPU 利用率，从而将单节点的 Pod 从 30 个提升到了 100 个。为了支持有状态容器在 Kubernetes 上面的部署，v1.3 版本支持 PetSet，并开始支持有状态容器。在 v1.4 版本里面，引入了存储管理 PV/PVC，

继续完善有状态容器的管理，在集群部署方面引入 kubeadm 简化部署，还加入 DaemonSets，以支持集群中每个计算节点上面启动一个 Pod，这个主要是为了方便部署系统管理插件，如网络插件、监控插件等，在联邦集群方面也得到了加强，可以支持跨集群的副本数管理。可能大家都觉得 PetSet 太低级了，在 v1.5 版本改成 StatefulSets，同时定义 CRI 容器运行时的规范，还加强了集群的高可用性。有意思的是在 v1.5 版本开始支持 Windows server 了，这样 Kubernetes 不仅可以部署在 Linux 上面，还可以部署到 Windows 集群上面。v1.6 是一个需要特别说明的版本，它是一个比较完善的稳定版本，v1.6 使用 etcd v3 版本 API，支持 5 000 Node（150 000 Pod），这是一个很大的进步。引入 RBAC（基于角色的访问控制）提高了系统安全性，并且提供了更高级的调度，支持用户基于节点标签将 Pod 调度限制于某个特定节点。通过内置或自定义的节点标签可以选择在特定的区域、主机名、硬件架构、操作系统版本及专有硬件的宿主机上面启动 Pod，支持主机和 Pod 的亲和特性和反亲和特性，而且支持自定义调度策略。Storageclass 趋于稳定，系统可以按需自动创建和销毁 PV（存储），具备了高度自动化的特性。2017 年 6 月 29 日，Kuberentes 1.7 发布，Kubernetes 开始朝着系统稳定和安全方面发展，Network Policy API 提升为稳定版本，配合 CNI 网络插件，用户可以定义 Pod、Pod 与 namespace 之间的安全隔离、secret 加密保存，以及授权部分 kubelet 节点获取 secret 等特性，不断提高系统的安全性。Kubernetes 1.9 引入了容器存储接口（CSI）的 alpha 实现，其实 Kubernetes 从第一个版本开始就支持多种持久化存储，如 NFS 和 iSCSI，支持主要公有云中的云存储，如 EBS。但代码是强耦合的，随着存储技术不断更新，每次都要需要将各种存储的支持加入核心代码中，维护起来很不方便，于是便有了模仿 CRI 的 CSI 规范，运行第三方存储厂商自己去实现存储协议。在 v1.10 CSI 进入 Beta 版，同时 v1.10 可以将 DNS 服务在安装时切换到 CoreDNS，这是由于之前 kube-dns 是采用封装 dnsmasq 方式。2017 年，dnsmasq 出现安全漏洞后，Kubernetes 的开发人员决定另选一条道路，不仅在安全方面，在性能上也有所提升。DevicePlugins 也进入了 Beta 测试阶段，可以在不侵入 Kubernetes 代码的前提下集成 GPU、高性能的网络接口、FPGA、Infiniband 和其他快速 I/O 等设备。2018 年 6 月 27 日，Kubernetes 2018 年的第二个版本 Kubernetes 1.11 正式发布，继续推动 Kubernetes 走向成熟。ipvs 负载均衡的引入解决了 Kubernetes 大规模部署时 iptables 条数过多导致性能下降的问题。还有一个需要注意的是，cri-tools 项目已经到了 GA 阶段，这点不容忽视。容器运行时慢慢摆脱了 Docker daemon，而且 containerd 也开始支持 CRI 接口，这是一个趋势。Pod 优先级和抢占功能也在 Beta 版本有所体现，这为高优先级任务运行提供了很好的保障，这个和 Kubernetes 的 QoS 特性有所区别，抢占是指在部署调度时，而 QoS 发生在主机内存不足时。并且，伴随 CSI 方面地不断增强，开始支持文件系统扩容，针对存储卷的扩容功能也纳入了 Beta 版本。后续版本的 Kubernetes 主要围绕对 Windows 平台的支持上改进。

和大多数系统的发展过程一样，Kubernetes 的发展是从功能开发开始，逐步走向综合完善、系统稳定和安全方面的。正如一流公司制定规范，二流公司遵守规范一样，Kubernetes 正在慢慢建立自己的规范，形成自己的生态圈，并逐渐形成标准。Kubernetes 架构也可以朝着插件化、模块化方向发展，只保留核心功能，将其他第三方支持的拆解出去，并定义规范。运行时，Kubernetes 指定了 CRI，网络指定了 CNI，存储指定了 CSI，各种设备通过 device plugin 接入。总之，它就像一个钢筋混凝土的框架，至于最终的房间的设计都是交给第三方根据自己的业务场景去实现的。

9.2　Yaml 格式与声明式 API

Yaml 是一种数据组织格式，非常强大。与 JSON 通过大括号的方法分级相比，Yaml 采用了缩进的方式组织数据。Yaml 文件支持三种数据结构，分别是散列表、数组及复合结构。

9.2.1　散列表

散列表是一种键值对形式，通过 key:value 的格式组织。

```
name: Tim
age: 33
```

上面的值可以是字符串、整数，或者浮点、布尔等值。

```
a:123    #123代表整数
b:"123"  #123代表字符串
c: 123.0 #123代表浮点数
```

如果是多行字符串，可以通过 "|"、">" 折叠起来，形式如下：

```
Data:|
   Hello world
   Hello Go
```

9.2.2　数组

数组是将相同类型的数据组合在一起，格式如下：

```
Code:
  - Java
  - Python
  - Go
```

9.2.3　复合结构

复合结构很容易理解，就是把上面的散列表和数组组合起来，下面以 Kubernetes deployment 对象为例，具体格式如下。

```
apiVersion: extensions/v1beta1
kind: Deployment
metadata:
  annotations:
    deployment.kubernetes.io/revision: "1"
  creationTimestamp: "2019-01-31T03:31:07Z"
  labels:
    run: deploy-nginx
  name: deploy-nginx
  namespace: default
spec:
  replicas: 1
  selector:
    matchLabels:
      run: deploy-nginx
  template:
    metadata:
      labels:
        run: deploy-nginx
    spec:
      containers:
      - image: docker.io/nginx
        name: deploy-nginx
      terminationGracePeriodSeconds: 30
```

9.2.4　声明式 API

声明式 API 是相对于命令式 API 来说的。所谓的声明式 API 是指只需要告诉机器最终

结果，不用关心实现过程和细节，而命令式 API 则是一种面向过程的操作，需要告诉机器每一步应如何执行，才能达到最终目标。可见，声明式 API 采用定义即所得的方式，更加便于用户理解和使用，相应的声明式在实现难度上面也更加复杂。用一个生活的例子来说明这两种编程模式：假设你需要一份宫保鸡丁盖饭，如果是声明式的，你只需要定义"一份宫保鸡丁饭，不要放辣椒"即可，至于食材购买和烹制过程无须关心，甚至也可能是外卖送的，总之需要什么就定义什么；而命令式 API 需要详细制订每一个流程，买菜（不用买辣椒）、洗菜、切菜、烹饪、装盘等一系列流程，最终呈现出相同的一份宫保鸡丁盖饭。

声明式 API 是 Kubernetes 最重要的设计思想，通过 Yaml 或者 json 文件定义最终的资源形态，剩下的交给 Kubernetes 去完成。Kubernetes 获取用户提交的资源声明后，通过多个组件相互协作，最终满足用户定义的资源需求。下面将通过一个 Deployment 定义举例说明如何使用 Kubernetes 声明 API。

```yaml
apiVersion: apps/v1beta1
kind: Deployment
metadata:
  name: nginx-deployment
spec:
  replicas: 2
  template:
    metadata:
      labels:
        app: nginx
    spec:
      containers:
      - name: nginx
        image: nginx:1.7.9
        ports:
        - containerPort: 80
```

上面的 Yaml 文件定义了 nginx 的 Deployment，通过 replicas: 2 设置容器的副本数为 2，通过 image: nginx:1.7.9 设置容器镜像为 nginx:1.7.9。当用户提交这个 Yaml 文件后，Kubernetes 在后端将会启动 2 个容器，并且这两个容器所用的镜像版本为 nginx:1.7.9。Kubernetes 所有资源都是通过这种声明式 API 定义的。

9.3　Kubernetes 资源定义

9.3.1　Pod

我们都知道 Kubernetes 是容器管理系统，但是它并不是将单个容器当作管理单位的。容器的设计哲学是希望在一个容器里面只运行一个进程，那么针对这个进程的监控程序该如何部署，以及和这个进程强耦合的 sidecar 程序将如何去部署则变得复杂起来。Kubernetes 创新地将多个容器组合到一起，产生一个新的资源管理单位，叫作 Pod。Pod 是 Kubernetes 调度和管理的最小单位，每个 Pod 都是由若干个容器组成，Pod 共享网络命名空间和存储。Pod 的设计思想主要集中在下面三个方面，第一个是 sidercar 容器，这种场景是为主容器扩展增强的，举例来说，一个 node.js 的主程序，需要定时去和代码仓库同步，它需要一个 sidecar 容器去协助它完成。这个 sidercar 容器又可以当作一个通用功能（定时同步代码仓库到本地）的组件，去完成一个 nginx 或者 tomcat 中 html 网页的同步，所以，sidecar 本身是可以并且需要独立运行的。那么如何让 sidecar 容器和业务容器共享文件系统呢？这就需要通过 Pod 将两个容器挂载到同一个存储（目录）上，共享这个存储。虽然这个存储在两个容器内可能挂载的是不同的路径，但他们后端本质上面是一个存储，从而达到数据共享的目的。第二个设计的考虑是本地正向代理，通过这个本地代理可以分发流量或者做策略限制等。举个例子，我们可以将本地代理做成一个客户端的负载均衡器，所有的流量都可以通过这个本地代理转发，完成限流和动态路由等功能，还能协助容器完成 redis 集群分片等功能，这样可以在业务端无感知的情况下对接到 redis 集群，业务程序访问本地 localhost：2379 的地址请求 redis 服务。通过代理容器和业务容器共享网络命名空间获取到流量，从而完成正向代理功能。第三个是本地反向代理功能，这个也是比较常见的功能需求，我们在做各种系统监控的时候，需要适配各种监控方式，例如针对 Java 的 JMX，针对 Go 的 pprof，或者针对网络的 SNMP 等，这导致采集器将会变得非常麻烦。如果能通过一个适配器将被监控的数据同时处理过滤和整合，从而返回标准定义的数据，这样在不侵入被监控对象的情况下，就可以完成标准化指标的采集。这个适配器（反向代理）也是访问本地 localhost 就可以获取被监控的对象的指标。Prometheus 的设计里面大量采用这种方式，通过对每类监控对象开发相应的 export 完成数据的标准化采集。总而言之，就是通过 Pod 的设计方式将多个紧密关联的容器共享网络、存储等资源，通过对 Pod 生命周期的管理，完成对一组容器的生命周期管理。可以设想，在我们的业务主程序退出的时候，它的关联容器也是需

要被回收的。

在我们当前的生产环境中，大部分 Pod 中只有一个容器（Pause 容器排除）运行，但保留了扩展功能。

Pod 生命周期主要有以下几部分，其相互关系如图 9-1 所示。

（1）挂起（Pending）：Pod 已被 Kubernetes 系统接受（存到 etcd 了），但等待 scheduler 调度或者调度成功拉去镜像。

（2）运行中（Running）：Pod 中所有容器都被创建，并且至少有一个容器正在运行。

（3）成功（Succeeded）：Pod 中的所有容器都被成功终止，并且不会再重启。这个主要是执行 job 任务。

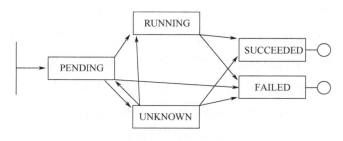

图 9-1 Pod 生命周期示意图

（4）失败（Failed）：Pod 中所有容器都已经终止了，并且至少有一个容器是因为失败终止。也就是说，容器以非 0 状态退出或者被系统终止。

（5）未知（Unknown）：因为某些原因无法取得 Pod 的状态，通常是因为 Kubernetes 的 master 和 Pod 所在主机 kubelet 通信失败，或者 kubelet 宕机导致的。

为了更加详细地描述 Pod 的所在状态，Pod 还有一个 conditions 状态，主要包括 PodScheduled（Pod 已经被调度成功）、Unschedulable（调度失败）、Ready（Pod 启动，并且通过健康检查可以加入 service）、Initialized（init container 执行完成）和 ContainersReady（Pod 中所有容器都处于 ready 状态）。

一个 Pod 的 Yaml 定义如下：

```
apiVersion: v1 #API版本
kind: Pod  # 资源类型
metadata: # 元数据信息
  name: rss-site  # Pod名称
  labels: # Pod标签
    app: web
```

```
spec:
  containers: #Pod容器列表
    - name: front-end #容器名称
      image: nginx #容器镜像
      ports: # 容器服务端口
        - containerPort: 80
    - name: test#容器名称
      image: busybox #容器镜像
      resources:
        requests:
          CPU: 100m
          memory: 100Mi
      command: #启动命令
        - sleep
        - "3600"
```

Pod 的定义主要包括 Pod 名称、标签及容器列表。在容器列表里面主要设置容器名称、容器镜像版本和容器服务端口。Pod 标签是为了关联 ReplicaSet 及 Service 等资源。一个 Pod 可以设置多个标签（label）。

command 设定容器的启动命令，会覆盖容器镜像的 ENTRYPOINT，而 args 则会覆盖镜像的 CMD。但 command 的覆盖需要注意，它会让镜像的 CMD 失效。举例来说，当容器镜像指定 ENTRYPOINT 为[/ep-1]，CMD 为[foo bar]后，Kubernetes 中的 command 为[/ep-2]后，容器启动只会执行[/ep-2]，原有的 CMD 将会失效。

Resources 是设置容器使用资源限制，此处书写需要注意，常有读者把 M 写成 m，导致容器无法启动，可参见 Kubernetes issue（https://github.com/Kubernetes/Kubernetes/issues/49442）。Resources 的作用，一方面是为了容器运行时限制资源的使用，另一方面是为了在容器调度时，Kubernetes 依据容器配置选择合适的节点运行容器。

9.3.2　Deployment 和 ReplicaSet

上面介绍单个 Pod 的管理，但 Kubernetes 不是直接将 Pod 暴露出去，而是通过副本集的概念，将一组相同的 Pod 作为一个集合去管理。那么 Pod 和副本集是怎么关联的呢？传统的做法可能是每个 Pod 里面都有一个所属副本集的属性，标识这个 Pod 所在的副本集，但 Kubernetes 使用了一种更加灵活和松散的方式，通过标签（label）去标识，为每个 Pod 打上多个标签，副本集通过标签选择器关联 Pod，副本集最重要的属性就是副本数，用来

定义这个副本集 Pod 的数量。副本集早先的版本叫 RC（Replication Controller），目前已经通过 RS（ReplicaSet）替换 RC，RS 被称为是新一代的 RC，在本书里面就不再介绍 RC 了。RS 相比 RC 主要是在支持集合的标签选择器及滚动升级方面进行了提升。但 RS 通常并不直接使用，而是通过 Deployment 去管理，在创建 Deployment 的时候，Kubernetes 会自动创建 RS，在删除 Deployment 时候也会相应地回收 RS。为什么不是通过 RS 直接管理呢？这是为了可以支持滚动升级、回滚及扩缩容等操作。当我们操作 Deployment 升级新版本的时候，Kubernetes 会创建一个新的副本数为 0 的 RS，然后根据策略（按照 25% 的进度）减少旧 RS 的副本数，增加新的 RS 副本数，从而完成升级。如果是回滚，则执行逆操作。Kubernetes 会自动维护 RS，不需要用户干预。这里必须强调 Kubernetes 的一个设计哲学——申明式，与过程式定义一步一步操作相比，申明式更加简单，直接强调最终目标。我们只需要定义 Deployment 的副本数和镜像版本，Kubernetes 会最终满足我们的申明中定义的需求，保证 Pod 的个数和镜像的版本，不需要用户关注实现背后的细节和过程。

通过 Deployment 启动一组 Pod 后，如果当前 Pod 数量不足以支撑业务压力的时候，需要对 Deployment 进行扩容，以增加 Deployment 的副本数，而 Kubernetes 会比较当前副本数和我们设定期望的副本数，如果发现不匹配，Kubernetes 会创建或者删除 Pod，从而满足我们设定 Deployment 的副本数。

Deployment Yaml 文件定义如下：

```
apiVersion: apps/v1beta1 # API版本
kind: Deployment #资源类型
metadata:
  name: nginx-deployment # Deployment名称
spec:
  selector: # 选择器
    matchLabels:
      app: nginx
  replicas: 2 # 副本数
  template: # Pod模板
    metadata:
      labels: # Pod标签
        app: nginx
    spec:
      containers: # 容器列表
      - name: nginx
        image: nginx:1.7.9 # 容器镜像
```

```
    ports:
    - containerPort: 80 #容器端口
```

Yaml 文件中设置了 Deployment 的名称（metadata.name）、副本数（spec.replicas）、标签筛选器（spec.selector）和 Pod 模板（spec.template）。其中，标签选择器是通过对应的标签匹配 Pod，筛选包含符合标签的 Pod。那么好奇的读者可能会产生疑问，如果两个 Deployment 使用相同的标签控制 Pod 副本是否会存在冲突呢？的确，这个问题目前还没有特别好的处理方式，需要用户自己去避免，用户可以通过定义多个标签组合的方式，从而避免冲突。如果 Deployment 的选择器没有被设置（spec.selector.matchLabels 为空），默认将会使用 Pod 标签（spec.template.metadata.labels）。

9.3.3　Service 和 Endpoint

容器的地址不是固定的。如果集群内部的容器相互调用或者是被集群外部访问调用，Kubernetes 提供了一种负载均衡和服务发现机制。Service 是 Kubernetes 提供的一种负载均衡器，每个服务都有一个虚 IP（headless Service 除外），这个虚 IP 是固定不变的，实现方式可以是 iptables 或者 ipvs，这个 IP 并非是绑定到某一个网卡上面，所以 ping 是不同的。这也是很多刚接触 Kubernetes 用户容易犯的错误。虚 IP 有两种服务发现方式，一是通过环境变量，在同一个 namespace 下面的每个 Pod 都会以环境变量的方式注入所在 namespace 下服务的地址，格式为：service-name（大写）-SERVICE-HOST 和 service-name（大写）-SERVICE_PORT_port-name（大写）。通过环境变量的方式比较简单、直接，但受限于环境变量的规则及安全性，Kubernetes 推荐第二种方式。第二种方式是通过域名解析，每个服务都有一个域名，无论是旧版的 kube-dns，还是新版的 coreDNS 都提供了集群内服务的域名解析，通过访问格式如 **\<service-name\>.\<namespace-name\>.svc.cluster.local** 的服务，集群的域名解析服务器会返回这个服务名称所对应的 A 记录。这种方式比较灵活，但有一个特例是 headless 服务，它没有虚 IP，自然也没法通过服务的域名解析，但它提供了一种基于单个 Pod 的域名解析。

如果容器内的应用需要对集群外提供服务，Service 支持 NodePort 功能，可以在每台计算节点上面监听一个相同的端口，并转发请求到容器内部，从而可以在集群外访问集群内容器。

Service Yaml 定义如下：

```
    apiVersion: v1 #API版本
    kind: Service # 资源类型
```

```
metadata:
  name: nginx # 服务名称
  labels:
    app: nginx #服务自身标签
spec:
  ports:
  - port: 80 #服务端口
   protocol: TCP # 服务协议
   selector: #服务选择标签
     app: nginx
```

通过 metadata.name 定义服务名称，spec.ports 定义服务开放端口，spec.selector 定义选择器，通过标签筛选关联后端 Pod。

但 Service 并非直接与 Pod 关联，而是通过 Endpoints 解耦。Endpoints 是一组 IP 和 Port 的集合。通常来说，用户并不需要关心 Endpoints 的存在，Kubernetes 会帮我们维护好 Service 和 Endpoints 的关系。如果后端容器启动成功（如果设置健康检查，需要通过可用性健康检查）后，Kubernetes 会将 Endpoints 加入 Service 后端。反之，会从 Service 后端被摘除，防止流量进入异常容器。

9.3.4 PVP 和 VC

容器通常都是被认为是无状态的。每个容器都可以随意启停，但传统的应用都是携带状态的，并且还有一些容器需要共享数据，此时就需要容器挂载外部存储，Kubernetes 支持容器挂载文件或者块存储。

Kubernetes 对于存储的挂载引入了两个资源管理对象 PV 和 PVC，这是因为在实际生产环境中，存储维护和使用往往是由不同的部门负责维护的。为了充分解耦存储的提供者和存储使用者之间的关系，引入了 PV 和 PVC。PV 主要针对存储本身，是由存储的提供者创建的，它主要指定了存储的访问方式（ReadWriteOnce，只允许挂载一台主机；ReadOnlyMany，只读方法挂载多台主机；ReadWriteMany，读写挂载多台主机）、存储的容量，以及存储本身信息（譬如 NFS 会指定 NFS 服务地址和路径）。PVC 是存储的使用者，使用申明的方式获取存储。PVC 同样指定了存储访问方式和大小。那么，PVC 如何绑定到 PV 呢？有两种方法，一种是静态指定，PVC 创建时，指定 pvc.Spec.VolumeName 为 PV 名称，PVC 会绑定到设定的 PV 上面，与此同时，Kubernetes 会将 PV 的 pv.Spec.ClaimRef 属性关联到对应的 PVC 中，它们是一对一的关联。还有一种方法属于 Kubernetes 自动关联，

Kubernetes 会根据存储的访问方式和申请存储的大小选择合适的 PV 绑定,这里要注意两个小细节, 第一, PV 支持的访问方式必须包含 PVC 申请访问方式; 第二, 如果 PV 之前绑定过 PVC, 会被优先使用, 而为了提高存储利用率, 最小的匹配存储容量优先。绑定过的 PVC 就可以挂载到容器里的任何目录, 并且伴随着容器的迁移而动态挂载, 保证数据的持久性。

9.3.5　Configmap 和 secret

Kubernetes 除了挂载存储之外还可以挂载配置文件和秘钥, 分别对应 Kubernetes 的 configmap 和 secret。在当前的程序结构中, 通常采用代码和配置分离的方案, 那么就需要将代码和配置都打包到 Docker 镜像中。每次修改文件后都需要重新构建镜像, 非常麻烦。Kubernetes 可以通过 configmap 方式动态加载配置文件, 无须重新构建镜像。

如果是有些秘钥文件需要放到容器内, 还可以通过 secret 加密的方式载入容器内。

9.3.6　Job

为了执行批处理任务,Kubernetes 引入了 Job 概念。Job 分为批处理 Job 和定时 CronJob。批处理 Job 的核心参数是执行的完成数和并行数, 完成数是指这组 Job 需要完成的任务数, 而并行数是指允许几个任务同时执行。譬如, 这是一组爬虫任务, 每个任务都是放到一个容器里面执行的, 完成数是指需要多少个容器完成爬取任务, 而并行数是指同时有多少个容器在执行这个任务。定时 CronJob 可以定时触发任务的执行, 通过 Cron 表达式定义任务的执行周期。如果有在 Linux 平台使用 crontab 的经验, 则对定时任务应该并不陌生。

```
apiVersion: batch/v1
kind: Job
metadata:
  name: pi
spec:
  template:
    spec:
      containers:
      - name: pi
        image: perl
        command: ["perl", "-Mbignum=bpi", "-wle", "print bpi(2000)"]
      restartPolicy: Never
  backoffLimit: 4
```

一个普通的 Job 定义主要是在 spec.template.spec 里面定义 Pod。如果希望同时并行地执行任务，可以通过 spec.parallelism 指定并行度，spec.completions 指定成功执行次数。如果是定时任务，通过 spec.schedule: "*/1 * * * *"设置，结合 cron 表达能够灵活地配置任务的执行周期。

9.3.7 namespace

Namespace（命名空间）是将一个物理的 Kubernetes 集群分割成多个逻辑空间，逻辑空间可以分配给一个人、一个团队或者一个项目使用，实现多租户的场景。Kubernetes 里面的资源基本都是按照命名空间划分的，譬如 Pod、service、deployment、pvc 等，只有极少数像 PV（存储）这种并不属于任何 namespace。Kubernetes 里面有两种特殊的 namespace，一个是 kube-system，它是管理 namespace 的，主要作用是部署 Kubernetes 自身组件的命名空间，另一个是 default，它是默认创建且不允许删除的空间，当操作资源不指定空间时，都是在 default 这个命名空间中操作的。

可以针对不同的命名空间配置对应的网络策略，从而达到不同空间容器网络隔离的目的。

9.4 Kubernetes 物理资源抽象

Kubernetes 将管理的物理资源抽象成指定的类型和对应的计量单位，如 CPU（millicores）、内存（B）、磁盘和 GPU 等。其中，CPU 和内存是 Kubernetes 原生支持的，其他资源扩展可以通过 device plugin 方式加入。这些资源可以分为两种，一种是可压缩资源，譬如 CPU，当 Pod 使用超过设置的 limits 值时，Pod 中进程使用 CPU 会被限制，但不会被 kill；另一种是将不可压缩资源当作资源，譬如内存。当资源不足时，先 kill 掉优先级低的 Pod。在实际使用过程中，通过 OOM 分数值来实现，OOM 分数值为 0~1000。当然，磁盘也属于不可压缩的资源。

Kubernetes 中的一个 CPU 在不同的运行环境中是不同的。在 AWS 或者 IBM 云中代表一个 vCPU，在 GCE 上面代表一个 GCP 核心，在 Azure 上面代表一个 vCore，在物理裸机中代表采用 Intel 超线程的处理器上面运行的超线程。

CPU 的设定是绝对值，而不是相对值，这点需要注意。0.1CPU 无论在双核或者 128 核机器上代表的意义相同。

内存设置以字节为单位，可以使用 E, P, T, G, M, K, 也可以使用 2 的幂等为单位，例如，Ei, Pi, Ti, Gi, Mi, Ki。所以，下面几个设置是等价的。

```
128974848, 129e6, 129M, 123Mi
```

注：123Mi=123*1 024*1 024B=128 974 848B=129M

这些资源都是在 kubelet 启动的节点上面，由 kubelet 负责上报的。节点定义的 Node Capacity 是每个节点固定的资源总和，除非硬件发生改变，譬如加装内存的情况，可以认为这是一个常量。System-Reserved 是为那些不属于 Kubernetes 管理的服务预留的资源，Kube-Reserved 是为 Kuberenets 自身组件预留的，最后就是可用于业务应用分配的资源 Kubelet Allocatable，公式如下：

```
[Allocatable] = [Node Capacity] - [Kube-Reserved] - [System-Reserved] -
[Hard-Eviction-Threshold]
```

其他的之前都已经介绍了，多了一个 Hard-Eviction-Threshold，这个的作用是为了提高节点的稳定性，Kubernetes 1.6 版本引入的驱赶策略，主要是为内存和磁盘不可压缩资源设置的。

由于物理资源很难穷尽，今天出现一个 GPU，明天出现一个 FPGA，新的资源和设备不断被添加。与 CSI 类似，Kubernetes 之前的版本也是将 GPU 放到 Kubernetes 的主干代码中，但这给后期的维护和扩展带来很多麻烦。从 1.8 版本之后，Kubernetes 提供了一种新的机制管理各种物理资源，即 Device Plugins。GPU 管理将在 1.11 版本后从主干代码中被移除。Device Plugins 采用 OutOfTree 设计模式，提供通用设备插件机制和标准的设备 API 接口。这样设备厂商只需要实现相应的 API 接口，无须修改 Kubelet 主干代码，就可以实现支持 GPU、FPGA、高性能 NIC、InfiniBand 等各种设备的扩展。

Device Plugins 启动时会调用 Kubelet 的 Register 接口（GRPC），将自己注册到 Kubelet 中，如图 9-2 所示。之后，Device Plugins 会启动一个 GRPC 服务，服务主要提供两个接口：ListAndWatch 和 Allocate。Kubelet 会调用 ListAndWatch 接口获取 Device Plugins 的状态信息，通过 Allocate 完成资源初始化如 GPU 清理或者 QRNG 初始化。

Device Plugins 需要在每台宿主机上面安装，所以在 Kubernetes 中通常采用 DaemonSet 的方式部署 Device Plugins。在 Device Plugins 正常运行后，Device Plugins 管理的设备便可以被 Kubernetes 识别，并当作扩展资源加入 scheduler 调度中。

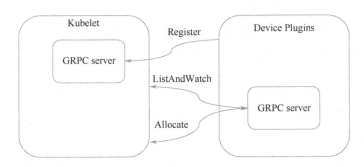

图 9-2　Device Plugins 启动示意图

9.5　Kubernetes 资源限制

Kubernetes 通过 Yaml 或者 json 的方式指定资源使用的上限和下限，这样每个 Pod 所占用的资源就能够被确定了。但 Pod 资源用量不是固定的，所以针对每个 Pod 的资源设定有个两个界限：request 和 limit，分别指定资源使用下限和上限。

9.5.1　内存

在 Kubernetes 里面启动容器，如果没有设置内存的限制，默认可以使用宿主机上面所有的内存，示例如下。

```
# kubectl run limit-test --image=busybox --command -- /bin/sh -c "sleep
3600"
```

创建一个没有内存限制的容器，可以通过以下命令查看。

```
# docker inspect  -f "{{.HostConfig.Memory}}"  ea155e97ada9
0
```

这里的 HostConfig.Memory 就是之前介绍的 docker run 启动容器使用的-m 参数设置的内存值，可以看到没有任何内存限制。接下来，深入看一下 cgroup 的设置。

```
# ps -ef|grep sleep
root    823260 823244  0 12:12 ?         00:00:00 sleep 3600
查看进程的cgroup
# cat /proc/823260/cgroup
9:memory:kubePods.slice/kubePods-besteffort.slice/kubePods-besteffor
```

```
t-Pod6af5187d_e30c_11e8_a386_0017a477045c.slice/docker-ea155e97ada91f7fe7285
53f0bef6722247ee5969bb9fb0a242d888e3da1be71.scope
```

　　进入cgroup挂载目录，至于为什么是besteffort将在后面QoS部分介绍

```
# cd
/sys/fs/cgroup/memory/kubePods.slice/kubePods-besteffort.slice/kubePods-best
effort-Pod6af5187d_e30c_11e8_a386_0017a477045c.slice/docker-ea155e97ada91f7f
e728553f0bef6722247ee5969bb9fb0a242d888e3da1be71.scope/
```

　　查看cgroup内存限制

```
# cat memory.limit_in_bytes
9223372036854771712
```

　　可以看到可以使用宿主上几乎所有的内存

```
# free -g
              total        used        free      shared  buff/cache
available
    Mem:         94           5          74           3          14
83
    Swap:         0           0           0
```

　　启动时，设置内存 request 和 limit 的命令如下。

```
    # kubectl run limit-test2 --image=busybox --limits
"memory=100Mi" --command -- /bin/sh -c "sleep 3500"
```

　　通过命令查看容器的内存设置。

```
resources:
  limits:
    memory: 100Mi
  requests:
    memory: 100Mi
```

　　这里有个小技巧，在设置 limit 时，Kubernetes 未设置 request，此时 requst 会等于 limit，所以上面的命令只设置了 limit。

　　还是和上面的例子一样，我们可以看到 docker 及 cgroup 的设置。

```
    # docker inspect  -f "{{.HostConfig.Memory}}" 740863ddc39b
    104857600
    # cd
/sys/fs/cgroup/memory/kubePods.slice/kubePods-burstable.slice/kubePods-burst
able-Podba482645_e315_11e8_a386_0017a477045c.slice/docker-740863ddc39b1d078f
```

```
eb78b8789c581e5bc4b68f9311e94b2fc7c2e662240f4f.scope/
查看内存限制
# cat memory.limit_in_bytes
104857600
```

内存的 limit 是通过 memory.limit_in_bytes 来设定的，读者可能认为 request 没有看到作用，其实 Kubernetes 里面 request 是没有保障的，那是不是说 request 没有用呢？当然不是，它的作用一方面是在调度时匹配物理资源，另一方面是为了在资源不足 OOM 时，终止对应的容器，具体内容后面介绍 QoS 机制时再详细阐述。

9.5.2　CPU

CPU 的设置可以是小数，因此，1 和 1 000m 是等价的，0.5 同理就是 500m。

CPU request 设定容器使用 CPU 的最低保障，对应的是通过 cgroup 的 cpu.shares 来设定的，而 CPU limit 是通过 cpu.cfs_period_us、cpu.cfs_quota_us 组合完成的。看下面的例子：

```
# kubectl run limit-test3 --image=busybox --limits "CPU=100m" --command
-- /bin/sh -c "sleep 3000"
```

此时，CPU 的 request 和 limit 都是 100m，即 0.1 个核的计算能力。

通过 docker 命令查看。

```
# docker inspect -f "{{.HostConfig.CPUPeriod}}"  4e9f8fa6b4
100000
# docker inspect -f "{{.HostConfig.CPUQuota}}"  4e9f8fa6b4
10000
```

查看 CPU 的限制。

```
# cd
/sys/fs/cgroup/cpu,cpuacct/kubePods.slice/kubePods-burstable.slice/kubePods-
burstable-Pod0367df90_e401_11e8_a386_0017a477045c.slice/docker-4e9f8fa6b4ed0
f22d9897e92c0485f15edcca75d1d7cdb153f9e792bc1097c64.scope/
# cat cpu.cfs_period_us
100000
# cat cpu.cfs_quota_us
10000
# cat cpu.shares
102
```

关于 limit 很容易理解，但 request 的 100m 为什么是 102 呢？之前容器实现内核部分已经介绍了 cpu.shares 是一个相对值，Kubernetes 通过 cpu.shares = (CPU requst in millicores * 1024) / 1000 的方式计算 shares 的值，由于每一个设置 request 的容器都使用相同的计算方式，这样保证了每一个容器设置 shares 值和容器设定的 request 的比值是等同的，保证了在 CPU 高负载情况下容器之间 CPU 的分配比例。

9.6　Kubernetes 编译

通过源代码编译 Kubernetes 命令如下。

```
# KUBE_BUILD_PLATFORMS=Linux/amd64  make clean && make WHAT=cmd/kubelet
```

其中，KUBE_BUILD_PLATFORMS 指定了编译的平台，可以指定 Linux 平台，也可以通过 Windows/amd64 指定 Windows 平台，WHAT 指定了编译 Kubernetes 哪个模块，例如 cmd/kubectl 编译 kubectl 模块。编译生成的二进制在 Kubernetes 的_output 目录下；如果是 Linux，则是：_output/.../Linux/amd64。

9.7　Kubernetes 安装

Kubernetes 的安装有很多方式，比如 minikube、kubeadm 等。其中，Kubernetes 原生的 kubeadm 方式是比较常用的，kubeadm 不仅支持 Kubernetes HA 的部署，而且可以升级 Kubernetes 集群版本。下面通过一个 kubeadm 的 Demo 演示如何通过 kubeadm 部署 Kubernetes 集群。

● 初始化机器。

（1）配置内核参数。

```
# cat <<EOF > /etc/sysctl.d/k8s.conf
net.bridge.bridge-nf-call-ip6tables = 1
net.bridge.bridge-nf-call-iptables = 1
net.ipv4.conf.all.forwarding = 1
vm.swappiness = 0
EOF
```

执行下面的命令使配置生效。

```
# sysctl -p /etc/sysctl.d/k8s.conf
```

Kubernetes1.8 以后，需要关闭系统的 Swap，否则 kubelet 将无法启动。

（2）禁用 selinux。

修改/etc/sysconfig/selinux 文件。

```
# sed -i 's/SELINUX=permissive/SELINUX=disabled/'
/etc/sysconfig/selinux
```

● 安装软件。

（1）配置 yum 源，主要配置 Docker 和 Kubernetes 的国内 yum 源。

```
# yum-config-manager --add-repo
https://download.docker.com/linux/centos/docker-ce.repo

# cat <<EOF > /etc/yum.repos.d/kubernetes.repo
[kubernetes]
name=Kubernetes
baseurl=https://mirrors.aliyun.com/kubernetes/yum/repos/kubernetes-el
7-x86_64
enabled=1
gpgcheck=0
EOF
```

（2）安装 Docker 和 Kubelet。

```
# yum -y install docker-ce
# systemctl enable docker && systemctl start docker
# yum -y install kubelet kubeadm kubectl kubernetes-cni
# systemctl enable kubelet && systemctl start kubelet
```

● 下载镜像。

由于 kubeadm 使用的是 Google 镜像，在国内无法直接使用，需要预先下载并修改镜像名称。

```
# docker pull mirrorgooglecontainers/kube-apiserver:v1.14.2
# docker pull mirrorgooglecontainers/kube-controller-manager:v1.14.2
# docker pull mirrorgooglecontainers/kube-scheduler:v1.14.2
# docker pull mirrorgooglecontainers/kube-proxy:v1.14.2
```

```
# docker pull mirrorgooglecontainers/pause:3.1
# docker pull mirrorgooglecontainers/etcd:3.3.10
# docker pull coredns/coredns:1.3.1
# docker tag mirrorgooglecontainers/kube-apiserver:v1.14.2
k8s.gcr.io/kube-apiserver:v1.14.2
# docker tag mirrorgooglecontainers/kube-controller-manager:v1.14.2
k8s.gcr.io/kube-controller-manager:v1.14.2
# docker tag mirrorgooglecontainers/kube-scheduler:v1.14.2
k8s.gcr.io/kube-scheduler:v1.14.2
# docker tag mirrorgooglecontainers/kube-proxy:v1.14.2
k8s.gcr.io/kube-proxy:v1.14.2
# docker tag mirrorgooglecontainers/pause:3.1 k8s.gcr.io/pause:3.1
# docker tag mirrorgooglecontainers/etcd:3.3.10 k8s.gcr.io/etcd:3.3.10
# docker tag docker.io/coredns/coredns:1.3.1 k8s.gcr.io/coredns:1.3.1
```

● 　启动 master。

（1）先初始化整个集群配置，其中，pod-network-cidr 指定 Pod 网段。

```
# kubeadm init  --pod-network-cidr=10.244.0.0/16
.  .
kubeadm join 10.143.151.188:6443 --token u91kn6.patlkgx2pfgvr2un \
    --discovery-token-ca-cert-Hash
sha256:b47c5fd296d512246bc9223b8dcf4dd63c10afdc900cbaf9f61cb53d1b2e3d68
```

初始化成功后，会生成上面的添加集群的命令。请先保存这个命令。

（2）添加 Flannel 网络插件。

```
# echo "export KUBECONFIG=/etc/kubernetes/admin.conf" >> ~/.bash_profile
# kubectl apply -f
https://raw.githubusercontent.com/coreos/flannel/62e44c867a2846fefb68bd5f178
daf4da3095ccb/Documentation/kube-flannel.yml
```

上面的 Yaml 文件主要是通过 Daemset 的方式在每个节点上面启动 Flannel 的容器。

● 　添加计算节点

通过上面生成的命令，在每个计算节点上面执行，将计算节点注册到 master。

```
# kubeadm join 10.143.151.188:6443 --token u91kn6.patlkgx2pfgvr2un \
    --discovery-token-ca-cert-Hash
sha256:b47c5fd296d512246bc9223b8dcf4dd63c10afdc900cbaf9f61cb53d1b2e3d68
```

之后便可以在 master 上面通过 "kubect get node" 获取所有节点信息。上面演示的是正

常的集群部署流程，安装过程可能还会出现一些意外情况。下面针对常见的故障进行简单分析：

（1）kubeadm init 执行时提示：WARNING: ethtool not found in system path，需要通过 "yum/apt install ebtables ethtool" 安装这两个工具。

（2）通过 "kubeadm reset" 重建时，如果命令卡住，需要重启 Docker 后再执行。

（3）上面 join 的 token 有效期为24小时，如果后续还需要添加主机，需要重新创建 token。具体命令如下，分别生产 token 和证书的 Hash 值。

```
# kubeadm token create
# openssl x509 -pubkey -in /etc/kubernetes/pki/ca.crt | openssl rsa -pubin
-outform der 2>/dev/null | openssl dgst -sha256 -hex | sed 's/^.* //'
```

为了开发方便，除了上面介绍的 kubeadm，社区还提供了 Minikube 的安装方式。它的本质是通过虚拟机运行 Kubernetes 集群。所以，如果是 MAC 则需要安装 VirtualBox 或 VMware Fusion。如果是 Linux，则需要安装 VirtualBox 或 KVM。如果是 Windows，则需要相应地安装 VirtualBox 或 Hyper-V 这些虚拟化软件。通过阿里云可以下载 Minikube。

```
# curl -Lo minikube
http://Kubernetes.oss-cn-hangzhou.aliyuncs.com/minikube/releases/v0.30.0/min
ikube-Linux-amd64 && chmod +x minikube && sudo mv minikube /usr/local/bin/
```

本质上，Minikube 是通过 docker machine 启动的，所以还需要安装 docker machine 驱动。如果使用 KVM2，则需要安装 docker-machine-driver-KVM2。如果是 xhyve，则需要安装 docker-machine-driver-hyperkit，最后启动 Minikube。

```
# minikube start --registry-mirror=https://registry.docker-cn.com
--Kubernetes-version v1.12.1 --vm-driver=KVM2
```

当出现如图 9-3 所示的启动界面，说明集群安装成功。

```
[root@localhost tmp]# minikube start --registry-mirror=https://registry.docker-cn.com --kubernetes-version v1.12.1 --vm-driver=kvm2
Starting local Kubernetes v1.12.1 cluster...
Starting VM...
Getting VM IP address...
Moving files into cluster...
Downloading kubeadm v1.12.1
Downloading kubelet v1.12.1
Finished Downloading kubeadm v1.12.1
Finished Downloading kubelet v1.12.1
Setting up certs...
Connecting to cluster...
Setting up kubeconfig...
Starting cluster components...
Kubectl is now configured to use the cluster.
```

图 9-3　启动界面

Minikube 原理示意图，如图 9-4 所示，其本质是 docker machine 启动了一台虚拟机，然后通过 kubeadm 方式启动 Kubernetes 相关组件。

如果是本地源码开发，在安装对应的 Go 开发环境后，可以采用 Kubernetes 源码目录下 hack/ local-up-cluster.sh 脚本编译，并且启动一个 Kubernetes 开发环境，执行成功会生成如图 9-5 所示的启动界面。

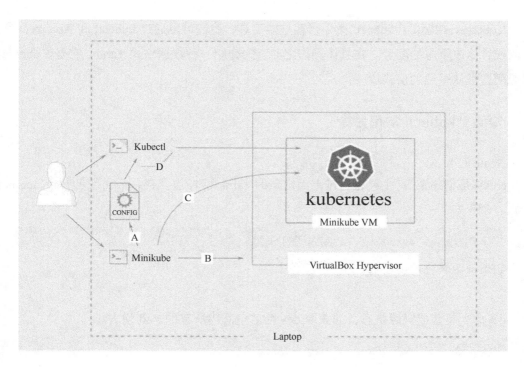

图 9-4　Minikube 原理示意图

```
Local Kubernetes cluster is running. Press Ctrl-C to shut it down.

Logs:
  /tmp/kube-apiserver.log
  /tmp/kube-controller-manager.log

  /tmp/kube-proxy.log
  /tmp/kube-scheduler.log
  /tmp/kubelet.log

To start using your cluster, you can open up another terminal/tab and run:

  export KUBECONFIG=/var/run/kubernetes/admin.kubeconfig
  cluster/kubectl.sh

Alternatively, you can write to the default kubeconfig:

  export KUBERNETES_PROVIDER=local

  cluster/kubectl.sh config set-cluster local --server=https://localhost:6443 --certificate-authority=/var/run/kubernetes/server-ca.crt
  cluster/kubectl.sh config set-credentials myself --client-key=/var/run/kubernetes/client-admin.key --client-certificate=/var/run/kubernetes/client-adm
in.crt
  cluster/kubectl.sh config set-context local --cluster=local --user=myself
  cluster/kubectl.sh config use-context local
  cluster/kubectl.sh
```

图 9-5　启动界面

下面通过 export KUBECONFIG=/var/run/Kubernetes/admin.kubeconfig 设置 kubeconfig，就可以使用 kubectl 很方便地进行调试了。

9.8　Kubernetes 运维

Kubernetes 提供了 kubectl 命令行客户端工具，我们可以通过 kubectl 和 Apiserver 交互获取或者修改资源的配置。在具体操作之前，先介绍一种数据格式 Yaml，它是 Kubernetes 资源配置默认采用的格式。

9.8.1　kubectl 常用命令

create

create 是创建资源，主要是通过上面定义的 Yaml 文件（也支持 json 文件）创建 Kubernetes 资源。命令如下：

```
# kubectl create -f 指定yaml文件
```

如果资源名称冲突将会产生错误。

get

get 命令是获取资源状态，如获取 dev 命名空间内所有的 Pod 列表。

```
# kubectl get pods -n dev -owide
```

其中，-owide 会显示 Pod IP 及所在宿主机等详细信息。

describe

get 命令是获取资源的概览信息的，如果想要了解资源的详细情况，可以通过 describe 命令，例如获取一个 Pod 详细情况可以用下面命令。

```
# kubectl describe pod eded-1553526000-g29kx -ndev
```

从 describe 结果可以清楚地了解到当前 Pod 配置详情及当前所处状态，在故障排查时非常重要。

delete

delete 命令是删除资源，比如删除某一个 Pod。

```
# kubectl delete pods eded-1553526000-7v8lr -n dev --grace-period=0
--force=true
```

其中，grace-period 指定优雅关闭时间，force 表示是否强制删除。如果非强制删除，kubectl 会一直同步等待 Pod 被删除后才结束，如果希望异步删除，可以添加--wait=false 参数。

从 Kubernetes1.14 版本之后支持跨 namespace 删除资源，例如：

```
kubectl delete xxx --all-namespaces
```

exec

exec 命令和 docker 的 exec 命令非常相似，都是进入容器内部执行命令。

```
# kubectl exec -it  eded-1553526000-g29kx sh -ndev
```

这里 sh 是进入容器后执行的命令，此时必须保证容器内安装了 shell，否则将抛出容器内没有对应命令的错误。

cp

cp 是拷贝指令，可以将本地文件拷贝到容器里面，也可以支持反向拷贝。如果希望将本地文件 a 拷贝到 Pod 的 tmp 目录下，可以执行以下命令。

```
# kubectl cp a eded-1553526000-g29kx:/tmp/ -n dev
```

cp 方法的本质是通过 exec 执行 tar 命令，所以容器必须内置 tar，否则将无法完成拷贝。如果从容器内拷贝文件到本地，首先在容器内执行"tar cf - 文件"，将文件归档后直接通过标准输出发送到本地。相反，如果是上传文件到容器，则是在容器内执行"tar -xf - -C 文件"解压归档文件。

从 Kubernetes1.14 版本以后支持通配符拷贝，允许一次拷贝多个文件。

logs

如果希望查看容器的标准输出，和 docker logs 命令相似，可以通过 kubectl logs 查看，具体命令如下。

```
# kubectl logs -f --tail=200  eded-1553526000-g29kx  -ndev
```

其中，-f 是指通过流的方式持续获取日志，tail 则是显示最后有多少行日志。

edit

edit 命令可以修改资源的 Yaml 文件。如果想对一个 deployment 的 Yaml 进行修改可以执行此命令，会进入一个 vi 的编辑页面。

```
# kubectl edit  deploy testdeploy  -ndev
```

编辑完执行:wq 保存并退出后，deployment 将会立刻生效。

除了 edit 命令以外，还可以通过 patch、replace、apply 等方式修改资源配置文件。其中，patch 是以打补丁的方式修改（提供一个 Yaml 或者 json 的补丁文件）的，并且支持 merge 操作；replace 命令相对于 patch 命令提供了补丁文件，replace 则需要提供全量的更新文件；apply 则更加灵活，如果生命资源不存在则创建资源，如果已存在，则更新资源。

cordon 和 uncordon

cordon 和 uncordon 是一对互逆操作，分别将节点置为"非调度"和"允许调度"状态。当我们在维护主机时，通常需要将节点设置为"非调度"状态，避免新的 Pod 分配到该主机上。如果需要立刻驱逐本节点上的 Pod，可以通过 drain 将主机标记为维护状态，那么这个上面运行的 Pod 将会被驱逐到其他节点重新创建。

9.8.2 Etcd 监控和备份

Kubernetes 在运维方面首先需要关心的是 Etcd。Etcd 是一个高可靠、分布式的键值存储系统，Kubernetes 的设计基本都是围绕 Etcd 设计的，可谓成也 Etcd，败也 Etcd。Etcd 负责 Kubernetes 集群的数据存储，提供了集群数据一致性保证及监测（watch）等机制，是整个集群的核心，但由于 Etcd 本身的性能限制，制约了 Kubernetes 集群的规模，当前官宣的最大节点数是 5 000，但目前原生 Kubernetes 在生产环境中基本都不超过 3 000 个节点，所以针对 Etcd 的监控尤为重要。在生产环境中，可以通过 Prometheus 很好地监控 Etcd 的状态，主要监控指标如下。

（1）leader 的切换频次。

当 Etcd 通过 raft 协议选举出 leader 后，leader 应该是固定不变的。如果 leader 一直发生切换，是非常不稳定的。Etcd 提供了 etcd_server_leader_changes_seen_total 指标，表示 Etcd 的 leader 切换次数。生产环境如果在一个小时内发生超过三次的 leader 切换，需要发出告警。

（2）提交失败次数。

Etcd 是一种基于日志的存储系统，无论是选主节点，还是数据存储都需要集群内大部分节点参与。在分布式系统中数据提交（proposal）失败的情况会大大增加。Etcd 通过 etcd_server_proposals_committed_total（已提交）、etcd_server_proposals_failed_total（提交失败）、etcd_server_proposals_pending（等待提交）表示集群的提交情况或生产环境。如果集群在一个小时内 5 次提交失败，可以认为是异常情况。

（3）数据写入性能。

Kubernetes 集群规模如果超过了两百台，建议 Etcd 加装 SSD 硬盘，这样性能会提升很

多。Etcd 的性能主要取决于磁盘的读写性能，每次数据提交分离，follow 节点都必须落盘后才回复 leader 节点。Etcd 提供了 etcd_disk_wal_fsync_duration_seconds_bucket（wal 日志同步磁盘耗时）和 etcd_disk_backend_commit_duration_seconds_bucket（数据提交写入耗时）。为了避免常委效应，这两个指标通常使用分位指标告警。如果 0.99 分位的 wal 日志磁盘同步超过 0.5ms 或者 0.99 分位的数据提交写入超过 0.25ms，则发出告警。

（4）grpc 指标。

无论是 Etcd 节点之间的交互，还是客户端连接 Etcd，v3 版本的 API 已经全部切换到 grpc。相比 http 方式，grpc 有更高的性能。Etcd 通过 etcd_grpc_requests_failed_total 指标表示 grpc 请求失败的次数，除以 etcd_grpc_total（grpc 请求总数）得出失败率。如果大于 0.1 可以认为请求的失败次数过多，应该提醒注意。

9.8.3　节点维护

9.8.3.1　驱赶参数

当计算节点（安装 kubelet 的节点）资源不足时，会触发驱赶行为。驱赶行为的触发条件主要包括 memory.available 可用内存、nodefs.available 文件系统剩余空间、nodefs.inodesFree 文件系统剩余 Inode 等、imagefs.available 镜像文件系统剩余空间、imagefs.inodesFree 镜像文件系统剩余 Inode 等。其中，镜像文件系统主要保存镜像分层及运行时最上面的读写层。kubelet 可以针对这些指标设置软阈值和硬阈值。所谓的软阈值是指当达到阈值后触发关闭，逐步迁移，而硬阈值则是强制关闭容器，驱赶到其他节点运行。所以，软阈值相对于硬阈值设置的数值要稍大，针对可用内存 memory.available，通常软阈值为 1.5Gi，而硬阈值为 0.5Gi。

当某个资源出现不足后，节点将会发出驱赶策略，并标记节点状态为 MemoryPressure 内存压力或者 DiskPressure 磁盘压力。当回收部分资源后（删除无用的镜像、回收死亡的容器、删除低优先级的 Pod），节点将重新标记为正常运行，并重新接收新 Pod 创建，那么也可能会出现资源不足的情况。为了避免节点一直处于频繁切换"资源不足"和"资源充足"状态，kubelet 通过两种机制保证，一是通过 eviction-minimum-reclaim 指定一次回收中至少回收的资源，另一个是通过 eviction-pressure-transition-period 设置延迟周期，需要计算节点保持"资源充足"的状态超过 eviction-pressure-transition-period 设定时间后，才可以将节点设置为"资源充足"状态。

第 10 章 | Kubernetes 进阶

Chapter Ten

10.1 Kubernetes 组件分析

　　Kubernetes 的节点包含两种角色：Master 节点和 Node 节点。Master 节点上面部署 apiserver、scheduler、controller manager(replication controller、node controller 等)，Node 节点上面部署 kubelet 和 proxy。当然也可以将它们部署到一起，只是生产环境通常不建议这样做。Kubernetes 整体架构如图 10-1 所示。

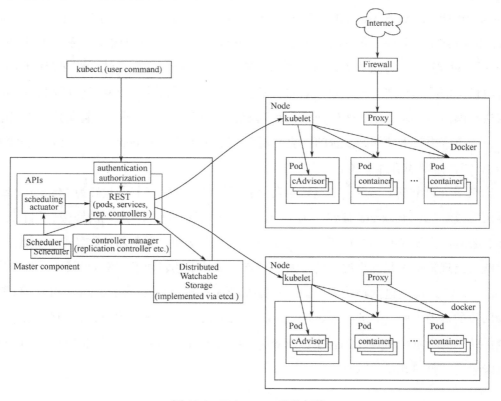

图 10-1　Kubernetes 整体架构

10.1.1　Apiserver

Apiserver 是 Kubernetes 最核心的组件，它是整个集群 API 的入口，每个组件都需要和它交互。Kubernetes 所有资源数据都是通过 Apiserver 保存到后端 Etcd 的，当然它本身还提供了对资源的缓存。它本身是无状态的，所以在集群的高可用部署中，可以部署成多活。

Kubernetes API 接口主要分为组、版本和资源三层，接口层次如图 10-2 所示。对于 "/apis/batch/v1/jobs" 接口，batch 是组，v1 是版本，jobs 是资源。Kubernetes 的核心资源都放在 "/api" 接口下，扩展的接口放在 "/apis" 下。

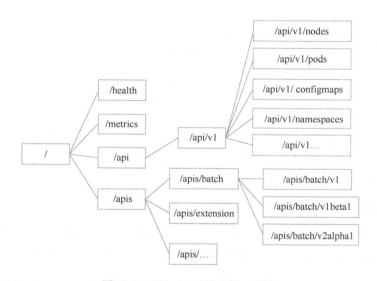

图 10-2　Kubernetes API 接口层次

Kubernetes 资源会同时存在多个版本。当新的资源接口刚加入还不成熟时，通常会使用 alpha 版本，伴随着充分测试逐渐成熟后会变更为 beta 版本，最终稳定版本将会使用 vx 版本。譬如 job 这个资源当前在 "/apis/batch/v2alpha1" 和 "/apis/batch/v1beta1" 中都存在，但伴随着该功能的完善，后期将会迁移到 v1 或者 v2 版本下。

Apiserver 启动后会将每个版本的接口都注册到一个核心的路由分发器（Mux）中。当客户端请求到达 Apiserver 后，首先经过 Authentication 认证和 Authorization 授权。认证支持 Basic、Token 及证书认证等。授权目前默认使用的是 RBAC。经过路由分发到指定的接口，为了兼容多个资源版本，请求的不同版本的资源类型会统一转化为一个内部资源类型，然后进入 Admission 准入控制和 Validation 资源校验，在准入控制采用插件机制，用户可以定义自己的注入控制器验证，并更改资源配置。资源校验主要是验证参数是否合法，必传参数是否齐备等。最后再转化到用户最初的资源版本，并保存到 Etcd 中。Apiserver 请求处理流程图如图 10-3 所示。

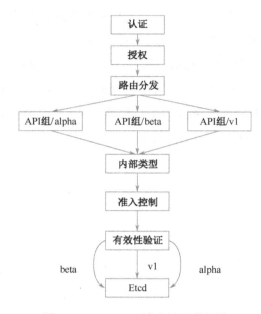

图 10-3　Apiserver 请求处理流程图

为了将外部传入不同版本的资源类型统一转化为对应的内部类型，需要这个内部资源类型能够兼容不同版本的外部资源。图 10-4 所示为截取 autoscaling 部分代码结构图。内部的版本定义在 types.go 文件中。如果是其他版本和内部版本之间转化可以通过自动生成的 zz_generated.conversion.go 或者自定义的 conversion.go 完成。由于 v2beta2 版本的 autoscaling 可以直接转化为内部 autoscaling，而 v1 版本的 autoscaling 并不支持多指标（只能根据 CPU 扩容），所以需要在 conversion.go 中将 CPU 指标当作多指标中的一个指标进行处理。

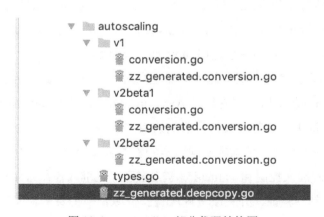

图 10-4　autoscaling 部分代码结构图

10.1.2 Controller manager

Controller manager 是真正负责资源管理的组件，它主要负责容器的副本数管理、节点状态维护、节点网段分配等。它是 Kubernetes 负责实现生命式 API 和控制器模式的核心。以 ReplicaSet 为例，它会周期地检测理想的"目标容器数"和真实的"当前容器数"是否相同。如果不相等，则会将实际的容器数调整到目标容器数。当设置一个 ReplicaSet 的副本数为 10 的时候，如果实际的容器数小于 10，则会执行调用 Apiserver 创建 Pod。如果当前容器数大于 10，则会执行删除 Pod 操作。ReplicaSet 检测过程如图 10-5 所示。

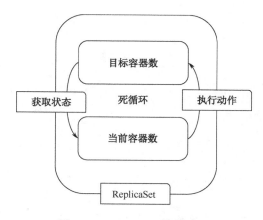

图 10-5 ReplicaSet 检测过程

10.1.3 Scheduler

Scheduler 负责容器调度组件。每个 Pod 最终需要在一台 node 节点上启动，通过 Scheduler 调度组件的筛选、打分，可以选择出 Pod 启动的最佳节点。当 Pod 创建后，Pod 的 NodeName 属性为空，Scheduler 会查询所有 NodeName 为空的 Pod，并执行调度策略。选择最优的放置节点后，调用 Apiserver 绑定 Pod 对应的主机（设置 Pod NodeName 属性）。当绑定过后，对应节点的 Kubelet 便可以启动容器。

Scheduler 的调度过程分为两个步骤。第一步是筛选（Predicate），筛选满足需要的节点。筛选的条件主要包括（1）Pod 所需的资源（CPU、内存、GPU 等）；（2）端口是否冲突（主要是针对 Pod HostPort 端口和主机上面已有端口）；（3）nodeSelector 及亲和性（Pod 亲和性和 Node 亲和性）；（4）如果使用本地存储，那么 Pod 在调度时，将只会调度存储绑定的节点；（5）节点的驱赶策略，节点可以通过 taint（污点）设置驱赶 Pod 策略，对应的 Pod 也可以设置 Toleration（容忍）。第二步是根据资源分配算法排序打分（Priorities），最终选择得分最高的节点作为最终的调度节点，主要调度策略包括 LeastRequestedPriority（最少资源请求算法）、BalancedResourceAllocation（均衡资源使用算法）、ImageLocalityPriority（镜像本地优先算法）和 NodeAffinityPriority（主机亲和算法）等。为了归一化每种算法的权重，每种算法取值范围都是 0 ~ 10，最终累加所有算法的总和，取得分最大的主机作为 Pod 的运行主机。为了提高调度的效率，Scheduler 的 Predicate 和 Priorities 采用了并行调度。除此之外，Scheduler 组件本地维护了一个调度队列和本地缓存，调度队列暂存了需要被调度的 Pod，还可以调整调度的先后顺序。本地缓存主要是缓存 Pod 和 Node 信息，这样可以避免每次调度时都要从 Apiserver 获取主机信息。调度流程图如图 10-6 所示。

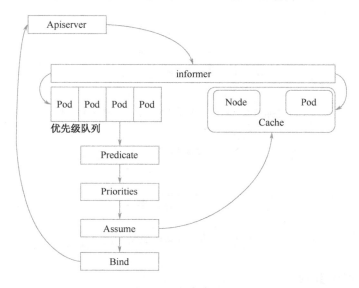

图 10-6　调度流程图

为了提高调度效率，Scheduler 采用了乐观锁。具体来说 Predicate 和 Priorities 都是并行操作的，那么有可能会出现数据的不一致，即 Pod 调度时主机上面资源是符合要求的。当容器启动时，由于其他容器也调度到该节点导致资源又不满足要求了。所以，在 Kubelet 启动容器之前首先执行一遍审计（在 Kubelet 上重新执行一遍 Predicate）操作，确认资源充足才会启动容器，否则将更新 Pod 状态为 Failed。

下面以 Pod 资源使用为例，Pod 通过 request 和 limit 的定义资源使用的下限和上限。Scheduler 会累加 Pod 中每个容器的资源申请量，作为 Pod 的资源申请量。这里需要注意的是 Initcontainer 容器的资源用量，由于它只是在运行业务容器之前启动一段时间，并不会累加到 Pod 总资源申请量中，因此只是影响 Pod 资源申请的最大值，如下所示。

```
InitContainers
```

```
      IC1:
        CPU: 2
        Memory: 1G
      IC2:
        CPU: 2
        Memory: 3G
    Containers
      C1:
        CPU: 2
        Memory: 1G
      C2:
        CPU: 1
        Memory: 1G
```

最终得出这个 Pod 总的资源申请量为：CPU: 3，Memory: 3G。其中，CPU 为 3，两个业务容器 CPU 申请之和，大于任何一个 InitContainers 的 CPU，而内存的 3G 来自 InitContainers 的内存申请。

Scheduler 是典型的单体调度。为了支持高可用，在部署的时候可以部署多个 Scheduler，但只有一个 Scheduler 处于 Active 状态，其他都为 Standby 状态。当处于 Active 状态的 Scheduler 宕机后，由于无法续约，会从 Etcd 中摘除，其他 Scheduler 节点便可以通过争抢注册 Etcd 的方式获得调度权限。

10.1.4　Kubelet

Kubelet 是具体干活的组件，它接收 Apiserver 分配的启动容器的任务，然后拉起容器。当然，如果收到销毁指令，同样会执行删除容器的操作。本地镜像也是由 Kubelet 负责维护，配合 GC 机制，删除无用的镜像和容器。除此之外，它还需要定时向 Apiserver 上报自己的状态，一方面告知 Apiserver 自身还存活着，另一方面为了将本节点的 Pod 状态、存储使用等信息上报到 Apiserver。

Kubelet 启动一个主线程，用于保持和 Apiserver 的通信，主线程不能被阻塞，否则将无法定时完成上报，导致 Apiserver 将该节点设置为 NotReady 状态。所以，Kubelet 会启动很多协程用于检测节点状态，回收废旧资源，驱赶低优先级 Pod，探测 Pod 健康状态等。syncLoop 是 Kubelet 的核心，它通过一个死循环不断接收来自 Pod 的变化信息，并通过各种 Manger 执行对应的操作，如图 10-7 所示。

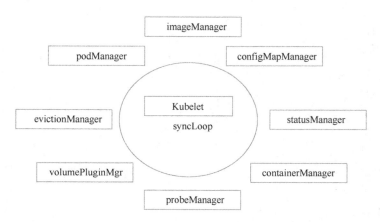

图 10-7　syncLoop 执行的各类操作

10.1.5　Kube-proxy

Kube-proxy 是代理服务，它可以为 Kubernetes 的 Service 提供负载均衡。本质上是 iptables 或者 ipvs 实现的。Kubernetes 将服务和 Pod 通过标签的方式关联到一起，通过服务的标签筛选找到后端的 Pod，但服务的后端并非直接关联 Pod，而是通过 Endpoint（端点）关联。Endpoint 可以理解成"Pod 地址:Pod 端口"的组合，一个 Endpoint 可以加入多个服务中。

下面将通过一个服务的案例阐述 kube-proxy 如何生成 iptables 规则的。当我们创建一个服务后，默认情况下，Kubernetes 会为每个服务生成一个集群虚 IP。通过访问该 IP 便可以采用负载均衡的方式访问后端 Pod 中的服务。下面是一个服务的 Yaml 文件，服务通过端口 8080 对内提供服务，通过端口 31341 对外提供服务，并通过 paas.io/serviceName 选择后端容器。

```
apiVersion: v1
kind: Service
metadata:
  labels:
    paas.io/serviceName: devpaasy
  name: devpaasy
  namespace: dev
spec:
  clusterIP: 10.0.0.41
  ports:
  - name: "port1"
    nodePort: 31341
```

```
        port: 8080
        protocol: TCP
        targetPort: 8080
    selector:
        paas.io/serviceName: devpaasy
```

可以看到符合该标签的两个 Pod。

```
# kubectl get Pod -ndev -l paas.io/serviceName=devpaasy
devpaasy-74b5887574-gw6n5   1/1     Running   0         37h
devpaasy-74b5887574-zbfw7   1/1     Running   0         37h
```

那么这会在每台机器上生产如下 iptables 规则。

（1）将进来及出去的流量都转到 KUBE-SERVICES 链上。

```
    -A PREROUTING -m comment --comment "Kubernetes service portals" -j
KUBE-SERVICES
    -A OUTPUT -m comment --comment "Kubernetes service portals" -j
KUBE-SERVICES
```

（2）目标是虚 IP（10.0.0.41）或者访问 NodePort 的流量都转发到 KUBE-SVC-HDARFCJAQENGWQ37 链上。

```
    -A KUBE-SERVICES -d 10.0.0.41/32 -p tcp -m comment --comment
"dev/devpaasy:31341 cluster IP" -m tcp --dport 8080 -j KUBE-SVC-HDARFCJAQENGWQ37
    -A KUBE-NODEPORTS -p tcp -m comment --comment "dev/devpaasy:31341" -m tcp
--dport 31341 -j KUBE-SVC-HDARFCJAQENGWQ37
```

（3）KUBE-SVC-HDARFCJAQENGWQ37 链通过 iptables 的随机模块分发流量，第一个是 50%，第二个是 100%。如果后端有 3 个 Pod，那么比例将会是 33%、50%、100%，以此类推。

```
    -A KUBE-SVC-HDARFCJAQENGWQ37 -m statistic --mode random --probability
0.50000000000 -j KUBE-SEP-6CMVSYBMZCJCMDKX
    -A KUBE-SVC-HDARFCJAQENGWQ37 -j KUBE-SEP-RCGI7N4AHLHE74AR
```

（4）最终通过 DNAT 进入容器。

```
    -A KUBE-SEP-6CMVSYBMZCJCMDKX -p tcp -m tcp -j DNAT --to-destination
10.251.19.12:8080
    -A KUBE-SEP-RCGI7N4AHLHE74AR -p tcp -m tcp -j DNAT --to-destination
10.251.19.8:8080
```

下面通过一个 Deployment 的启动将整个流程串起来，可以通过 Yaml 文件，也可以通过 kubectl run(eg: kubectl run nginx --image=nginx --replicas=5)命令去创建一个 Deployment。这个请求先到达 Apiserver，Apiserver 负责保存到 Etcd，Controller manager 中的 Deployment 控制器会监测到有一个 Deployment 被创建，此时会创建相应的 ReplicaSet，ReplicaSet 的控制器也会监测到有新的 ReplicaSet 创建这个事情，会根据相应的副本数调用 Apiserver 创建 Pod。此时的 Pod 的主机字段是空的，因为还不知道将要在哪台机器上面启动，然后 Scheduler 开始介入，调度没有分配主机的 Pod，通过预先设定的调度规则，包括节点标签匹配、资源使用量等选择出最合适的一台机器，在通过 apiserver 的 bind 请求将 Pod 的主机字段设置完成。那么 Kubelet 也监测到属于自己的节点有新容器创建的事件，于是便拉起一个容器，并上报给 apiserver 容器的状态。

除了上面介绍的基本组件，还有一些其他组件，如 cloud-controller-manager，这个是在 Kubernetes 1.6 后面添加的，主要负责与 IaaS 云管理平台进行交互，主要是 GCE 和 AWS。Kubernetes 大部分部署目前都是在公有云环境中。Cloud-controller-manager 通过调用云 API 获取计算节点状态，通过与云中负载均衡器交互，创建及销毁负载均衡，并且还可以支持云中存储的创建、挂载及销毁，主要是利用 IaaS 的能力扩展和增强 Kubernetes 的功能。

10.2 将数据注入容器

为了提高程序的可维护性，通过配置调整代码的依赖环境和业务逻辑，通常将代码和配置分离。Kubernetes 有多种方式将数据注入容器内。

10.2.1 环境变量

环境变量是最经常使用的一种配置注入方式，也是 Docker 和 Kubernetes 最佳实践推荐的一种配置注入方式。容器启动时，Kubernetes 会将预先设置的环境变量注入容器内。如可以通过下面的方式为应用指定 Redis 连接地址。

```
env:
- name: REDIS_MASTER
  value: "10.10.10.10"
```

通过修改环境变量可以很方便地切换 Redis 地址。Kubernetes 还可以将 configmap 转化为环境变量的方式注入容器里面，如下所示。

```
        env:
        - name: SPECIAL_LEVEL_KEY
          valueFrom:
            configMapKeyRef:
              name: special-config
              key: special.how
```

除了上面的静态配置方式，Kubernetes 还支持 Downward API 动态注入。所谓动态注入是部分属性在 Pod 启动时才能确定的，譬如通过 valueFrom 方法，注入 Pod 所在宿主机名称（MY_NODE_NAME），以及 Pod IP（MY_Pod_IP）。

```
        - name: MY_NODE_NAME
          valueFrom:
            fieldRef:
              fieldPath: spec.nodeName
        - name: MY_Pod_IP
          valueFrom:
            fieldRef:
              fieldPath: status.PodIP
```

除此之外，还可以动态注入容器的资源限额。如果 CPU 使用下限和上限 requests.cpu、limits.cpu，以及内存使用的下限和上限 requests.memory、limits.memory，这种注入非常实用。在容器内启动 JVM 时，由于 JVM 并不知道自己运行在容器环境里，很容易导致 OOM。通常的做法是将容器的资源配置通过 Downward API 注入容器环境变量，并加入 JVM 启动参数中。

通过 Downward API 设置的环境变量在每次容器启动前都会重新获取最新的环境变量，譬如修改容器的 CPU 上限 limits.cpu，容器重建后将载入新的环境变量，非常灵活。

10.2.2　配置文件

通过 configmap 或者 secret 可以将配置文件或者私密文件通过文件挂载方式注入容器内。configmap 可以通过 Yaml 或者命令行的方式创建，如下所示。

```
    # kubectl create configmap my-config --from-file=key1=/path/to/file1.txt
--from-file=key2=/path/to/file2.txt
```

之后便可以像挂载存储一样挂载配置文件到指定的目录下面。这里的挂载方式有两种情况，如果是以目录方式挂载 configmap，当 configmap 内容发生变化时，则会自动刷新（会有几秒的延迟）到容器里面。如果是以 subpath 挂载 configmap 中单个文件的时候，则需要

重建 Pod 才能生效。虽然 configmap 能够自动刷新配置文件，但应用需要支持热加载功能，这里可以通过 fsnotify 等工具监测文件的变化。如果有变化，则调用自动刷新接口或者发送 USR1 信号刷新配置。

secret 主要挂载一些私密文件，如密码口令、秘钥等敏感信息。secret 会通过 base64 加密用户提交的敏感信息，并在挂载到容器时将数据反 base64 解密。Kubernetes 默认为每一个命名空间都创建一个 default 的 secret，并挂载到 /var/run/secrets/Kubernetes.io/serviceaccount 目录下，该 secret 主要是为容器内应用访问 Kubernetes API 提供安全凭证的，secret 主要包含三个文件：ca 证书、命名空间和访问 token。

10.3　Pod 生命周期

Pod 从启动到终止经过了很多流程,图 10-8 展现了一个 Pod 从启动到结束的中间过程,并执行相应的钩子函数。在业务容器启动之前，首先会运行 Initcontainer 容器，并在容器启动时执行 PostStart Hook，在容器关闭时执行 PreStop Hook。

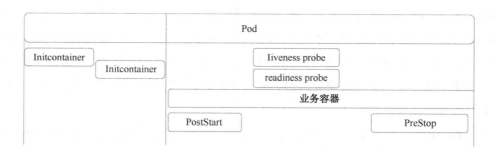

图 10-8　Pod 启动到结束的中间过程

10.3.1　Initcontainer

顾名思义，Initcontainer 是一个初始化容器，它是在业务容器启动之前运行的，执行一些初始化任务。在 Pod 中可以设置多个 initcontainer，Kubelet 会串行地执行完每个 initcontainer 后才会拉起业务容器。下面的例子中，initcontainer 和业务容器共享一个本地存储，initcontainer 首先启动下载 HTML 页面，并保存至 work-dir 目录，然后启动业务容器 nginx，并加载这个 HTML 页面。

```
apiVersion: v1
kind: Pod
```

```
metadata:
  name: init-demo
spec:
  containers:
  - name: nginx
    image: nginx
    ports:
    - containerPort: 80
    volumeMounts:
    - name: workdir
      mountPath: /usr/share/nginx/html
  initContainers:
  - name: install
    image: busybox
    command:
    - wget
    - "-O"
    - "/work-dir/index.html"
    - http://Kubernetes.io
    volumeMounts:
    - name: workdir
      mountPath: "/work-dir"
  dnsPolicy: Default
  volumes:
  - name: workdir
emptyDir: {}
```

通过 initcontainer 可以完成应用的初始化工作，譬如配置文件修改、启动前依赖检测、下载资源等操作。只有在所有的 initcontainer 都执行成功后 Pod 的状态才会变为 Ready，如果 initcontainer 执行失败，会导致整个 Pod 重启（restartPolicy 设置为 always）。

10.3.2　探针

如果容器直接启动失败（如业务进程异常退出），那么 Kubelet 会尝试在本机重启容器，尝试间隔时间按照指数递增（10s，20s，40s...），最长不超过 5 分钟。

当业务容器启动成功后，Kubelet 只能知道容器已经处于运行状态，但容器里面运行应用的真实状态就不得而知了。为此，Kubelet 引入了探针机制，Kubelet 支持两种探针 LivenessProbe 和 ReadinessProbe。

LivenessProbe（存活探针）：探测容器中的应用是否正在运行。如果存活探测失败，Kubelet 会终止容器，并根据"重启策略"重建容器。如果容器设置存活探针，默认状态为 Success。LivenessProbe 的 SuccessThreshold 只能是 1。

ReadinessProbe（绪探探针）：探测容器中，应用是否准备好服务请求。如果就绪探测失败，端点控制器将从与 Pod 匹配的所有 Service 端点中删除该 Pod 的 IP 地址。初始延迟之前的就绪状态默认为 Failure。如果容器不提供就绪探针，则默认状态为 Success。

那么，在什么条件下使用存活（liveness）或就绪（readiness）探针呢？如果容器中的应用能够在遇到问题或不健康的情况下自行崩溃，则不一定需要存活探针。Kubelet 将根据 Pod 的 restartPolicy 自动执行正确的操作。相反，如果应用在故障时仍然保持运行状态不退出，那么需要借助存活探针，探测服务真实状态，并指定 restartPolicy 为 Always 或 OnFailure。

应用启动是需要时间的。为了避免容器刚启动（此时应用还未启动）时，kube-proxy 就直接将流量导入容器引发的错误，需要引入就绪探针。探测成功后，才开始将业务流量导入 Pod。通常，存活探针和就绪探针会使用相同的探测方式，探针支持以下三种方式检测应用状态。

（1）ExecAction：在容器内执行指定命令。如果命令退出时，返回码为 0，则认为探测成功。

（2）TCPSocketAction：对指定端口上的容器 IP 地址进行 TCP 检查。如果端口打开，则诊断被认为是成功的。这个可以理解为 telnet 端口，查看是否被监听。

（3）HTTPGetAction：对指定的端口和路径上的容器 IP 地址发送 HTTP Get 请求。如果响应的状态码大于等于 200，并且小于 400，则被认为探测成功。

10.3.3　PostStart 和 PreStop

在一个 Pod 的生命周期中，Kubernetes 提供了两个钩子函数，一个是容器启动之后 PostStart，另一个是容器关闭之前 PreStop。由于 PostStart 和容器 Entrypoint 是异步执行的，Kubernetes 并不能保证 PostStart 一定是在 Entrypoint 之后执行的，但如果 PostStart 一直无法结束运行，那么 Pod 将无法进入 Running 状态，所以 PostStart 通常可以在短时间内完成任务，不会驻留太长时间。PreStop 则不同，它一定是在容器关闭之前执行。Pod 首先会执行 PreStop 钩子函数，在 PreStop 执行完成后，才会继续执行关闭操作。如果 PreStop 在关闭时间（默认 30s）之内无法完成时，将强制停止，并将关闭时间设置成 2s，继续执行之后的关闭操作。

PostStart 和 PreStop 的配置方式和探针配置非常相似，都支持 Exec（命令行）和 HTTP

请求两种方式。下面使用官网提供的一个 PostStart 和 PreStop 的案例，目的是在容器启动后输出一段内容到 message 文件中，以及在容器关闭前停止 nginx 服务。

```
apiVersion: v1
kind: Pod
metadata:
  name: lifecycle-demo
spec:
  containers:
  - name: lifecycle-demo-container
    image: nginx
    lifecycle:
      postStart:
        exec:
          command: ["/bin/sh", "-c", "echo Hello from the postStart
handler > /usr/share/message"]
      preStop:
        exec:
          command: ["/usr/sbin/nginx","-s","quit"]
```

在企业实践中，Kubernetes 里面运行大量的 SpringCloud 应用，这些应用都是通过统一的服务注册发现中心 eureka，与事件驱动 Zookeeper 相比，SpringCloud 采用心跳机制。每隔一段时间（默认 30s）拉取最新的服务节点数据。那么，如果此时服务端节点被重启或者升级，导致 Pod 地址变化，而客户端在这段时间内是无法感知的，会导致多次请求重试和重定向。通过在服务端添加 preStop 的 hook 可以完成容器关闭前，通知 eureka 摘除服务节点，从而避免客户端报错 500。

```
lifecycle:
    preStop:
      exec:
        command:
          - "/bin/sh"
          - "-c"
          - "curl -s -X PUT
http://eureka-server.domain.com/eureka/apps/${APPLICATION}/$(hostname):${APP
LICATION}:${APPLICATION_PORT}/status?value=OUT_OF_SERVICE; \
            sleep 30;
```

10.4　Kubernetes CNI

CNI（Container Network Interface）是 CNCF 项目，定义了一套 Linux 容器网络接口规范，同时还包含了一些插件和实现库。

Kubernetes 网络设计原则主要有以下三点。

（1）每个 Pod 都拥有一个独立 IP 地址，Pod 内所有容器共享一个网络命名空间。

（2）集群内所有 Pod 都在一个直接连通的扁平网络中，可通过 IP 直接访问所有容器，无须 NAT 就可以直接互相访问 Node 和容器，并且可以直接互相访问容器，使自己看到的 IP 跟其他容器看到的一样；

（3）Service Cluster IP 可在集群内部访问。外部请求需要通过 NodePort、LoadBalance 或者 Ingress 来访问。

之前已经介绍了 Docker 和 Google 在容器方面的分歧，Docker 提出了 CNM，但 Google 却不买账，接受了最早由 CoreOS 发起的容器网络规范 CNI（Container Network Interface）。

CNM 是 Docker 自带的，可以通过 Docker 命令直接管理网络模型。而 CNI 并不是 Docker 原生的，它是为容器技术设计的通用型网络接口。Swarm 肯定只支持自家的 CNM，而 Kubernetes 则只支持 CNI。当前部分流行的开源网络插件是同时支持两种规范的，譬如 Calico，Weave 等。

10.4.1　CNI 规范

CNI 设计的基本思路是，容器运行时创建网络命名空间（network namespace）后，然后由 CNI 插件负责网络配置，最后启动容器内的应用。与 CNM 规则相似，CNI 也定义了两个插件，分别是用于负责配置网络的 CNI plugin 和负责容器地址的 IPAM plugin。下面深入介绍一下这两个插件。

CNI plugin 定义了两个接口：配置网络的 AddNetwork 和回收网络的 DelNetwork。这两个接口分别是在创建和销毁容器时调用的。我们介绍一下容器的启动过程。

（1）Kubelet 在启动业务容器之前，先启动 Pause 容器；

（2）Pause 容器启动之前先创建网络 namespace；

（3）如果 Kubelet 配置了 CNI，会调用对应的 CNI 插件；

（4）CNI 插件执行网络配置操作，如创建虚拟网卡、加入网络空间等；

（5）CNI 调用 ipam 分配 IP 地址；

（6）启动 Pod 内的其他业务容器，并共享 pause 的网络空间。

Kubelet 通过 CNI 插件为容器配置网络，CNI 具体规范参见 GitHub：https://github.com/containernetworking/CNI/blob/master/SPEC.md。

下面简要概括一下这个规范，在 AddNetwork 配置网络中会执行 ADD 方法，该方法的请求参数如下。

Container ID：容器 ID。

Network namespace path：容器网络空间的路径，通常是/proc/[pid]/ns/net。

Network configuration：json 格式的网络配置，主要描述网络特征。

Extra arguments：可选的其他额外属性，便于扩展。

Name of the interface inside the container：容器内网卡名称。

CNI 插件接收这个请求后，便进行网络的配置。在配置完成后，会返回对应的消息，返回以下参数。

Interfaces list：接口列表，这个主要取决于 CNI 插件的实现，通常是 pause 容器的网卡。

IP configuration assigned to each interface：网卡的配置信息，如 IP 地址、路由等。

DNS information：DNS 的配置信息。

相应的，如果是回收网络 DelNetwork，会调用 DEL 方法，请求参数和上次 ADD 的请求参数是一样的，删除的方法在处理不存在的资源时，同样会被认为是删除成功。由于 CNI 是通过一种事件触发，可调用二进制方式执行。当调用 CNI 插件后，只能等待插件返回的信息。对于容器运行态掌握信息很少，新版的 CNI 在 ADD 和 DEL 之外还加入了两种新方法：Check 和 Version。Check 方法检查容器的网络是否和配置一致，而 Version 主要检查 CNI 插件版本是否兼容。

我们先通过命令行方式测试一下 CNI 插件的使用情况。首先下载官方提供遵循 CNI 的网络插件。

```
    # curl -O -L
https://github.com/containernetworking/CNI/releases/download/v0.5.2/CNI-amd6
4-v0.5.2.tgz
    # tar -xzvf CNI-amd64-v0.5.2.tgz
    # ls
    bridge CNI-amd64-v0.5.2.tgz CNItool dhcp flannel host-local ipvlan
loopback macvlan noop ptp tuning
```

可以看到还有一些如 bridge、flannel、ipvlan 等插件，我们以桥接为例，首先创建两个网络空间。

```
# ip netns add ns1
# ip netns add ns2
```

然后，通过配置网络：

```
cat > mybridge.conf <<"EOF"
{
  "name": "mybridge",
  "type": "bridge",
  "bridge": "cbr0",
  "isGateway": true,
  "isDefaultGateway": true,
  "ipMasq": true,
  "ipam": {
    "type": "host-local",
    "subnet": "10.244.0.0/16",
    "routes": [
      {
        "dst": "0.0.0.0/0"
      }
    ],
    "gateway": "10.244.1.1"
  }
}EOF
```

配置网络信息，主要是网段、路由、网关等信息。将 ns1 添加到网络中执行。

```
# CNI_COMMAND=ADD CNI_CONTAINERID=ns1 CNI_NETNS=/var/run/netns/ns1
CNI_IFNAME=eth3 CNI_PATH=`pwd` ./bridge <mybridge.conf
```

返回结果如下：

```
{
  "ip4": {
    "ip": "10.244.0.1/16",
    "gateway": "10.244.1.1",
    "routes": [
      {
        "dst": "0.0.0.0/0",
        "gw": "10.244.1.1"
      },
      {
```

```
            "dst": "0.0.0.0/0",
            "gw": "10.244.1.1"
          }
        ]
    },
    "dns": {}
}
```

同理，将 ns2 加入网络后，进入容器查看网络信息。

```
# ip netns exec ns1 ifconfig
```

这里演示了 bridge CNI 如何工作，下面通过源码方式查看一下内部如何实现。官方实现的插件参见网址：https://github.com/containernetworking/plugins，有兴趣可以详细查阅。关于桥接的源码主要在 bridge.go 下面。配置网络会调用 cmdAdd 方法，该方法主要处理流程如下。

（1）获取网络配置。

```
n, CNIVersion, err := loadNetConf(args.StdinData)
```

（2）创建网桥。

```
br, brInterface, err := setupBridge(n)
```

（3）获取网络空间。

```
netns, err := ns.GetNS(args.Netns)
```

（4）创建虚拟网卡对，并将一端配置到容器内。

```
hostInterface, containerInterface, err := setupVeth(netns, br,
args.IfName, n.MTU, n.HairpinMode)
```

（5）执行 IPAM 分配网络。

```
r, err := ipam.ExecAdd(n.IPAM.Type, args.StdinData)
```

（6）容器内配置网络。

```
netns.Do(func(_ ns.NetNS) error {…
```

（7）返回配置信息。

```
return types.PrintResult(result, CNIVersion)
```

其他 CNI 实现原理与上面介绍的类似，在此就不再赘述了。

Kubernetes 通过 CNI 将容器网络外包给各种 CNI 插件去实现，当前 CNI 插件主流的方案有以下几种。

（1）二层互连，这种方案主要是与传统的 vlan 相结合的，这种方案的弊端是需要在网络硬件上面配置 vlan 等信息，不方便管理，并且规模受限不适合跨机房互连互通，优点是网络的损耗比较少，适合小集群部署。

（2）三层路由，主要借助 BGP 等三层路由协议完成路由传递，这种方案的优势是传输效率高，不需要封包和拆包，但 BGP 等协议在很多数据中心内不支持，如果是互联网就更加麻烦了。

（3）Overlay 方案，主要借助 VXLAN 或者 ipip 等 overlay 协议完成容器互通，这种方案的优点是可以完成跨数据中心的网络互连。理论上，宿主机网络三层可达情况下，容器便可以互连，但主要的弊端是频繁的数据封包和拆包带来的额外计算压力，以及访问延迟。

（4）SDN 方案，主要是借助 SDN 控制器外加 ovs 等虚拟网络交换机完成数据的转发，这种方案的优点是网络可以随意定制，但缺点是需要水平很高的技术团队支持，学习曲线较高。

当前主流的网络方案包括 Calico、Weave、Contiv 和 Flanne 等。Weave 方案一直是全互联中心的架构，每个节点上面的 wRouter 通过建立 Full Mesh 的 TCP 链接，并通过 Gossip 来同步控制信息。例如，在申请 IP 时，每台机器都有维护这个 IP 池组成的环，可以把环理解成一个 IP 分配位图，如图 10-9 所示。当某个节点申请一个网段后，会通过 gossip 协议广播给其他节点，避免 IP 地址冲突。

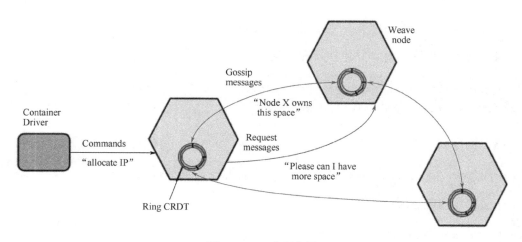

图 10-9　IP 分配位图

至于容器互连，Weave 通过 UDP 的 Overlay 方式，这点和 Flannel 的 overlay 相似。Weave 支持两种模式，一种是运行在 user space 的 sleeve mode，另一种是运行在 kernal space 的 fastpath mode。sleeve mode 模式是通过 wrouter 在用户态数据上封包，而 fastpath mode 是通

过 ovs 完成 VXLAN 的封包。

Contiv 是思科开源的容器网络方案。它最大的特点是支持多种网络方案（vlan、bgp、VXLAN 等）和多租户支持。在这些插件中，Calico 和 Flannel 是使用最广泛的 CNI 插件，下面将详细介绍一下这两个插件。

10.4.2　Calico

在介绍 Calico 之前先介绍一个 Linux 网络设备提供的特性 arp proxy。当网络想要发包的时候，首先回去判断目的 IP 是否是同一个网段机器，或者是指定路由的下一跳。如果是，则发送 arp 请求，获取 mac 地址。如果不是，则把流量统一交给网关去处理。arp 广播请求的内容是"谁有这个 IP 的 mac 地址，请告诉我"，这样，如果目标机器 IP 地址对应是正确的，那么它将回复自己的 mac 地址给 arp 的请求方，这样请求方就获取了目标 mac 了。如果网卡开启了 arp proxy，则该网卡收到任何 arp 请求，都返回自己的 mac 地址。这样就可以将该网卡当作网关了。

```
echo 1 > /proc/sys/net/ipv4/conf/网卡名称/proxy_arp
```

Calico 是纯三层的数据中心网络方案。如果是跨主机的两个容器，则需要三层互通，可以借助路由完成。容器互通网站数据交互如图 10-10 所示，每个主机上面的 docker0 分别设置了不同网段，如果容器 1 需要和容器 3 进行通信，首先需要在 10.10.10.10 上添加一个路由。"目标网络是 192.168.4.0/24，下一跳设置为 10.10.10.11"，那么从容器 1 发出到容器 3 的流量将会达到 10.10.10.11，然后在 10.10.10.11 上添加另一个路由。"目的地址是 192.168.4.0/24，下一跳交给 docker0 处理"（网桥自动生成），那么流量将会进入 docker0，从而进入目标容器 3。如果是容器 3 返回的数据包，也需要对应两条路由，在 10.10.10.11 上添加"192.178.2.0/24 的数据包下一跳 10.10.10.10"，以及在 10.10.10.10 上添加"192.178.2.0/24 的数据包下一跳 docker0"，这样就完成了一次网络数据的交互了。

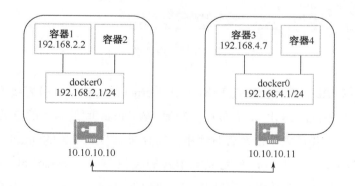

图 10-10　容器互通网站数据交互

但这种手工配置的方式无法满足数据中心大规模及不停变化的需求，Calico 正是为解决这个问题而诞生的，它通过 Etcd 保存集群配置信息，结合 BGP 协议分发路由，从而完成集群的动态配置。

Calico 组件分析

图 10-11 所示是官网提供的组件图，Etcd 负责存储 Calico 的网络元数据信息，并确保 Calico 网络状态的一致性。Felix 作为一个守护进程，在每个运行容器（在 Calico 中称为 Workload）的计算节点上启动，主要负责配置路由及 ACL（访问控制列表）等信息来确保 Endpoint 的联通和断开。通过监测 Etcd，动态发现新的网络接口（Calico 称为 Endpoint；如果是宿主机网口，称为 HostEndpoint；如果是容器的网口称为 WorkloadEndpoint）创建的时候，Felix 主要负责两件事，第一是添加路由规则，将去往容器的流量通过 veth 路由到本地容器；第二是配置 ACL，即是通过 iptables 将符合要求的流量导入容器。

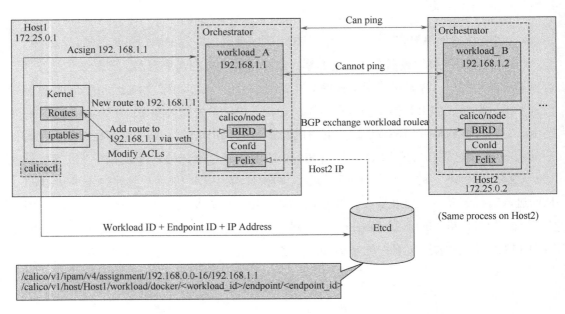

图 10-11　组件图

BGP Client（BIRD）主要负责把 Felix 写入 Kernel 的路由信息分发到当前 Calico 网络。通过 BGP 协议分发每个 BGP peer 节点，确保 Workload 间的通信的有效性。BGP Route Reflector（BIRD）主要在大规模部署时使用，摒弃所有节点互连的 mesh 模式，通过一个或者多个 BGP Route Reflector 来完成集中式的路由分发。calico/calico-ipam 主要用作 Kubernetes 的 CNI 插件，当然它也支持 Docker 的 CNM 规范，甚至可以在 OpenStack 集群里面使用。

下面根据一次网络发包分析整个 Calico 的工作流程。

Kubernetes 通过 Calico CNI 插件（CNI-plugin）配置容器网络。启动每个容器时，先通过 CNI-plugin 中的 calico-ipam（IP 地址管理模块）分配一个子网掩码 255.255.255.255 的 IP 地址，这是 Calico 独特的设计。有些读者可能很好奇，掩码地址 255.255.255.255 说明这个网络中只有一个 IP，没有任何一个容器之前是二层互通的，那么任何出去的流量必须通过三层路由转发。每个容器内都会有一条默认路由：default via 169.254.1.1 dev th0。这样看来，每个容器的网关都是 169.254.1.1，那么 169.254.1.1 是什么地址呢？如果熟悉网络的读者可能会知道，它是在机器没有通过 DHCP 获得地址后默认使用的一个 IP 地址，可见主机上面根本就没有这个网关地址，还记得本节开始介绍的 arp_proxy 特性吗？正是利用这个特性，配置容器主机端网卡开启 arp_proxy，并配置 mac 地址为：ee:ee:ee:ee:ee:ee。当容器需要对外通信时，首先通过 arp 请求获取 169.254.1.1 的 mac 地址，紧接着容器主机端网卡回复 ee:ee:ee:ee:ee:ee 的 mac 地址给容器，这样容器就可以通过 169.254.1.1 这个网关和外部通信了。

Calico 中每个主机会配置一个或者多个网段，这些网段信息都会通过 BGP 协议分发到节点中的每个机器（Mesh 模式），从而使容器出去的流量都可以通过这些路由转发到集群内其他节点，并且在每个节点上还能生成一条去往本机容器的本地路由，从而使流量可以顺利到达目标容器。

10.4.3　Flannel

Flannel 是 Coreos 开源的 CNI 网络插件。如图 10-12 所示是 Flannel 官网提供的一个数据包经过封包、传输及拆包示意图，从图 10-12 可以看出两台机器的 docker0 分别处于不同的段：10.1.20.1/24 和 10.1.15.1/24。如果从 Web App Frontend1 Pod（10.1.15.2）连接另一台主机上的 Backend Service2 Pod（10.1.20.3），网络包从宿主机 192.168.0.100 发往 192.168.0.200，内层容器的数据包被封装到宿主机的 UDP 里面，并且在外层包装了宿主机的 IP 和 mac 地址。这就是一个经典的 overlay 网络。因为容器的 IP 是一个内部 IP，无法与跨宿主机通信，所以容器的网络互通，需要承载到宿主机的网络之上。

Flannel 支持多种网络模式，常用的有：VXLAN、UDP、hostgw、ipip、gce 和阿里云等，VXLAN 和 UDP 的区别是 VXLAN 是内核封包，而 UDP 是 flanneld 用户态程序封包，所以 UDP 方式的性能会稍差；hostgw 模式是一种主机网关模式，容器到另外一个主机上，容器的网关需要设置成所在主机的网卡地址，这个和 Calico 非常相似。只不过 Calico 是通过 BGP 声明的，而 hostgw 是通过中心的 Etcd 分发的，所以，hostgw 是直连模式，不需要通过 overlay 封包和拆包，性能比较高，但 hostgw 模式最大的缺点是必须是在一个二层网

络中，毕竟下一跳的路由需要设置在邻居表中，否则无法通行。

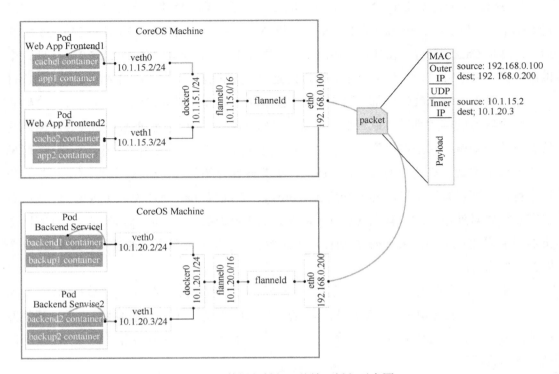

图 10-12　数据包封包、传输、拆包示意图

在实际的生产环境中，最常用的还是 VXLAN 模式。我们先看工作原理，然后分析源码解析实现过程。

安装过程非常简单，主要分为两步。

第一步安装 Flannel。执行 yum install flannel 或者通过 Kubernetes 的 Daemonset 方式启动安装，配置 Flannel 用的 Etcd 地址。

第二步是通过 HTTP PUT 请求配置集群网络，Network 指定网段，Backend 指定网络类型。

```
    # curl -L http://etcdurl:2379/v2/keys/flannel/network/config -XPUT -d
value="{\"Network\":\"172.16.0.0/16\",\"SubnetLen\":24,\"Backend\":{\"Type\"
:\"VXLAN\",\"VNI\":1}}"
```

然后，启动每个节点的守护进程 Flannel。

工作原理

容器的地址分配为：Docker 容器启动时，通过 docker0 分配 IP 地址，Flannel 为每个机

器分配一个 IP 段，配置在 docker0 上面，容器启动后就在本段内选择一个未占用的 IP，那么 Flannel 如何修改 docker0 网段呢？

先看一下 Flannel 的启动文件/usr/lib/systemd/system/flanneld.service：

```
[Service]
Type=notify
EnvironmentFile=/etc/sysconfig/flanneld
ExecStart=/usr/bin/flanneld-start $FLANNEL_OPTIONS
ExecStartPost=/opt/flannel/mk-docker-opts.sh -k DOCKER_NETWORK_OPTIONS
-d /run/flannel/docker
```

文件里面指定了 Flannel 环境变量、启动脚本和启动后执行脚本 mk-docker-opts.sh，这个脚本的作用是生成/run/flannel/docker，文件内容如下：

```
DOCKER_OPT_BIP="--bip=10.251.81.1/24"
DOCKER_OPT_IPMASQ="--ip-masq=false"
DOCKER_OPT_MTU="--mtu=1450"
DOCKER_NETWORK_OPTIONS=" --bip=10.251.81.1/24 --ip-masq=false
--mtu=1450"
```

这个文件与 Docker 启动文件/usr/lib/systemd/system/docker.service 关联。

```
[Service]
Type=notify
NotifyAccess=all
EnvironmentFile=-/run/flannel/docker
EnvironmentFile=-/etc/sysconfig/docker
```

接下来，便可以设置 docker0 的网桥了。

在开发环境中，有三台机器，分别分配了如下网段：

```
host-139.245    10.254.44.1/24
host-139.246    10.254.60.1/24
host-139.247    10.254.50.1/24
```

容器如何通信

上面介绍了如何为每个容器分配 IP，那么不同主机上面的容器如何通信呢？我们用最常见的 VXLAN 举例，这里有三个关键点：一个路由、一个 arp、一个 FDB。我们按照容器发包的过程，逐一分析上面三个元素的作用。首先，容器出来的数据包会经过 docker0，接下来是直接从主机网络出去？还是通过 VXLAN 封包转发呢？以下是每台机器上面路由

设定的：

```
# ip route  show dev flannel.1
10.254.50.0/24 via 10.254.50.0 onlink
10.254.60.0/24 via 10.254.60.0 onlink
```

可以看到每台主机上面都有到另外两台机器的路由，这个路由是 onlink 路由。onlink 参数表明强制此网关是"在链路上"的（虽然并没有链路层路由），否则 Linux 上是没法添加不同网段的路由的。这样数据包就能知道，如果是容器直接访问，则交给 flannel.1 设备处理。

flannel.1 这个虚拟网络设备将会对数据封包，但这个网关的 mac 地址是多少呢？因为这个网关是通过 onlink 设置的，flannel 会下发这个 mac 地址，可以查看一下 arp 表。

```
# ip neig show dev flannel.1
10.254.50.0 lladdr ba:10:0e:7b:74:89 PERMANENT
10.254.60.0 lladdr 92:f3:c8:b2:6e:f0 PERMANENT
```

由此可以看到这个网关对应的 mac 地址，并且这些地址都是 PERMANENT 持久有效的，这样内层的数据包就封装好了。

还剩最后一个问题，外出的数据包的目的 IP 是多少呢？即这个封装后的数据包应该发往那一台机器呢？难不成每个数据包都广播。VXLAN 默认实现第一次确实是通过广播的方式，但 Flannel 再次采用一种 hack 方式直接下发了转发表 FDB。

```
# bridge fdb show dev flannel.1
92:f3:c8:b2:6e:f0 dst 10.100.139.246 self permanent
ba:10:0e:7b:74:89 dst 10.100.139.247 self permanent
```

这样便可以获取对应 mac 地址转发的目标 IP。

这里还有一个地方需要注意，无论是 arp 表，还是 FDB 表都是 permanent，写记录是需要手动维护的，传统的 arp 获取邻居的方式是通过广播获取的，如果收到对端的 arp，相应则会标记对端为 reachable。在超过 reachable 设定时间后，如果发现对端失效会标记为 stale，之后会转入 delay 及 probe 进入探测状态。如果探测失败，会标记为 Failed 状态。之所以介绍 arp 的基础内容，是因为旧版本的 Flannel 并非使用上面介绍的方式，而是采用一种临时的 arp 方案，此时下发的 arp 表示 reachable 状态。这就意味着，如果在 Flannel 宕机超过 reachable 超时时间的话，那么这台机器上面的容器网络将会被中断。我们简单回顾一下之前（0.7.x）版本的做法，容器为了能够获取对端 arp 地址，内核会首先发送 arp 征询。如果尝试 /proc/sys/net/ipv4/neigh/$NIC/ucast_solicit，此时会向用户空间发送 arp 征询：

```
/proc/sys/net/ipv4/neigh/$NIC/app_solicit
```

之前版本的 Flannel 正是利用这个特性，设定：

```
# cat /proc/sys/net/ipv4/neigh/flannel.1/app_solicit
```

Flannel 可以获取内核发送到用户空间的 L3MISS，并且配合 Etcd 返回这个 IP 地址对应的 mac 地址，设置为 reachable。从分析可以看出，Flannel 程序如果退出，容器之间的通信将会被中断，这一点需要注意。

Flannel 的启动流程如图 10-13 所示。

Flannel 启动首先执行 newSubnetManager，通过对该函数配置后端数据存储，当前支持两种后端，默认为 Etcd 存储。如果 Flannel 启动指定 "kube-subnet-mgr" 参数，则使用 Kubernetes 接口存储数据。

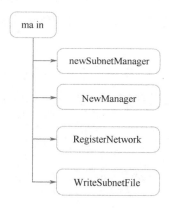

图 10-13　Flannel 的启动流程

具体代码如下：

```
func newSubnetManager() (subnet.Manager, error) {
    if opts.kubeSubnetMgr {
        return kube.NewSubnetManager(opts.kubeApiUrl,
opts.kubeConfigFile)
    }

    cfg := &etcdv2.EtcdConfig{
        Endpoints: strings.Split(opts.etcdEndpoints, ","),
        Keyfile:   opts.etcdKeyfile,
        Certfile:  opts.etcdCertfile,
        CAFile:    opts.etcdCAFile,
```

```
        Prefix:    opts.etcdPrefix,
        Username:  opts.etcdUsername,
        Password:  opts.etcdPassword,
    }


    // Attempt to renew the lease for the subnet specified in the subnetFile
    prevSubnet := ReadCIDRFromSubnetFile(opts.subnetFile,
"FLANNEL_SUBNET")


    return etcdv2.NewLocalManager(cfg, prevSubnet)
}
```

通过 SubnetManager，结合上面介绍部署的时候配置的 Etcd 数据，可以获得网络配置信息，主要指 backend 和网段信息。如果是 VXLAN，可以通过 NewManager 创建对应的网络管理器，这里用到简单工程模式。首先，每种网络模式管理器都会通过 init 初始化注册，譬如 VXLAN：

```
func init() {
   backend.Register("VXLAN", New)
}
如果是udp
func init() {
   backend.Register("udp", New)
}
```

其次，将构建方法都注册到一个 map 里，从而根据 Etcd 配置的网络模式，设定启用对应的网络管理器。

第三步是注册网络。首先创建 flannel.VXLAN ID 网卡，默认 VXLANID 是 1。接着会向 Etcd 注册租约，并且获取相应的网段信息。这里有一个细节，旧版的 Flannel 每次启动时，都是去获取新的网段。新版的 Flannel 会遍历 Etcd 里面已经注册的 Etcd 信息，从而获取之前分配的网段并继续使用，避免网段切换。

最后，通过 WriteSubnetFile 方法写入本地网络配置信息：

```
# cat /run/flannel/subnet.env
FLANNEL_NETWORK=10.254.0.0/16
FLANNEL_SUBNET=10.254.44.1/24
FLANNEL_MTU=1450
FLANNEL_IPMASQ=true
```

通过上述文件配置 Docker 网络，细心的读者可能发现这里的 MTU 并不是以太网规定的 1 500，这是因为外层的 VXLAN 封包还要占据 50 B（8 个字节的 VXLAN 头 ＋ 8 个字节 UDP 头 ＋ 20 个字节 IP 头 ＋ 14 个字节 mac 头 ）。

当然，Flannel 启动后还需要持续监测 Etcd 里面的数据。这时，当有新的 Flannel 节点加入或者变更的时候，其他 Flannel 节点能够动态更新那三张表。主要的处理方法都在 handleSubnetEvents 里面。

```
func (nw *network) handleSubnetEvents(batch []subnet.Event) {
...

    switch event.Type {
//如果是有新的网段加入（新的主机加入）
    case subnet.EventAdded:
...
//更新路由表
if err := netlink.RouteReplace(&directRoute); err != nil {
    log.Errorf("Error adding route to %v via %v: %v", sn, attrs.PublicIP,
err)
    continue
}

//添加arp表
log.V(2).Infof("adding subnet: %s PublicIP: %s VTEPMAC: %s", sn,
attrs.PublicIP, net.HardwareAddr(VXLANAttrs.VTEPMAC))
            if err := nw.dev.AddARP(neighbor{IP: sn.IP, MAC:
net.HardwareAddr(VXLANAttrs.VTEPMAC)}); err != nil {
                log.Error("AddARP failed: ", err)
                continue
            }
//添加FDB表
            if err := nw.dev.AddFDB(neighbor{IP: attrs.PublicIP, MAC:
net.HardwareAddr(VXLANAttrs.VTEPMAC)}); err != nil {
                log.Error("AddFDB failed: ", err)

                    if err := nw.dev.DelARP(neighbor{IP:
event.Lease.Subnet.IP, MAC: net.HardwareAddr(VXLANAttrs.VTEPMAC)}); err != nil
{
                    log.Error("DelARP failed: ", err)
                }
```

```
                    continue
                }
    //如果是删除事件
        case subnet.EventRemoved:
    //删除路由
            if err := netlink.RouteDel(&directRoute); err != nil {
                log.Errorf("Error deleting route to %v via %v: %v", sn,
attrs.PublicIP, err)

            } else {

                log.V(2).Infof("removing subnet: %s PublicIP: %s VTEPMAC: %s",
sn, attrs.PublicIP, net.HardwareAddr(VXLANAttrs.VTEPMAC))

                //删除arp
                if err := nw.dev.DelARP(neighbor{IP: sn.IP, MAC:
net.HardwareAddr(VXLANAttrs.VTEPMAC)}); err != nil {
                    log.Error("DelARP failed: ", err)
                }
    //删除FDB
                if err := nw.dev.DelFDB(neighbor{IP: attrs.PublicIP, MAC:
net.HardwareAddr(VXLANAttrs.VTEPMAC)}); err != nil {
                    log.Error("DelFDB failed: ", err)
                }

                if err := netlink.RouteDel(&VXLANRoute); err != nil {
                    log.Errorf("failed to delete VXLANRoute (%s -> %s): %v",
VXLANRoute.Dst, VXLANRoute.Gw, err)
                }
            }
        default:
            log.Error("internal error: unknown event type: ",
int(event.Type))
        }
    }
}
```

这样 Flannel 里面任何主机的添加和删除都可以被其他节点所感知，从而更新本地内核

转发表。

在 Kubernetes 网络环境中，默认会启动 MASQ 规则，导致所有从 docker0 出去的流量都会将源 IP 地址改为 docker0，即便是在 Flannel 集群内部。当 Flannel 集群内部容器直接互通，查看源 IP 地址会发现是对端 docker0 地址，无法获取真实源 IP。为了能获取容器真实的 IP，需要设置 Flannel 启动参数--ip-masq=true，Flannel 在启动时会添加以下规则。

```
-A POSTROUTING -s 10.254.0.0/16 -d 10.254.0.0/16 -j RETURN
```

这表明如果源和目标 IP 地址都在 Flannel 集群内时，将不进行 MASQ 映射，从而可以保持容器的源 IP 地址。

10.4.4　Bridge+vlan

桥接的网络方案是将容器通过网桥的方式直接连接，这与 Docker 默认的桥接模式存在差别：首先是这种方式不需要 docker0 去分配 IP，而是通过一个统一的 DHCP 服务器或者 CNI 插件自动分配。其次是 Docker 默认的桥接模式并没有绑定物理网卡，容器出去的流量都是通过 NAT 模式，这里的方案是将物理网卡也加入到网桥上，构建一个大的二层网络，这样同一台物理机上面可以直接通过网桥通信，如果需要跨主机通信借助外部的物理交换机。桥接的整体结构如图 10-14 所示。

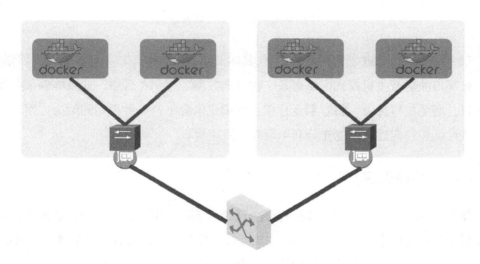

图 10-14　桥接的整体结构

如果需要对不同容器的网络进行隔离，可以通过 vlan 的方式隔离。为每个 vlan 创建一个独立的网桥，并通过 link 方式将主机网卡加入不同的网桥中，如为物理网卡 eth0 创建 eth0.8，vlan ID 为 8 的 802.1Q VLAN 接口，具体命令如下：

```
# ip link add link eth0 name eth0.8 type vlan id 8
```

桥接的网络模式和传统的网络管理模式非常相近，能够很好地打通容器和物理机及虚拟机之间的网络，传输损耗极少，运维也比较方便。但在管理大规模场景中并不适用，因为需要预先配置好物理机交换机端口，开放各种 vlan，所以建议在小规模场景使用。

还有一种和桥接模式相似的网络模式 macvlan。macvlan 的核心是把物理网卡虚拟出多块虚拟网卡，每个虚拟网卡都有独立的 mac 地址。从外界看来，就像是把网线分成两股，分别接到了不同的主机上一样。macvlan 需要 Linux 内核版本 v3.9–3.19 和 4.0+。基于 macvlan 就可以把这个 mac 地址分配给容器使用，也就是说每一个容器都会有一个独立的 mac 地址和业务网 IP，可以像一台独立的虚拟机一样工作，其工作原理如图 10-15 所示。

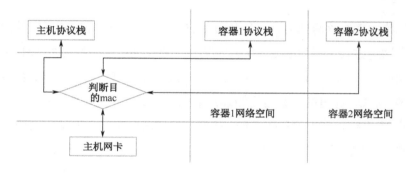

图 10-15　macvlan 工作原理

本章介绍了多种 CNI 网络插件的实现，其实 Kubernetes 中并非一定需要 CNI 网络插件，容器直接端口映射及主机模式网络也是一种可选方案。在私有云中，如果能够很好地管理应用端口，避免端口冲突，将容器运行在主机模式未尝不是一种很好的解决方案。不仅能提高网络性能和稳定性，还能充分利用现有网络架构。

10.4.5　容器固定 IP

容器需要固定 IP 吗？这个问题一直是一个备受热议的话题。从容器无状态设计思想出发，容器是不需要固定 IP 地址的，并且 Docker 的最初设计就是运行在单机上，固定 IP 根本就没有这方面的需求。但在实际的落地过程中，往往又需要容器拥有固定 IP。一方面是传统网络的监控需求，每一个 IP 都对应一套网络安全规则，如果 IP 是随意的，那么传统的网络安全将无法运作；另一方面，很多业务 IP 也是固定的，业务之间通过固定的 IP 通信。除此之外，部分应用架构依赖于固定 IP 的实现，譬如，集群的服务节点之间相互通信是通过配置静态 IP 的方式实现的，如果某一个节点的 IP 发生了变化，那么将会导致整个集群不可用。

解决的思路有两种，第一种方案是修改应用程序，一方面应用可以通过 Kubernetes 提供的环境变量或者域名完成服务自动发现，Kubernetes 不仅可以提供服务的域名解析，还可以提供 Pod 的域名解析，通过配置域名的方式解构应用和 IP 的绑定关系。服务之间调用 Kubernetes 提供了固定"虚 IP"。当容器地址变化后，"虚 IP"能够动态映射到后端容器，服务直接调用可以通过配置"虚 IP"或者域名的方式。另一方面应该可以借助外部注册中心，基于 Zookeeper 或者 Etcd 等分布式协调服务（注册中心），将服务节点注册到服务注册中心，节点直接访问需要先通过注册中心动态获取对方的 IP 地址，从而避免配置静态 IP。spring cloud、dubbo 等微服务框架都是通过这种方式实现的，还可以通过外部辅助脚本，配置 sidercar 容器动态修改服务的配置文件，sidercar 容器可以通过 Kubernetes 的 API 或者域名解析方式得到最新 IP 的变化，从而更新配置文件，通知服务重新加载配置文件。

如果应用无法改变，那么只能改变网络的实现。因此，第二种方案是在 Kubernetes 中实现固定 IP 地址的。CNI 的规范其实是兼容固定 IP 的实现的。在容器启动时，会通过 CNI 的 IPAM 组件获取容器的 IP 地址，IPAM 需要获取容器和 IP 的对应关系，对应关系可以通过对接到 MySQL 等数据库存储中保存。这样，容器每次启动都可以获取相同的 IP 地址。这里需要注意，虽然容器获得了固定 IP，仍必须支持网络方案，否则 IP 是无法通信的。如果是 Flannel 网络，每个主机是一个 24 位的网络段。如果容器的 IP 地址和被分配的网络段不统一，容器将无法通行，那么固定 IP 也就没有意义了。可以通过构建大二层，或者动态路由、SDN 等方式实现 IP 地址跨主机飘移。

10.5　Kubernetes CRI

在容器之争的时候介绍了 Docker 和 Kubernetes 社区的分歧，Docker 倡导的 OCI 和 Kubernetes 倡导的 CRI 是两个流派，下面我们就深入了解一下 CRI。和上面介绍的 CNI 一样，面对各种容器运行时，Kubernetes 希望提供一套统一的标准去兼容管理所有的容器运行时，这样就能够在无须重新编译 Kubelet 的前提下，管理新的容器运行时，CRI 包含一组 protocol buffers、gRPC API、相关的库，以及在活跃开发下的额外规范和工具。Kubernetes CRI 模型如图 10-16 所示，Kubelet 相当于一个客户端，而 CRI 插件对应的是 grcpc 和服务端，通过这个 CRI shim 的转化对接各种容器运行时。服务端提供两个接口，分别是 ImageService 和 RuntimeService。ImageService 提供了从镜像仓库拉取、查看和移除镜像的 RPC。RuntimeSerivce 包含了 Pod 和容器生命周期管理，以及跟容器交互的调用

（exec/attach/port-forward）。

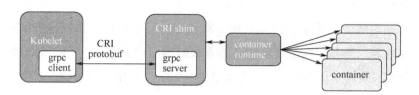

图 10-16　Kubernetes CRI 模型

我们先了解一下 ImageService 接口：

```
service ImageService {
    // 查看已存在的镜像
    rpc ListImages(ListImagesRequest) returns (ListImagesResponse) {}
    // 返回镜像状态
    rpc ImageStatus(ImageStatusRequest) returns (ImageStatusResponse) {}
    // 拉取镜像
    rpc PullImage(PullImageRequest) returns (PullImageResponse) {}
    // 删除镜像
    rpc RemoveImage(RemoveImageRequest) returns (RemoveImageResponse) {}
}
```

这组接口定义非常明确，包括镜像的拉取、查询、删除。譬如，当我们启动容器时，会先调用 ImageStatus 查看镜像是否在本地已存在，如果不存在，会调用 PullImage 拉取镜像接口。当 GC 回收镜像时，会调用 ListImages 查询所有镜像，筛选后通过 RemoveImage 接口删除镜像。

然后，看一下 RuntimeService，它主要定义了容器运行时的接口。

```
service RuntimeService {
    // 运行时API版本
    rpc Version(VersionRequest) returns (VersionResponse) {}

    // 启动sandbox容器
    rpc RunPodSandbox(RunPodSandboxRequest) returns
(RunPodSandboxResponse) {}
    // 停止sandbox容器
    rpc StopPodSandbox(StopPodSandboxRequest) returns
(StopPodSandboxResponse) {}
    // 删除sandbox容器
    rpc RemovePodSandbox(RemovePodSandboxRequest) returns
```

```
(RemovePodSandboxResponse) {}
        // 查询sandbox容器状态
        rpc PodSandboxStatus(PodSandboxStatusRequest) returns
(PodSandboxStatusResponse) {}
        // 查询所有的sandbox
    rpc ListPodSandbox(ListPodSandboxRequest) returns
(ListPodSandboxResponse) {}


        // 在指定的一个sandbox中创建容器
        rpc CreateContainer(CreateContainerRequest) returns
(CreateContainerResponse) {}
        // 启动一个指定的容器
        rpc StartContainer(StartContainerRequest) returns
(StartContainerResponse) {}
        // 停止一个指定的容器
        rpc StopContainer(StopContainerRequest) returns
(StopContainerResponse) {}
        // 删除一个指定的容器
        rpc RemoveContainer(RemoveContainerRequest) returns
(RemoveContainerResponse) {}
        // 查询容器列表
    rpc ListContainers(ListContainersRequest) returns
(ListContainersResponse) {}
        // 查询指定容器的状态
        rpc ContainerStatus(ContainerStatusRequest) returns
(ContainerStatusResponse) {}


        // 在容器内同步执行命令
        rpc ExecSync(ExecSyncRequest) returns (ExecSyncResponse) {}
        // 在容器内异步执行命令.
        rpc Exec(ExecRequest) returns (ExecResponse) {}
        // 进入容器
        rpc Attach(AttachRequest) returns (AttachResponse) {}
        // 设置容器的端口映射.
        rpc PortForward(PortForwardRequest) returns (PortForwardResponse) {}


        // 更新容器的配置
        rpc UpdateRuntimeConfig(UpdateRuntimeConfigRequest) returns
(UpdateRuntimeConfigResponse) {}
```

```
// 返回运行时的状态
rpc Status(StatusRequest) returns (StatusResponse) {}
}
```

上面定义的容器运行时主要分为两块，一个是 sandbox 状态的维护，一个是普通业务容器状态的维护。当启动 Pod 时，会先启动 sandbox 容器，调用 RunPodSandbox 启动 sandbox 容器，并通过 PodSandboxStatus 获取 sandbox 状态。当 sandbox 容器启动后，可启动其他业务容器，调用 CreateContainer 创建容器，然后通过 StartContainer 启动容器。如果是删除，这会先调用 StopContainer 停止业务容器，然后调用 StopPodSandbox 停止 sandbox 容器。ExecSync 和 Exec 分别代表在容器内同步执行和异步执行命令，同步执行会直接返回标准输出和错误输出，异步执行返回 URL，一般只用于 debug。

目前，Docker 和 rkt 都已经支持 CRI 标准，新版 containerd 直接集成了 CRI（https://github.com/containerd/cri）插件。CRI 实现演讲过程如图 10-17 所示。

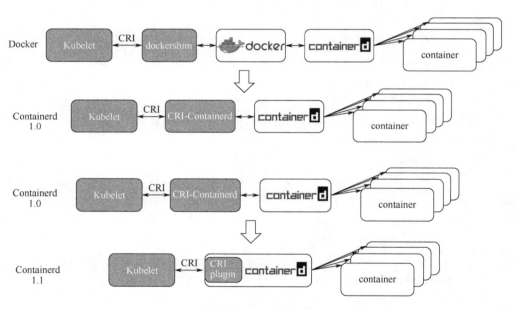

图 10-17　CRI 实现演进过程

与 Docker CRI 方案（dockershim）的旧版方案相比，新的方案剔除了经过 Docker dameon 过长的调用链，并且跳过了 Docker daemon 本身的稳定性对容器的影响，一方面降低了容器启动的延迟时间，更重要的是大大降低了 Kubelet 和 runtime 的 CPU 和内存消耗。那么是不是 Docker engine 就可以退出历史舞台呢？答案是暂时不会。首先，Docker Engine（dockerd）也是建立在 containerd 之上的，这样既可以增加 Kubelet 的性能和稳定性，也能

继续保持 Docker 本身的特性。Containerd namespace 可以将 Kubelet 和 Docker Engine 所建立的容器和镜像完全隔离，互相不影响，这样，如果想要查看 Kubelet 创建的容器，请使用 crictl ps。对应的如果查看 Docker 命令行启动的容器，请使用 docker ps。同理，可以通过 crictl images 查看 Kubelet 拉取的镜像，通过 Docker images 查看 docker 命令行拉取的容器。另外，还有其他对应的命令，例如：ctr cri load 和 docker load。

10.6　Kubernetes CSI

在介绍 CSI 之前，我们先了解在 CSI 出现之前，Kubernetes 如何管理存储。Kubernetes 使用存储主要分为三个步骤：provision、attach 和 mount。其中，provision 是创建和配置存储的，主要是在 controller manager 中的 pv_controller 完成的。attach 是加载到主机上的，它可以在 controller manager 中的 attach_detach_controller 中执行，也可以在 Kubelet 中的 reconciler 执行，主要取决于存储类型，比如，对于云存储，通常是通过 controller manager 调用云存储接口加载到主机上的。mount 是挂载，将加载的存储格式化文件系统挂载到主机目录，之后容器启动便可以通过类似 "-v" 的方式将存储挂载到容器内部。

对于存储管理，Kubernetes 也是使用声明式的。下面通过 Kubelet 的 reconciler 简单介绍一下 reconcile。reconcile 原理很简单，即它构造出两个对象，一个是和 Kubernetes API 保持同步的 desiredStateOfWorld（理想状态），另一个代表机器上面真实情况的对象 actualStateOfWorld（真实状态），如图 10-18 所示。

图 10-18　reconcile 原理

reconcile 方法具体动作主要分为三个步骤。

第一步，通过对比，如果 desiredStateOfWorld 中已经没有 Pod 和对应存储的挂载关系，而 actualStateOfWorld 仍然存在，那么可以说明这个存储已经是不需要挂载的，需要先解挂（umount）这个存储。

第二步，将 desiredStateOfWorld 里面需要加载（attach）和挂载（mount）的存储都加载或者挂载完成，部分已经挂载的存储还需要重新挂载，从而更新数据，如 configmap。新版 Kubernetes 还可以在此对存储进行扩容。

第三步，仍然是对比 desiredStateOfWorld 和 desiredStateOfWorld，将需要卸载（detach）的存储从机器上面卸载。这里和第一步是有区别的，第一步是解挂，执行 umount 操作，从文件系统解挂，而这一步是存储的卸载，从机器上面将磁盘摘除。

通过 reconcile 方法将"该挂载的都挂载上，该卸载的都卸载掉"，从而保证机器上面存储的实际状态和我们保存到 Etcd 中的期望状态一致。

旧版 Kubernetes 对于存储的支持都是通过 in-tree 方式的，直接将代码和 Kubernetes 代码写到一起，这样会带来很多问题。首先是安全问题，存储插件和 Kubernetes 拥有同等执行权限，其次，每次都需要和 Kubernetes 代码一起发布，并且存储插件。本地的问题可能会影响整个 Kubernetes 集群的稳定性。为了解决这些问题，后来引入了 FlexVolume 存储，它是通过定义一套 FlexVolume 存储规范和接口（init、attach、detach、mountdevice、waitforattach 等），各种第三方存储实现这些接口对接到 FlexVolume 存储上面，但它和 CNI 调用相似，是通过执行第三方存储的二进制实现，这样同样存在很大的安全隐患，需要 Root 执行权限，并且调用二进制方式很难准确掌握存储执行状况。存储插件通常还需要维护一些本地数据，比如很多存储卸载时需要加载成功后返回的 ID，那么存储插件在执行加载后还需要本地保存这些数据，以便后期卸载。

为此，在 Kubernetes 1.9 版本引入了 CSI（Container Storage Interface），整体架构如图 10-19 所示。CSI 有两部分组成：External Components 和第三方 Components，其中 External Components 是由 CSI 提供的，而第三方 Components 则是由第三方存储根据存储使用方式实现的。

External Components 有三个外部组件，分别是 Registrar、External Provisioner 和 External Attacher。其中，Registrar 主要负责通过 GRPC 调用 CSI Identity，注册 CSI 插件。每个插件都有唯一的名称，Kubelet 可以根据存储类型调用对应的存储插件。External Provisioner 通过 watch kube-apiserver 了解有存储（PV）创建会通过 GRPC 调用 CSI Controller 里面的 CreateVolume 创建存储。当容器创建需要挂载存储的时候 External Attacher 回调用 CSI Controller 里面的 ControllerPublishVolume 加载存储，最后 Kubelet 会通过 GRPC 调用 CSI Node 里面的 NodePublishVolume 方法挂载存储。

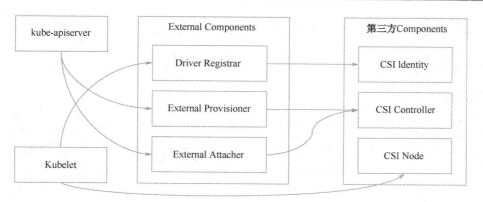

图 10-19　CSI 整体架构

下面通过一个常用的 Ceph RBD（https://github.com/Ceph/Ceph-csi）存储介绍如何编写一个 CSI 插件，首先，编写 CSI Identity。

获取插件名称：

```
    func (ids *DefaultIdentityServer) GetPluginInfo(ctx context.Context, req
*csi.GetPluginInfoRequest) (*csi.GetPluginInfoResponse, error) {
    ...
    return &csi.GetPluginInfoResponse{
        Name:           ids.Driver.name,
        VendorVersion: ids.Driver.version,
    }, nil
    }
```

获取插件读写属性。

```
    func (is *IdentityServer) GetPluginCapabilities(ctx context.Context, req
*csi.GetPluginCapabilitiesRequest) (*csi.GetPluginCapabilitiesResponse, error)
{
    return &csi.GetPluginCapabilitiesResponse{
        Capabilities: []*csi.PluginCapability{
            {
                Type: &csi.PluginCapability_Service_{
                    Service: &csi.PluginCapability_Service{
                        Type:
csi.PluginCapability_Service_CONTROLLER_SERVICE,
                    },
                },
            },
```

```
        },
    }, nil
}
```

获取探活接口。

```
func (ids *DefaultIdentityServer) Probe(ctx context.Context, req
*csi.ProbeRequest) (*csi.ProbeResponse, error) {
    return &csi.ProbeResponse{}, nil
}
```

CSI Identity 负责标识存储名称和相关属性。关于存储的创建和加载需要在 CSI Controller 里面实现。

```
func (cs *ControllerServer) CreateVolume(ctx context.Context, req
*csi.CreateVolumeRequest) (*csi.CreateVolumeResponse, error) {
    . . .
    if exVol, err := getRBDVolumeByName(req.GetName()); err == nil {
        //如果已经存在，则直接返回
        return &csi.CreateVolumeResponse{
            Volume: &csi.Volume{
                VolumeId:       exVol.VolID,
                CapacityBytes: exVol.VolSize,
                VolumeContext: req.GetParameters(),
            },
        }, nil
    }
    return nil, status.Errorf(codes.AlreadyExists, "Volume with the
same name: %s but with different size already exist", req.GetName())
    }
    //解析参数
    rbdVol, err := parseVolCreateRequest(req)
    if err != nil {
        return nil, err
    }
    //创建存储
    err = cs.checkRBDStatus(rbdVol, req, int(rbdVol.VolSize))
    if err != nil {
        return nil, err
    }
```

```go
        rbdVol.VolSize = rbdVol.VolSize * util.MiB
        rbdVolumes[rbdVol.VolID] = *rbdVol
        return &csi.CreateVolumeResponse{
            Volume: &csi.Volume{
                VolumeId:       rbdVol.VolID,
                CapacityBytes: rbdVol.VolSize,
                VolumeContext: req.GetParameters(),
            },
        }, nil
    }
    //对应的还有删除存储接口DeleteVolume
    func (cs *ControllerServer) DeleteVolume(ctx context.Context, req
*csi.DeleteVolumeRequest) (*csi.DeleteVolumeResponse, error) {
        . . .
      volName := rbdVol.VolName
            if err := deleteRBDImage(rbdVol, rbdVol.AdminID, req.GetSecrets());
err != nil {

            return
    }
```

通常，CSI Controller 里面还需要实现 ControllerPublishVolume。由于 Ceph 的 RBD 存储加载是在 Kubelet 中完成的，所有 Ceph RBD 加载放到了 NodePublishVolume 里面实现，具体如下。

```go
    func (ns *NodeServer) NodePublishVolume(ctx context.Context, req
*csi.NodePublishVolumeRequest) (*csi.NodePublishVolumeResponse, error) {
        . . .
        //创建挂载路径
    notMnt, err := ns.createTargetPath(targetPath, isBlock)
        //加载存储
    devicePath, err := attachRBDImage(volOptions, volOptions.UserID,
req.GetSecrets())
        if err != nil {
            return nil, err
        }
        //挂载存储
    err = ns.mountVolume(req, devicePath)
```

```
if err != nil {
    return nil, err
}
return &csi.NodePublishVolumeResponse{}, nil
}
```

与挂载对应的还有 NodeUnpublishVolume 卸载存储。

```
func (ns *NodeServer) NodeUnpublishVolume(ctx context.Context, req
*csi.NodeUnpublishVolumeRequest) (*csi.NodeUnpublishVolumeResponse, error) {
    . . .
    if err = ns.unmount(targetPath, devicePath, cnt); err != nil {
        return nil, err
    }
    return &csi.NodeUnpublishVolumeResponse{}, nil
}
```

10.7 Kubernetes 高级特性

10.7.1 CRD

Kubernetes 原生支持的资源包括 Pod、Deployment、Configmap 等，但如果用户需要自己添加新的资源类型，就需要改动 Kubernetes 源代码，这样不仅给代码维护带来了麻烦，还有可能影响 Kubernetes 的稳定性。为此，在 Kubernetes 1.7 版本之后，添加了 CRD 特性，在这之前的版本也叫做 TPR（Third Party Resource）。CRD（Custom Resource Definition）自定义资源允许用户定义新的资源类型，扩展 Kubernetes 已有资源类型。

下面通过官方提供的一个案例介绍如何使用 CRD 定义定时任务。首先，通过 Yaml 文件定义资源文件。

```
apiVersion: apiextensions.k8s.io/v1beta1
kind: CustomResourceDefinition
metadata:
  # 名字必须是"复数.API组"
  name: crontabs.stable.example.com
spec:
  # 定义组名，后期将通过/apis/<group>/<version>访问
  group: stable.example.com
```

```
# 支持的版本号
versions:
  - name: v1
    # 是否开启本版本
    served: true
    # 在etcd存储的版本，只能有且仅有一个版本开启
    storage: true
  # 是namespace，还是集群级别
  scope: Namespaced
  names:
    # 复数形式，后期将通过/apis/<group>/<version>/<plural>访问资源
    plural: crontabs
    # 定义Kubectl资源名称
singular: crontab
#驼峰式名称
    kind: Crontab
#命令行简称
shortNames:
- ct
```

创建成功后，apiserver 便增加了一种 crontab 的资源类型，可以通过 Yaml 创建 crontab 对象。

```
apiVersion: "stable.example.com/v1"
kind: Crontab #和资源定义kind保存一致
metadata:
  name: my-new-cron-object
spec:
  cronSpec: "* * * * /5"
  image: crontabimage
```

这样便可以通过 kubectl 命令像操作 Kubernetes 原生支持的资源一样，执行增、删、改、查等操作，如下所示。

```
# kubectl get ct
NAME                  AGE
my-new-cron-object    48s
```

这里仅仅是将数据放到 Etcd 存储中，并没有控制器做任何操作（Kubernetes 原生控制器肯定是无法识别 Crontab 类型的资源的）。如果还需要针对本资源操作，需要自己编写对

应的控制。笔者根据官网提供的 sample-controller 案例简单改写了一个 Crontab 的控制器，并上传到 GitHub（https://github.com/timchenxiaoyu/bookexample/sample-controller）上。首先，定义资源文件。

```
type Crontab struct {
  metav1.TypeMeta   `json:",inline"`
  metav1.ObjectMeta `json:"metadata,omitempty"`

  Spec   CrontabSpec   `json:"spec"`
}
```

通过 ./hack/update-codegen.sh 自动生成客户端、informer 和 lister，并且处理函数打印新创建的 Crontab 对象。

```
func (c *Controller) syncHandler(key string) error {
  // Convert the namespace/name string into a distinct namespace and name
  namespace, name, err := cache.SplitMetaNamespaceKey(key)
  if err != nil {
    utilruntime.HandleError(fmt.Errorf("invalid resource key: %s",
key))
    return nil
  }
  // Get the Crontab resource with this namespace/name
  crontab, err := c.foosLister.Crontabs(namespace).Get(name)
  if err != nil {
    if errors.IsNotFound(err) {
      utilruntime.HandleError(fmt.Errorf("crontab '%s' in work queue
no longer exists", key))
      return nil
    }
    return err
  }
  fmt.Printf("get crontab message, %v \n ",crontab)
  c.recorder.Event(crontab, corev1.EventTypeNormal, SuccessSynced,
MessageResourceSynced)
  return nil
}
```
编译并运行后，当执行创建crontab对象后，便会生成如下信息：
```
# go build -o sample-controller .
```

```
    # /sample-controller -master=10.100.xx.xx:8080
    get crontab message, &{{ } {my-new-cron-object default
/apis/stable.example.com/v1alpha1/namespaces/default/crontabs/my-new-cron-ob
ject {* * * * /5 crontabimage}}
```

如果要真正实现一个 Crontab，读者可以继续编写通过定义的 cron 表达式，定时启动一个 Pod 执行任务。

10.7.2　动态准入控制

Kubernetes 准入控制是指请求经过认证鉴权之后，修改对象之前经过的执行的一段校验代码，主要分为系统自带（内建）和用户动态扩展。其中，系统自带（内建）通常包括 ResourceQuota、DefaultStorageClass、NamespaceLifecycle 管理等。用户动态扩展主要有两种方式，包括 Initializers 和 Webhook。

Initializers 是 Kubernetes 在准入控制阶段引入的初始化组件，它主要有两个作用：第一是资源创建的许可控制，譬如 Pod 创建之前，检查镜像是否安全；第二是预定义初始化任务，例如为业务容器添加 sidercar 容器。

Kubernetes 启用 Initializers 需要在 kube-apiserver 端启动参数添加：--enable-admission-plugins=initializers（启用 Initializers 插件）和 --runtime-config= admissionregistration.k8s.io/v1alpha1（允许准入控制器注册 API）后定义准入控制器。

```
apiVersion: admissionregistration.k8s.io/v1alpha1
kind: InitializerConfiguration
metadata:
  name: example-config
initializers:
  - name: log.initializer.Kubernetes.io
    Rules:
      - apiGroups:
          - "*"
        apiVersions:
          - v1beta1
        resources:
          - deployments
```

上面准入控制器指定了针对 v1beta1 版本的 Deployments 使用 Initializers 准入控制。那么，在后续的每个 Deployments 创建后，apiserver 会向每一个 Deployment 注入 metadata.initializers.pending 属性，标识这个 Deployment 需要执行的 Initializers。

最后，只需要编写一个简单的 Initializers，便可以完成对 Deployment 的控制功能。
下面介绍一下核心代码：

```
//创建Kubernetes客户端
clusterConfig, err := rest.InClusterConfig()
if err != nil {
   log.Fatal(err.Error())
}

clientset, err := Kubernetes.NewForConfig(clusterConfig)
if err != nil {
   log.Fatal(err)
}
//添加对资源的监测（watch）
_, controller := cache.NewInformer(includeUninitializedWatchlist,
&v1beta1.Deployment{}, resyncPeriod,
   cache.ResourceEventHandlerFuncs{
     AddFunc: func(obj interface{}) {
              // 当创建资源（Pod、Deployment）时，执行具体的操作X
       X()
       },
     },
)
//匹配自己关联的Initializer
initializerName == pendingInitializers[0].Name
//删除本Initializer负责的pendingInitializer
if len(pendingInitializers) == 1 {
   initializedDeployment.ObjectMeta.Initializers = nil
} else {
   initializedDeployment.ObjectMeta.Initializers.Pending =
append(pendingInitializers[:0], pendingInitializers[1:]...)
   }
//重新定义新的资源（Pod、Deployment），如为Deployment添加存储挂载
initializedDeployment.Spec.Template.Spec.Volumes =
append(deployment.Spec.Template.Spec.Volumes,logVolume)

//更新资源，如果是Deployment，则如下所示
clientset.AppsV1beta1().Deployments(deployment.Namespace).Patch(deplo
yment.Name, types.StrategicMergePatchType, patchBytes)
```

在通过 Kubernetes Deployment 部署 Initializer 时需要注意，需要指定这个 Deployment 自身的 Initializer pending 为空，否则，会出现死锁现象。

虽然 Initializer 的功能很强大，但使用起来需要注意以下几点：（1）每个资源的创建都需要经过这些 Initializer，会极大降低并发的性能。对于高并发的场景，需慎用 Initializer；（2）Initializer 非常重要，如果在 Kubernetes 集群内部署 Initializer，必须保证拥有最高的资源优先级，避免了 OOM；（3）Initializer 之间不要相互依赖，因为我们很难控制这些 Initializer 的执行顺序。

还有一种是 Webhook 的方式，原理更加简单，就是在执行准入控制时会调用用户预先定义的 HTTP 接口。Webhook 分为两种：MutatingAdmissionWebhook 和 ValidatingAdmission Webhook，分别是对象修改阶段和对象校验阶段。其中，MutatingAdmissionWebhook 只能串行，可以修改对象内容，而 ValidatingAdmissionWebhook 可以并行，但只能校验请求内容是否合法。Webhook 执行顺序如图 10-20 所示。

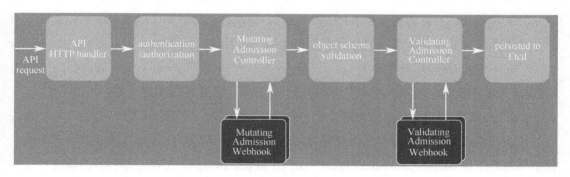

图 10-20　Webhook 执行顺序

在 Istio 中，流量转发组件 Envoy 就是通过 Webhook 方式注入业务 Pod 里，Webhook 为每一个 Deployment 的 Pod 添加一个 Envoy 的 sidercar 容器。由于 Pod 内的容器共享网络，从而劫持业务的网络流量并转发。

10.7.3　QoS

Kubernetes 通过资源调度算法将资源公平合理地分配给每一个 Pod，从而能充分利用资源，达到资源的最优分配。与此同时，由于集群资源不足，为了保障高优先级任务的稳定运行，引入了 QoS 概念。QoS 通过释放低优先级任务占用资源，转移给高优先级任务，从而保障高优先级任务的执行，那么 Kubernetes 如何做到任务（Pod）分级的呢？

10.7.3.1 Pod 驱赶

Pod 的 QoS 分级从高到低分为三个级别：Guaranteed、Burstable 和 Best-Effort。Guaranteed 级别是指 Pod 中所有容器都必须设置 limit。如果有一个容器设置了 request，那么所有的容器都要设置，并且针对每个容器的 request 和 limit 必须相等，这里有一个细节是如果一个容器只设置了 limit，而未设定 request，则 request 的值等于 limit 值。Burstable 级别是指 Pod 中只要有一个容器的 request 和 limit 的设置不相同，该 Pod 的 QoS 即为 Burstable。而 Best-Effort 是指 Pod 中所有容器的 request 和 limit 均未设置。

为了保证高优先级容器的稳定运行，Kubelet 引入了容器驱赶策略，将优先级较低的容器驱赶到其他节点运行。那么何时会触发驱赶呢？Kubelet 设置的驱赶条件主要包括 memory.available（节点内存可用值）、nodefs.available（文件系统存储可用值）、nodefs.inodesFree（inode 可用值）、imagefs.available（镜像文件系统存储可用值）和 imagefs.inodesFree（镜像文件系统 inode 可用值）这五个指标。其中，文件系统指的是 Kubelet 所在的文件系统，主要负责保存 Kubelet 日志、empty 存储等数据，通常是根文件系统，而镜像文件系统主要保存容器的镜像和容器最上面的读写层，如 docker 默认的/var/lib/docker 目录。如果 Kubelet 启动参数设置 memory.available<10% 或者 memory.available<1Gi 后，当 Kubelet 所在主机剩余可用内存不足 10%或者 1GB 后，将会触发驱赶动作。

Kubelet 驱赶的阈值分为软硬两个值，软阈值是指当节点满足该阈值后，Kubelet 允许业务容器优雅停止，硬阈值则是会触发 Kubelet 强制杀死容器并且会标注节点处于不健康状态（内存不足 MemoryPressure、磁盘不足 DiskPressure），从而阻止新容器在调度时候分配到该节点。所以，软阈值设置比硬阈值要大，如内存的硬阈值设置成 --eviction-hard=memory.available<200Mi，而软阈值设置为 --eviction-softmemory.available<1Gi。

当主机资源不足时，会优先驱赶 Pod QoS 优先级较低的容器。为了保障高优先级任务的运行，建议将它们设置成 Guaranteed。而优先级最低的 Best-Effort，则是尽力保障容器的运行，需要谨慎使用。总体优先级如下：

Best-Effort Pod ＜ Burstable Pod ＜ Guaranteed Pod。

Kubelet 会根据容器使用资源超过容器申请资源（request）的程度进行排序，优先驱赶超过 request 较多的容器。由于 Guaranteed Pod 的 limit 和 request 相同，所以不会发生驱赶，而 Best-Effort Pod 由于 request 设置比较小，在驱赶时最容器被驱赶。Kubelet 通过调用 Apiserver 将 Pod 状态设置成"Evicted"，此时 controller manager 紧接着将会创建一个新的 Pod，并通过 secheduler 调度其他节点运行。

10.7.3.2　OOM 评分

在驱赶后，主机上面的资源可能仍然无法满足要求，此时便会触发 Linux 内核的 OOM killer（详见网址：https://lwn.net/Articles/391222/），它会终止优先级较低的进程，保障系统继续运行。

在 Kubelet 启动容器时，不同优先级的容器会设置对应的 OOM 分数（分数越大，优先级越低，在资源不足时，将首先被回收），默认的 OOM 分数如下。

```
PodInfraOOMAdj       int = -998 #沙箱容器的优先级非常高
KubeletOOMScoreAdj   int = -999# Kubelet进程本身的优先级最高
DockerOOMScoreAdj    int = -999# docker的优先级也是最高
KubeProxyOOMScoreAdj int = -999# kube-proxy OOM分数
guaranteedOOMScoreAdj int = -998  #guaranteed Pod默认OOM分数
besteffortOOMScoreAdj int = 1000 #  besteffort Pod的OOM分数
```

Burstable Pod 的 OOM 分数则是通过下面公式计算得出的，可见 Pod 申请的内存越多，OOM 分数越低，优先级越高。

```
oomScoreAdjust := 1000 - (1000*memoryRequest)/memoryCapacity
```

所以为了保障 Pod 不被 OOM，请将优先高的任务设置成 guaranteed。

10.7.3.3　Pod 优先级

除了上面介绍的 QoS 优先级以外，在 Kubernetes 1.8 版本引入了 PriorityClass（优先级）和 Preemption（抢占）功能，但直到 Kubernetes 1.14，该功能才进入稳定版本。之前版本的 Scheduler 在出现资源不足时，新的容器将会一直处于等待调度状态（Pending），直到运维人员手动添加新资源，或者删除其他容器后，这些容器才有可能被重新调度。为了保障高优先级任务的执行，引入了 Pod 优先级和抢占机制，这保证了高优先级的任务首先被调度，并且在整个集群资源不足的情况下，终止低优先级任务，从而保障高优先任务的稳定执行。

可以通过 Yaml 定义一个优先级，如下所示。

```
apiVersion: scheduling.k8s.io/v1
kind: PriorityClass
metadata:
  name: high-priority
value: 1000000
globalDefault: false
```

```
description: "This high priority class."
```

上面定义了一个值为 1 000 000 的优先级，后续容器可以通过名称绑定到这个优先级，如下所示：

```
apiVersion: v1
kind: Pod
metadata:
  name: nginx
  labels:
    env: test
spec:
  containers:
  - name: nginx
    image: nginx
    imagePullPolicy: IfNotPresent
  priorityClassName: high-priority
```

关于优先级的具体实现，后面源码部分会有详细介绍。

10.7.4 专用节点

在 Kubernetes 的集群里面，并不是所有的节点都是相同的配置，部分节点配备了特殊硬件（如 GPU），并且很多应用对硬件有特殊的需求，如新版的 TensorFlow 必须要求运行在有 GPU 或者 TPU 的硬件服务器上。除此之外，还有网络和安全的限制，要求有些服务只能运行在特定的服务器节点上，而另外一部分服务要求不可运行在某些节点上。那么服务（容器）和服务器节点之间存在绑定和互斥的关系，Kubernetes 是通过标签的方式实现这些关系的。

可以通过 label 子命令，直接为每个节点打上特点的标签如下所示：

```
kubectl label node 节点名称 标签名=标签值
```

Kubernetes 默认为每个节点添加了表示节点 CPU 架构的标签 kubernetes.io/arch，表示操作系统类型的标签 kubernetes.io/os，以及主机名标签 kubernetes.io/hostname。除此之外，用户可以通过上面的命名添加自己定义的标签。

当主机具备标签后，应用在创建的时候就可以通过标签筛选对应的主机。Pod.spec.nodeSelector 字段选择特定的主机标签，从而在 Pod 调度时候分配到对应的主机上面运行。这种直接的筛选方式虽然简单，易操作，但却过于死板。为此，之后的 Kubernetes 又引入了亲和（Affinity）和反亲和（Anti-affinity）调度策略，可以更加灵活地设置容器和

容器,以及容器和节点之间的调度关系。亲和和反亲和策略主要分为三个场景(见图 10-21):
节点亲和、Pod 亲和及 Pod 反亲和,每种场景下都有两种策略:RequiredDuring
SchedulingIgnoredDuringExecution（调度时必须满足规则）和 PreferredDuringScheduling
IgnoredDuringExecution（调度时可选满足规则）。

图 10-21　亲和/反亲和三个场景示意图

下面通过两个例子介绍亲和策略的设置方式。第一个例子是设置节点亲和,如果是必
要条件,可以通过 requiredDuringSchedulingIgnoredDuringExecution 设定,将 Pod 绑定到安
装 GPU 加速的节点,通过下面方式设置:

```
affinity:
  nodeAffinity:
    requiredDuringSchedulingIgnoredDuringExecution:
      nodeSelectorTerms:
        - matchExpressions:
          - key: cloud.google.com/gke-accelerator
            operator: Exists
```

其中,matchExpressions 是一个数组结构,可以写多个匹配条件。多个条件之间是或的
关系,满足其中之一即可。

第二个例子是 Pod 节点的反亲和策略。“不希望”具有相同标签的 Pod 调度到同一台机
器上面,这里说的是“不希望”,而并非严格限制,所以使用 preferredDuringScheduling
IgnoredDuringExecution 策略。效果如下:

```
affinity:
  PodAntiAffinity:
    preferredDuringSchedulingIgnoredDuringExecution:
    - weight: 100
```

```
                        PodAffinityTerm:
                          labelSelector:
                            matchExpressions:
                             - key: app
                                operator: In
                                values:
                                 - cockroachdb
                        topologyKey: Kubernetes.io/hostname
```

其中，topologyKey 是用于缩小查找范围，提高性能的，比如设置 topologyKey 为 zone 的名称，从而将 Pod 调度到不同的 zone 里面部署。其中，针对 Pod 反亲和策略 RequiredDuringSchedulingIgnoredDuringExecution 场景，topologyKey 必须设置为 Kubernetes. io/hostname。

通过上面的亲和/反亲和策略能够很好地控制容器调度到某些节点。除此之外，Kubernetes 还提供一种排除策略，控制容器不调度到某些节点上面，通过为主机添加 Taint（污点）以及为 Pod 添加 Tolerations（容忍）的方式完成，具体通过下面的命令完成：

```
kubectl taint nodes node1 key=value:NoSchedule
```

结尾的 NoSchedule 是污点策略，它支持三种策略：NoSchedule（严格不调度）、PreferNoSchedule（最好不调度）及 NoExecute（不允许运行）。当节点被设置为污点后，只有设置容忍测量 Pod 才能调度这个节点，如下配置。

```
tolerations:
- key: "key"
  operator: "Equal"
  value: "value"
  effect: "NoSchedule"
```

如果希望容忍 key 的任意值做以下设置。

```
tolerations:
- key: "key"
  operator: "Exists"
```

甚至还可以设置容忍任何 key，忽略设置 key：

```
tolerations:
- operator: "Exists"
```

当 Pod 的容忍策略无法满足节点设置的污点后，将会执行上面的三种操作。

（1）NoSchedule 在 Pod 调度过程中会严格避免将 Pod 调度到设置污点标签，并且 Pod 自身并没有设置对应容忍策略的节点上面。（2）PreferNoSchedule 是一种"软"版本的 NoSchedule，系统会尽量避免将 Pod 调度到存在其不能容忍的污点节点上，但这不是强制的。（3）NoExecute 则是要求任何不能忍受这个节点污点标签的运行的 Pod 都会被驱逐，并且还可以为 Pod 设置 tolerationSeconds 属性。该属性表示如果 Pod 所运行的节点添加了 NoExecute 污点后，Pod 还能继续在节点上指定运行的时间。格式如下：

```
tolerations:
- key: "key1"
  operator: "Equal"
  value: "value1"
  effect: "NoExecute"
  tolerationSeconds: 3600
```

Pod 在被驱逐之前还可以运行 3 600 秒。如果这段时间内污点被删除了，则 Pod 将不会被驱逐。

10.8　Kubernetes 源码情景分析

10.8.1　优先级调度

在前面介绍 Scheduler 时，曾经介绍到 Scheduler 会通过优先级队列选择高优先级的 Pod 首先进行调度。那么，Scheduler 是如何实现的？下面将进行详细阐述。首先，在 Scheduler 里面定义了一个 PriorityQueue。

```
type PriorityQueue struct {
 // 活动队列
 activeQ *util.Heap
 // 回退队列
 podBackoffQ *util.Heap
 // 调度失败Pod集合
 unschedulableQ *UnschedulablePodsMap
 // 提名Pod集合
 nominatedPods *nominatedPodMap
 }
```

其中，activeQ 是保存即将被调度的 Pod；unschedulableQ 保存前一次调度失败的 Pod。

这个集合里面的 Pod 会被重新加入到 activeQ 里面；而 podBackoffQ 则是保存暂时回退的 Pod。之所以有 podBackoffQ，为了防止高优先级的 Pod 由于资源不足等问题无法满足调度，但却一直占据 activeQ 头部（优先级高），从而导致正常容器无法调度的问题，每次调度失败后加入 unschedulableQ 的同时也会加入 podBackoffQ。如果在 podBackoffQ 里面已经存在，则更新"调度失败次数"加 1。每次退避的时间通过 calculateBackoffDuration 方法计算。其中 initialDuration 初始化 1s，maxDuration 初始化 10s，所以退避的时间是按照指数增加的：1s、2s、4s、8s、10s……。

```go
func (pbm *PodBackoffMap) calculateBackoffDuration(nsPod
ktypes.NamespacedName) time.Duration {
    backoffDuration := pbm.initialDuration
    if _, found := pbm.podAttempts[nsPod]; found {
        for i := 1; i < pbm.podAttempts[nsPod]; i++ {
            backoffDuration = backoffDuration * 2
            if backoffDuration > pbm.maxDuration {
                return pbm.maxDuration
            }
        }
    }
    return backoffDuration
}
```

无论是 activeQ，还是 podBackoffQ 都是一个优先级队列，它们都是通过基础数据结构"堆"实现的，只不过 activeQ 的堆排序是通过 Pod 的优先级的，而 podBackoffQ 的堆排序是通过退避时间确定的。当 scheduleOne 选择一个 Pod 调度时，通过 NextPod 获取一个 Pod，NextPod 方式便是"弹出"堆顶的 Pod。

```go
func (sched *Scheduler) scheduleOne() {
    fwk := sched.config.Framework
    pod := sched.config.NextPod()
        . . .
        scheduleResult, err := sched.schedule(pod)
if err != nil {
. . .
//抢占
sched.preempt(pod, fitError)
. . .
return
```

```
        }
        . . .
        //更新缓存
        err = sched.assume(assumedPod, scheduleResult.SuggestedHost)
        . . .
        // 绑定节点
        sched.bind(assumedPod, &v1.Binding{
        . . .
```

如果调度成功，则通过 assume 更新缓存，并通过 bind 方法调用 Apiserver 绑定容器的节点。如果调度失败，则会触发 preempt 抢占机制。抢占是通过 Algorithm.Preempt 算法预演抢占的，如果抢占成功，则会返回绑定节点和需要删除的 Pod 列表。

```
    func (sched *Scheduler) preempt(preemptor *v1.Pod, scheduleErr error)
(string, error) {
    // 预演抢占
    node, victims, nominatedPodsToClear, err :=
sched.config.Algorithm.Preempt(preemptor, sched.config.NodeLister,
scheduleErr)
    . . .
    if node != nil {
      // 加入提名Pod集合
      sched.config.SchedulingQueue.UpdateNominatedPodForNode(preemptor,
nodeName)
        // 更新Pod的NominatedNodeName字段
    sched.config.PodPreemptor.SetNominatedNodeName(preemptor, nodeName)
    // 循环遍历删除Pod
    for _, victim := range victims {
    if err := sched.config.PodPreemptor.DeletePod(victim); err != nil
      . . .
    }
```

Preempt 首先对所有节点执行调度中的"筛选"流程，防止抢占无用节点，然后启动 16 个协程并发，对每个节点低于抢占 Pod 优先级的 Pod 进行排序。按照"最少影响原则"，删除最少的 Pod 满足抢占需求。抢占的过程并不是直接将 Pod 的 NodeName 资源设置成对应 Node，因为此时节点的情况可能已经发生变化，所以只是将 Pod 的 NominatedNodeName（提名 NodeName）设置为对应 Node，然后删除这些被抢占的 Pod。

10.8.2　Docker 镜像下载认证流程

Docker 在容器启动之前首先需要下载容器对应的镜像，如果设置的下载策略是 IfNotPresent，那么容器会优先使用本地镜像。如果不存在，则拉取新镜像。如果下载策略是 Never，则不会下载新镜像，只使用本地镜像。如果本地没有，则容器无法启动。如果下载策略是 Always，则会一直拉取最新镜像，不管本地是否存在。如果容器启动需要从镜像仓库下载镜像，首先需要通过镜像仓库的认证过程，此时会加载镜像仓库的认证文件，关于镜像仓库认证文件在前面介绍 docker login 命令时已经阐述，在此不再赘述。

搜索认证文件流程如图 10-22 所示。

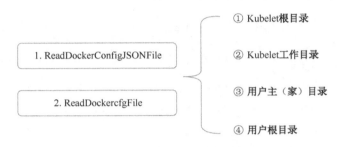

图 10-22　搜索认证文件流程

首先，通过 ReadDockerConfigJSONFile 方法遍历上面的四个目录（Kubelet 根目录、Kubelet 工作目录、用户的主目录和用户根目录）寻找 config.json 文件。如果找到一个，则立马返回。如果没有找到，则继续搜索。为了兼容旧版 Docker，会通过 ReadDockercfgFile 方法继续遍历这四个目录寻找 dockercfg 文件。具体代码如下：

```
func ReadDockerConfigFile() (cfg DockerConfig, err error) {
  if cfg, err := ReadDockerConfigJSONFile(nil); err == nil {
    return cfg, nil
  }
   return ReadDockercfgFile(nil)
}
```

在 ReadDockerConfigJSONFile 方法里面，首先通过 DefaultDockerConfigJSONPaths 方法获取这四个目录，紧接着逐一遍历，如果读取成功，则返回。

```
    func ReadDockerConfigJSONFile(searchPaths []string) (cfg DockerConfig,
err error) {
      if len(searchPaths) == 0 {//获取默认搜索路径
```

```
        searchPaths = DefaultDockerConfigJSONPaths()
    }
    for _, configPath := range searchPaths {//遍历读取文件
      absDockerConfigFileLocation, err :=
filepath.Abs(filepath.Join(configPath, configJsonFileName))
      . . .
      cfg, err =
ReadSpecificDockerConfigJsonFile(absDockerConfigFileLocation)
    . . .
        return cfg, nil
    }


    }
```

DefaultDockerConfigJSONPaths 方法实现程序如下。

```
    func DefaultDockerConfigJSONPaths() []string {
        return []string{GetPreferredDockercfgPath(), workingDirPath,
homeJsonDirPath, rootJsonDirPath}
    }
```

其中，Kubelet 默认根目录 GetPreferredDockercfgPath 是通过代码设置的。

```
    const defaultRootDir = "/var/lib/Kubelet"
    Kubelet工作目录workingDirPath是在systemd启动参数设置，在
/usr/lib/systemd/system/Kubelet.service 中通过WorkingDirectory设置：
    [Service]
    WorkingDirectory=/var/lib/Kubelet
    用户的主目录homeJsonDirPath是通过环境变量获取。
    homeDirPath        = os.Getenv("HOME")
```

而用户的根目录 rootJsonDirPath 是代码写死。

```
    rootDirPath        = "/"
```

这里还有一点需要注意，用户主目录的获取是通过 HOME 环境变量获取的，通常如果是 root 用户启动，默认应该是/root 目录。但在一些实际使用过程中，打印文件的遍历的过程下：

```
    1.looking for config.json at /var/lib/Kubelet/config.json
    2.looking for config.json at /var/lib/Kubelet/config.json
    3.looking for config.json at /var/lib/Kubelet/.docker/config.json
```

```
4.looking for config.json at /.docker/config.json
5.looking for .dockercfg at /var/lib/Kubelet/.dockercfg
6.looking for .dockercfg at /var/lib/Kubelet/.dockercfg
7.looking for .dockercfg at /var/lib/Kubelet/.dockercfg
8.looking for .dockercfg at /.dockercfg
```

从第3行和第7行可以看出，用户的主目录也变成了/var/lib/Kubelet。这是由于在Kubelet 的 systemd 配置文件/usr/lib/systemd/system/Kubelet.service 中没有添加 User=root 导致的，这点需要注意。

10.8.3 Kubelet 启动 Pod

当 Kubelet 从 Apiserver 或者文件中获取 Pod 变化时，如果是 Pod 删除操作则比较简单，直接通过 killPod 删除 Pod。Pod 创建任务相对比较复杂，在创建了 Pod 的数据目录、获取 Pod secret 后，通过 kubeGenericRuntimeManager 的 SyncPod 方法启动容器，SyncPod 总共分为六步，考虑到 Pod 可能不是第一次创建，所以，前三步操作都是为了清理垃圾数据。

```
func (m *kubeGenericRuntimeManager) SyncPod(pod *v1.Pod, podStatus
*kubecontainer.PodStatus, pullSecrets []v1.Secret, backOff
*flowcontrol.Backoff) (result kubecontainer.PodSyncResult) {
    //第一步，计算Pod变化。主要是通过对比当前运行Pod，检查Pod的Spec内容是否发生变
化，从而决定哪些容器需要新建，哪些容器需要删除重建
    podContainerChanges := m.computePodActions(pod, podStatus)
    . . .
    //第二步，如果发生，则清理所有历史Pod
    if podContainerChanges.KillPod {
      killResult := m.killPodWithSyncResult(pod,
kubecontainer.ConvertPodStatusToRunningPod(m.runtimeName, podStatus), nil)
      result.AddPodSyncResult(killResult)
      . . .
      if podContainerChanges.CreateSandbox {
        m.purgeInitContainers(pod, podStatus)
      }
    } else {
      //第三步，删除状态未知的业务容器
      for containerID, containerInfo := range
podContainerChanges.ContainersToKill {
        killContainerResult :=
kubecontainer.NewSyncResult(kubecontainer.KillContainer, containerInfo.name)
```

```
        result.AddSyncResult(killContainerResult)
        if err := m.killContainer(pod, containerID, containerInfo.name,
containerInfo.message, nil); err != nil {
            . . .
            }
        }
    }
    //强制清理历史initcontainer
    m.pruneInitContainersBeforeStart(pod, podStatus)


//第四步，如果之前sanbox未创建，或者在第二步被删除，那么这里需要重新创建
    podSandboxID := podContainerChanges.SandboxID
    if podContainerChanges.CreateSandbox {
        createSandboxResult :=
kubecontainer.NewSyncResult(kubecontainer.CreatePodSandbox, format.Pod(pod))
        result.AddSyncResult(createSandboxResult)
        podSandboxID, msg, err = m.createPodSandbox(pod,
podContainerChanges.Attempt)
    . . .
    //第五步，启动initcontainer
    if container := podContainerChanges.NextInitContainerToStart;
container != nil {
        // Start the next init container.
        startContainerResult :=
kubecontainer.NewSyncResult(kubecontainer.StartContainer, container.Name)
        result.AddSyncResult(startContainerResult)
        isInBackOff, msg, err := m.doBackOff(pod, container, podStatus,
backOff)
        . . .
        if msg, err := m.startContainer(podSandboxID, podSandboxConfig,
container, pod, podStatus, pullSecrets, podIP); err != nil {
    . . .
    //第六步，启动业务容器
    for _, idx := range podContainerChanges.ContainersToStart {
        container := &pod.Spec.Containers[idx]
        startContainerResult :=
kubecontainer.NewSyncResult(kubecontainer.StartContainer, container.Name)
        result.AddSyncResult(startContainerResult)
    . . .
```

```
        if msg, err := m.startContainer(podSandboxID, podSandboxConfig,
container, pod, podStatus, pullSecrets, podIP); err != nil {
        startContainerResult.Fail(err, msg)
    . . .
```

最终，通过 startContainer 方法启动容器，该方法通过以下四步启动容器。

```
    func (m *kubeGenericRuntimeManager) startContainer(podSandboxID string,
podSandboxConfig *runtimeapi.PodSandboxConfig, container *v1.Container, pod
*v1.Pod, podStatus *kubecontainer.PodStatus, pullSecrets []v1.Secret, podIP
string) (string, error) {
    //第一步，拉取镜像
    imageRef, msg, err := m.imagePuller.EnsureImageExists(pod, container,
pullSecrets, podSandboxConfig)
    . . .
    //第二步，创建容器
    containerID, err := m.runtimeService.CreateContainer(podSandboxID,
containerConfig, podSandboxConfig)
    . . .
    //第三步，启动容器
    err = m.runtimeService.StartContainer(containerID)
    . . .
    // 第四步，执行posttart hook
    if container.Lifecycle != nil && container.Lifecycle.PostStart != nil
{
        msg, handlerErr := m.runner.Run(kubeContainerID, pod, container,
container.Lifecycle.PostStart)
    . . .
```

上面的 CreateContainer 和 StartContainer 便是通过最终的容器运行时 CRI 启动容器的，具体是通过 grpc 客户端发送请求（pkg/kubelet/remote/remote_runtime.go）。

```
    func (r *RemoteRuntimeService) StartContainer(containerID string) error
{
    ctx, cancel := getContextWithTimeout(r.timeout)
    defer cancel()

    _, err := r.runtimeClient.StartContainer(ctx,
&runtimeapi.StartContainerRequest{
        ContainerId: containerID,
```

```
        })
        if err != nil {
            klog.Errorf("StartContainer %q from runtime service failed: %v",
containerID, err)
            return err
        }

        return nil
    }
```

Kubelet 已经将 Docker 的 CRI 服务端集成到自己内部，那么对于 Docker 的 CRI，grpc 通过一个 Kubelet 二进制文件调用客户端和服务端（pkg/kubelet/dockershim/docker_container.go）。

```
    func (ds *dockerService) StartContainer(_ context.Context, r
*runtimeapi.StartContainerRequest) (*runtimeapi.StartContainerResponse, error)
{
    //通过docker client客户端启动容器
        err := ds.client.StartContainer(r.ContainerId)
        . . .
    return &runtimeapi.StartContainerResponse{}, nil
    }
```

通过 StartContainer 启动 Docker 容器。如果是其他 CRI 服务端实现的，如 containerd 或者 CRI-O，都是以独立的二进制运行的。

10.8.4　Pod 回收顺序

当我们执行滚动升级或者减少容器副本数的时候，Kubernetes 将会替换或者回收多余的 Pod，那么删除 Pod 的顺序是什么呢？在 Replicaset 控制逻辑中，会对该 Replicaset 下所有 Pod 执行快速排序，其中，比较函数的实现程序如下。

```
    func (s ActivePods) Less(i, j int) bool {
        // 1. Unassigned < assigned 优先删除还未调度的Pod
        if s[i].Spec.NodeName != s[j].Spec.NodeName &&
(len(s[i].Spec.NodeName) == 0 || len(s[j].Spec.NodeName) == 0) {
            return len(s[i].Spec.NodeName) == 0
        }
        // 2. PodPending < PodUnknown < PodRunning 优先删除状态为异常的Pod
        m := map[v1.PodPhase]int{v1.PodPending: 0, v1.PodUnknown: 1,
```

```
v1.PodRunning: 2}
        if m[s[i].Status.Phase] != m[s[j].Status.Phase] {
            return m[s[i].Status.Phase] < m[s[j].Status.Phase]
        }
        // 3. Not ready < ready 优先删除非Ready状态的Pod
        if Podutil.IsPodReady(s[i]) != Podutil.IsPodReady(s[j]) {
        return !Podutil.IsPodReady(s[i])
        }
        // 4. empty time < less time < more time 优先删除启动时间最短的Pod
        if Podutil.IsPodReady(s[i]) && Podutil.IsPodReady(s[j])
&& !PodReadyTime(s[i]).Equal(PodReadyTime(s[j])) {
            return afterOrZero(PodReadyTime(s[i]), PodReadyTime(s[j]))
        }
        // 5. higher restart counts < lower restart counts 优先删除重启次数多的
Pod
        if maxContainerRestarts(s[i]) != maxContainerRestarts(s[j]) {
            return maxContainerRestarts(s[i]) > maxContainerRestarts(s[j])
        }
        // 6. Empty creation time Pods < newer Pods < older Pods 优先删除创建
时间最短的Pod
        if !s[i].CreationTimestamp.Equal(&s[j].CreationTimestamp) {
            return afterOrZero(&s[i].CreationTimestamp,
&s[j].CreationTimestamp)
        }
        return false
    }
```

通过上面的注释可以看到 Pod 排序的逻辑，总体来说，就是优先删除异常和最新创建的 Pod，保留运行稳定的 Pod。

10.8.5 存储回收

PV 定义里，persistentVolumeReclaimPolicy 用于定义资源的回收方式、与存储底层的支持、现有的回收策略。

Retain：手动回收。

Recycle：删除数据，目前只有 NFS 和 HostPath 支持 Recycle 策略。

Delete：通过存储后端接口删除卷，目前支持的存储主要包括 AWS EBS、GCE PD、Azure Disk、Cinder。

如果是 NFS 或者 HostPath 设置 Recycle 回收策略，那么 Kubernetes 会启动一个 Pod 回收存储资源，Pod 默认的模板通过 Controller-manager 启动参数 pv-recycler-pod-template-filepath-hostpath 指定，默认定义在 pkg/volume/plugins.go 中。

```go
func NewPersistentVolumeRecyclerPodTemplate() *v1.Pod {
    timeout := int64(60)
    Pod := &v1.Pod{
        ObjectMeta: metav1.ObjectMeta{
            GenerateName: "pv-recycler-",
            Namespace:    metav1.NamespaceDefault,
        },
        Spec: v1.PodSpec{
            ActiveDeadlineSeconds: &timeout,
            RestartPolicy:         v1.RestartPolicyNever,
            Volumes: []v1.Volume{
                {
                    Name: "vol",
                    VolumeSource: v1.VolumeSource{},
                },
            },
            Containers: []v1.Container{
                {
                    Name:    "pv-recycler",
                    Image:   "busybox:1.27",
                    Command: []string{"/bin/sh"},
                    Args:    []string{"-c", "test -e /scrub && rm -rf /scrub/..?* /scrub/.[!.]* /scrub/*  && test -z \"$(ls -A /scrub)\" || exit 1"},
                    VolumeMounts: []v1.VolumeMount{
                        {
                            Name:      "vol",
                            MountPath: "/scrub",
                        },
                    },
                },
            },
        },
    }
    return Pod
}
```

Pod 模板定义非常简单，通过将需要回收的目录挂载到 Pod 里的/scrub 目录下，并且执行 "rm -rf /scrub" 删除命令，从而回收资源。这里的 Pod.Spec.Volumes[0].VolumeSource 的字段是空的，需要根据真实的存储路径动态修改，以 HostPath 存储 Recycle 为例，参照 pkg/volume/host_path/host_path.go 文件。

```go
func (plugin *hostPathPlugin) Recycle(pvName string, spec *volume.Spec,
eventRecorder recyclerclient.RecycleEventRecorder) error {

//修改Pod.Spec.Volumes[0].VolumeSource为具体的存储路径
    Pod.Spec.Volumes[0].VolumeSource = v1.VolumeSource{
    HostPath: &v1.HostPathVolumeSource{
       Path: spec.PersistentVolume.Spec.HostPath.Path,
    },
  }
    return
recyclerclient.RecycleVolumeByWatchingPodUntilCompletion(pvName, Pod,
plugin.host.GetKubeClient(), eventRecorder)
  }
```

当 Pod 执行完成后，会立刻回收。

10.8.6 动态伸缩

与虚拟机相比，容器具备的较大优势就是快速启动和回收。但手动的扩容和缩容远远不能满足互联网突发流量等突发应用负载场景。为此，Kubernetes 引入动态伸缩模块 HPA（Horizontal Pod Autoscaling），HPA 的作用是能够根据用户设定的伸缩指标，配合实时监控数据，动态调整容器的副本数的。

如果是 Resource 类型的资源，通过 GetResourceUtilizationRatio 获取使用率。

```go
func GetResourceUtilizationRatio(metrics PodMetricsInfo, requests
map[string]int64, targetUtilization int32) (utilizationRatio float64,
currentUtilization int32, rawAverageValue int64, err error) {
   metricsTotal := int64(0)
   requestsTotal := int64(0)
   numEntries := 0

   //累加获取所有Pod的request和、metric和
   for PodName, metric := range metrics {
```

```
        request, hasRequest := requests[PodName]
        if !hasRequest {
            // we check for missing requests elsewhere, so assuming missing
requests == extraneous metrics
            continue
        }

        metricsTotal += metric.Value //metric和
        requestsTotal += request //request和
        numEntries++
    }
    ...
    //获取当前资源使用率，由于分母是request和，所以currentUtilization 很有可能大于
100
    currentUtilization = int32((metricsTotal * 100) / requestsTotal)
    //使用当前资源使用率currentUtilization除以目标资源使用率targetUtilization，
从而返回需要扩容的倍数。
    return float64(currentUtilization) / float64(targetUtilization),
currentUtilization, metricsTotal / int64(numEntries), nil
    }
```

然后，通过容器副本数乘以扩容倍数，得出最新的容器副本数。

10.8.7　ConfigMap 子路径挂载

创建 ConfigMap 命令如下。

```
kubectl create cm testc --from-file=index.html=index.html
```

首先，演示 ConfigMap 常规的挂载，Yaml 文件如下。

```
    spec:
      containers:
      - image: nginx
        volumeMounts:
        - mountPath: /usr/share/nginx/html
          name: tt
    . . .
      volumes:
      - configMap:
          defaultMode: 420
```

```
            name: testc
          name: tt
```

上面的配置会将整个 ConfigMap 下的文件都挂载到容器内的"/usr/share/nginx/html"目录下面。此时需要注意，这种挂载方式是以整个目录挂载的方式覆盖原有文件。原生 nginx 目录如下：

```
# ls /usr/share/nginx/html
50x.html  index.html
```

当执行完挂载后，执行以下命令：

```
# ls /usr/share/nginx/html
index.html
```

将只会出现挂载的 index.html 文件。如果只是希望在目录下面替换或者添加某些指定文件，而不想替换整个目录，此时需要 subPath 功能。

```
    spec:
      containers:
      - image: nginx
        imagePullPolicy: IfNotPresent
        name: nginx

        volumeMounts:
        - mountPath: /usr/share/nginx/html/index.html
          name: tt
          subPath: index.html
    . . .
      volumes:
      - configMap:
          defaultMode: 420
          name: testc
        name: tt
```

上面通过 subPath 将指定了的文件 index.html 挂载到/usr/share/nginx/html/目录下，并命名为 index.html。subPath 必须是一个相对路径。

有时我们并不希望将整个 ConfigMap 都暴露给容器，因此，可以通过定义 key 的方式指定 ConfigMap 下面的部分文件。

```
    spec:
      containers:
```

```
    - image: nginx
      name: nginx
      volumeMounts:
      - mountPath: /usr/share/nginx/html/aax
        name: tt
  . . .
      volumes:
      - configMap:
          defaultMode: 420
          items:
          - key: index.html
            path: aa
          name: testc
        name: tt
```

通过使用 item.key 的方式选择具体使用 ConfigMap 里面某几个文件挂载。如果需要指定每个文件的名称，可以通过 item.path 指定。这里仍然可以通过 subPath 二次筛选挂载文件，但必须保证 volume.configMap.items.path 里面设置的路径要和 subPath 指定的路径相同，否则，Kubelet 将会创建一个空的目录挂载。

源码解析

首先，解析一下 ConfigMap 的实现原理。ConfigMap 是 Kubernetes 的一种 volume，与其他 volume 类似，它们都实现了存储相关的接口，会定时比较 Kubernetes API 里面 configmap 数据和本地 configmp 文件内容是否一致。

```
func shouldWriteFile(path string, content []byte) (bool, error) {
  _, err := os.Lstat(path)
  if os.IsNotExist(err) {
    return true, nil
  }
  contentOnFs, err := ioutil.ReadFile(path)
  if err != nil {
    return false, err
  }
  return (bytes.Compare(content, contentOnFs) != 0), nil
}
```

通过二进制比较确定 configmap 内容是否相同。如果发现数据有变化，则会创建新的

时间戳目录（目录以时间戳格式命名），并将新的 configmap 下的文件写入这个时间戳目录，最后将..data 目录软连接到这个目录下面，如下所示：

```
/var/lib/Kubelet/pods/f75cf588-4247-11e9-bba4-0017a477045c/volumes/ku
bernetes.io~configmap/tt/..data -> ..2019_03_09_08_47_27.128021544
```

容器内挂载的文件也是通过软连接的方式连接到..data 目录下的，如下所示。

```
# ls -1
/var/lib/Kubelet/pods/f75cf588-4247-11e9-bba4-0017a477045c/volumes/kubernete
s.io~configmap/tt/aa
/var/lib/Kubelet/pods/f75cf588-4247-11e9-bba4-0017a477045c/volumes/ku
bernetes.io~configmap/tt/aa -> ..data/aa
```

这样通过了两次软连接可以将目标文件映射到 Pod 指定的挂载目录下。很多读者可能会对此感到好奇，为什么这么麻烦，要使用两次软连接？这是因为需要保持数据的原子写入，保证 configmap 下面的配置文件一起修改完成，不会造成一个文件已经更新，而其他文件未更新的问题，从而保证数据的一致性。

这里还有一点需要注意，时间戳目录并非直接挂载到..data 目录，而是通过一个中间文件..data_tmp 目录，先将时间戳目录挂载到..data_tmp，然后将..data_tmp 重命名为..data。详细代码在 pkg/volume/util/atomic_writer.go 里面用 write 方式实现了。这是为了保证数据的一致性，configmap 的写入总共分为 11 步。

```go
func (w *AtomicWriter) Write(payload map[string]FileProjection) error {
    // 1.校验数据是否有效
    cleanPayload, err := validatePayload(payload)
    . . .
    // 2.读取当前时间戳目录
    dataDirPath := path.Join(w.targetDir, dataDirName)
    oldTsDir, err := os.Readlink(dataDirPath)
    oldTsPath := path.Join(w.targetDir, oldTsDir)
    // 3.查找时间戳目录下需要删除的文件
      pathsToRemove, err = w.pathsToRemove(cleanPayload, oldTsPath)

    // 4.判断是否需要重写数据
  if should, err := shouldWritePayload(cleanPayload, oldTsPath);

    // 5.创建新的时间戳目录
    tsDir, err := w.newTimestampDir()
```

```
    // 6.将数据写入新的时间戳目录
    if err = w.writePayloadToDir(cleanPayload, tsDir); err != nil {


    // 7.创建到..data目录的软连接
    if err = w.createUserVisibleFiles(cleanPayload); err != nil {


    // 8.将时间戳目录软连接到..data_tmp目录
    newDataDirPath := path.Join(w.targetDir, newDataDirName)
    if err = os.Symlink(tsDirName, newDataDirPath); err != nil {


    // 9. ..data_tmp重命名为..data
    if runtime.GOOS == "Windows" {
      os.Remove(dataDirPath)
      err = os.Symlink(tsDirName, dataDirPath)
      os.Remove(newDataDirPath)
    } else {
      err = os.Rename(newDataDirPath, dataDirPath)
    }
    // 10.删除第三步中确认需要回收的文件
    if err = w.removeUserVisiblePaths(pathsToRemove); err != nil {


    // 11. 删除时间戳目录
    if len(oldTsDir) > 0 {
      if err = os.RemoveAll(oldTsPath); err != nil {


    return nil

  }
```

subpath 的实现是通过 mount 的 bind 挂载完成的。将 subpath 指定的文件通过 mount 挂载到 volume-subpaths 目录下，可以看到下面的三个文件的 inode 是相同的。

```
    # ls -i
/var/lib/Kubelet/Pods/f75cf588-4247-11e9-bba4-0017a477045c/volumes/Kubernete
s.io~configmap/tt/..2019_03_09_08_47_27.128021544/aa
    687896609


    # ls -i
/var/lib/Kubelet/Pods/f75cf588-4247-11e9-bba4-0017a477045c/volumes/Kubernete
s.io~configmap/tt/..data/aa
```

```
687896609

# ls -i
/var/lib/Kubelet/Pods/f75cf588-4247-11e9-bba4-0017a477045c/volume-subpaths/t
t/nginx/0

687896609
```

subpath 代码的实现参照 pkg/util/mount/mount_linux.go 的 doBindSubPath 方法。

```
func doBindSubPath(mounter Interface, subpath Subpath) (hostPath string,
err error) {
    //获取挂载点
    fd, err := safeOpenSubPath(mounter, subpath)
    //获取挂载文件
    alreadyMounted, bindPathTarget, err := prepareSubpathTarget(mounter,
subpath)

    KubeletPid := os.Getpid()
    mountSource := fmt.Sprintf("/proc/%d/fd/%v", KubeletPid, fd)
    //指定bind mount挂载
    options := []string{"bind"}
    if err = mounter.Mount(mountSource, bindPathTarget, "" /*fstype*/,
options);
    }
```

其中，prepareSubpathTarget 方法负责准备好的挂载目标，根据挂载源创建对应的目标挂载文件或者目录。

```
func prepareSubpathTarget(mounter Interface, subpath Subpath) (bool,
string, error) {
    //获取挂载源路径
    t, err := os.Lstat(subpath.Path)
    if err != nil {
        return false, "", fmt.Errorf("lstat %s failed: %s", subpath.Path,
err)
    }
    //判断挂载源是目录还是文件，如果挂载源为目录，应该为目标创建目录
    if t.Mode()&os.ModeDir > 0 {
        if err = os.Mkdir(bindPathTarget, 0750); err != nil
&& !os.IsExist(err) {
```

```
            return false, "", fmt.Errorf("error creating directory %s: %s",
bindPathTarget, err)
            }
        } else {
    //如果挂载源是文件，则创建一个空文件作为挂载目标
            if err = ioutil.WriteFile(bindPathTarget, []byte{}, 0640);
err != nil {
            return false, "", fmt.Errorf("error creating file %s: %s",
bindPathTarget, err)
            }
        }
        return false, bindPathTarget, nil
    }
```

10.9　上 Kubernetes，你需要三思

Kubernetes 给我们带来的好处是毋庸置疑的，并且我们相信 Kubernetes 将会成为下一个 Linux，所有应用都将慢慢符合云原生规范。但我们也不能盲目自信，Kubernetes 还是存在一些问题的。

● Bug 和安全漏洞。

Kubernetes 在迭代过程中肯定会出现很多功能 bug 和系统漏洞，这需要引起我们足够的重视。譬如，2019 年 2 月 25 日，Kubernetes 发布 issue（#74534），公布了一个中等程度的安全漏洞 CVE-2019-1002100。根据描述，具有 patch 权限的用户可以通过发送一个精心构造的 patch 请求来消耗 Apiserver 的资源，最终会导致 Apiserver 无法响应其他请求。企业需要有一定相关技术积累，以便关键问题能得到修复。

● 学习曲线。

Kubernetes 采用 Yaml 和命令行的方式管理资源。这种偏运维的管理方式还存在一定的学习障碍，缺少一种简单操作的管理页面。

10.10　其他容器管理平台

除了 Kubernetes，还有其他一些容器管理平台，比如 OpenShift、Rancher 等管理平台。

在之前的版本中，它们都独立开发了一套容器管理方案，但 2018 年后，无论是 OpenShift，还是 Rancher，都已经全面转向 Kubernetes，把重点放到了 Devops 及 Kubernetes 集群管理等方面，容器的管理则全部交给 Kubernetes。

10.10.1　Rancher

Rancher 是梁胜团队开源的一套容器管理系统，借助之前在 CloudStack 上面的积累，这套容器管理平台很多核心思想都是来自虚拟机管理方面的。

早期的 Rancher 网络只支持 IPSec，这个是大家"吐槽"最多的地方。这种方案在每一个主机内部会放一个 IPSec Agent 容器，所有容器都会连接到本机上的 Agent 容器。Agent 负责转发数据，或者将数据包封装，并路由到指定的其他主机。Rancher 网络 IPSec 网络实现如图 10-23 所示，192.168.2.2 访问到 192.168.2.4 的时候，192.168.2.2 容器会把数据包丢到本机的 Agent，Agent 根据内部的元数据，得知 192.168.2.4 容器在其他主机上，那么 Agent 会把数据包封装为 IPSec 包，通过 IPSec 发送到对端主机。当对端主机接收到 IPSec 包后，执行解包操作，再发送给 192.168.2.4 容器。这个方法在实现上虽然很简单，但它也存在问题，很大问题就是对 IPSec 通信造成性能损耗。

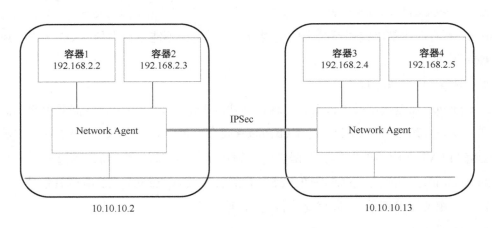

图 10-23　Rancher 网络 IPSec 网络实现

所以，我们建议使用 VXLAN 这种更加高效的 overlay 网络方案。在 Rancher v1.2 版本中加入了对 CNI 的支持，也就是说 Kubernetes 的网络插件都可以直接用于 Rancher。但 Rancher1.2 版本中最大的改变还是对 Kubernetes 的支持，Rancher 官方已经表示在未来 Rancher 将全面支持 Kubernetes，在 Rancher 中很方便地部署并维护 Kubernetes 集群。

10.10.2　Mesos 和 Marathon

Mesos 是 Apache 下的开源分布式资源管理和调度框架，它被称为分布式系统的内核。它本身并非为容器而生，而是在数据中心内负责资源管理的，它通过二级调度的方式将资源分发给具体任务调度器（framework），常见的 framework 包括 Marathon，Chronos，Spark等。随着 Docker 的兴起，Mesos 为了支持 Docker 引入了 Marathon，Marathon 负责从 Mesos申请资源，并管理容器的生命周期。每个 Mesos 的 framework 都需要实现两个重要的组件Scheduler 和 Executor。其中，Scheduler 负责资源的二次调度，Executor 负责最终的任务管理。Marathon 同样也要实现这两个组件，其中 Marathon Executor 通过调用 Docker 的 API管理容器。图 10-24 所示为 Mesos 和 Marathon 的整体架构图。

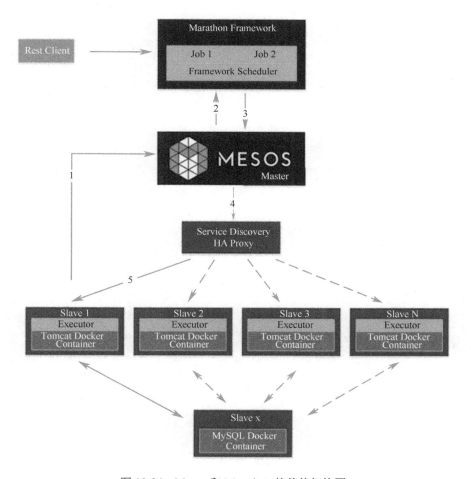

图 10-24　Mesos 和 Marathon 的整体架构图

当 Mesos Slave 启动后，会向 Mesos Master 注册，并上报可用资源类型和资源可用量，这样 Mesos Master 便可以掌握整个集群的状态。Mesos Master 会主动地向 Marathon 推送集群可用资源（包含机器的 CPU 和内存）。当用户申请创建容器后，Mesos Master 首先向 Marathon Scheduler 提供资源 offer，Marathon Scheduler 可以选择拒绝 offer。如果选择接受 offer，Mesos Master 就会通知对应节点的 Mesos Slave 调用 Marathon Executor 启动容器。容器对外提供服务，需要一套支持服务发现的负责均衡器，它会通过 Mesos 或者 Marathon 获取容器的 IP 地址，从而动态刷新负载均衡后端。

Mesos 的优势在于大规模集群资源管理，而非容器。在 Kubernetes 逐渐确定统治地位后，2019 年 5 月，Mesos 的"铁杆"Twitter 也表示，Twitter 的基础设施从 Mesos 全面转向 Kubernetes。

第 11 章 Kubernetes 生态圈

Chapter Eleven

Kubernetes 本身只提供了容器的资源管理和调度，但还缺少很多小伙伴才能构建一个完整容器平台。在 CNCF 的推动下，目前已经有很多项目已经从 CNCF 正式毕业，并且有更多的项目加入到 CNCF 下孵化。Kubernetes 的生态圈正不断丰富和完善。

11.1 Prometheus

第一个出场的就是 Prometheus，结合 cAdvisor 和各种 exporter 采集器，Prometheus 可以监控容器、主机及 Kubernetes 性能指标，并做到自动发现（不需要为每一个容器配置监控项），而且支持性能指标告警。

在介绍 Prometheus 监控之前，我们先了解一下 cAdvisor。cAdvisor 对主机及上面运行的容器进行实时监控和性能数据采集，包括 CPU 使用情况、内存使用情况、网络吞吐量及文件系统使用情况。Kubelet 本身已经集成了 cAdvisor。

Prometheus 是一套开源的系统监控报警框架。它受启发于 Google 的 BorgMon 监控系统，由工作在 SoundCloud 的 Google 前员工于 2012 年创建，作为社区开源项目进行开发，并于 2015 年正式发布。2016 年，Prometheus 正式加入 CNCF，成为受欢迎度仅次于 Kubernetes 的项目。

Prometheus 提供了多维度数据模型，每个数据指标都可以关联很多 label，这个和 Kubernetes 的 label 思想一致，松耦合、高度自由定制数据维度。举例来说，每个容器的 CPU 指标都可以关联容器、Pod、容器所在主机、namespace 等多个维度，那么在查询的时候可以根据这些 label 自由关联，并且支持 promsql，允许用户以类 sql 的方式查询指标。Prometheus 不仅提供了高效的本地时序数据存储，还可以支持各种远端时序数据库，如 OpenTSDB、InfluxDB 等，极大地扩展了 Prometheus 的数据存储能力。除了静态配置监控

对象以外，为了适应监控对象不断变化的特点，Prometheus 设计并开发了服务自动发现机制，能够支持 Kubernetes、Etcd、DNS 等多种方式的服务发现，Kubernetes 的服务发现是通过 watch Kubernetes API 动态发现容器的变化情况的。图 11-1 展现了所有 Prometheus 服务发现支持的后端服务。

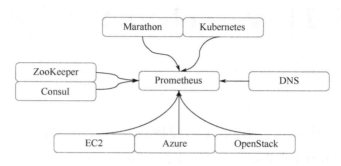

图 11-1　Prometheus 服务支持的后端服务

Prometheus 采用拉取（PULL）的方式采集数据，这与采用上报（PUSH）的采集方式不同，拉取方式有以下几个特点：第一是拉取方式对于客户端没有感知，客户端只需要不断采集数据，既不用关心数据后续的处理，也不需要维护数据状态（哪些数据已经上报，哪些数据上报失败需要重试，还有哪些还未上报），可以做到更加简单。第二是增强了数据汇聚服务的可控性，数据的汇聚节点可以根据当前系统情况，调整汇聚的周期和数据量，避免大量客户端一起上报数据，压垮汇聚节点。

图 11-2 展现了 Prometheus 内部整体架构，其中，Prometheus Server 负责通过 HTTP 接口定时抓取监控数据，抓取的数据源主要分为三类：第一是任何符合 Prometheus 监控数据规范的采集客户端；第二类是 Pushgateway，它是为了兼容部分通过上报监控数据方式的客户端，将上报方式转化为拉取方式；第三类是其他 Prometheus 节点，这个是为了组成 Prometheus 的集群联邦时使用的。为了扩展 Prometheus 数据采集的能力，可以建立 Prometheus 联邦，每个 Prometheus 负责采集一个区域内的监控对象，并在联邦的 master 上统一汇聚。

Prometheus Server 通过服务发现机制动态获取被采集对象，针对 Kubernetes 场景，通过 Kubernetes API 可以实时获取每个 Pod 的运行情况，从而获取需要被监控的对象。Prometheus Server 默认将数据保存到本地时序数据库中，当前 V3 版本的 TSDB，在性能上已经有了很大提升，可以支持每秒一千万个指标的存储。除此之外，Prometheus Server 还提供了数据查询和告警的能力，数据查询也是采用 HTTP+PromSQL 的方式完成的，目前 Grafana 已经支持。告警也是借助 PromSQL 完成，Prometheus server 会定时执行用户设定

的 PromSQL，如果满足告警条件则会向 alertmanager 发送告警通知。

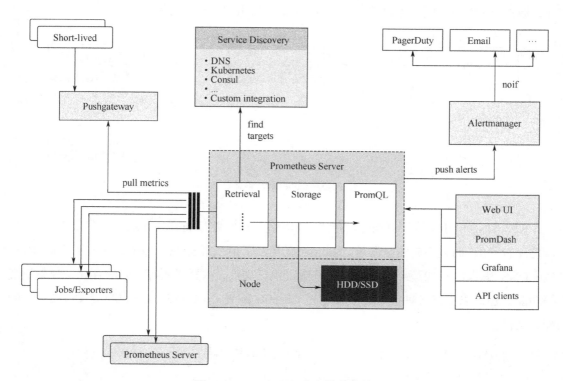

图 11-2　Prometheus 内部整体架构

11.2　KubeDNS&CoreDNS

CoreDNS 是一种快速、灵活且现代的 DNS 服务器，可以在云原生部署中提供服务发现能力。它是 Miek Gieben 于 2016 年 3 月创建的，于 2017 年加入了 Cloud Native Sandbox，并于 2018 年 2 月成为孵化项目，于 2019 年正式从 CNCF 毕业，这是继 Kubernetes、Prometheus 和 Envoy 之后第 4 个毕业的项目，这也充分证明了社区对 CoreDNS 稳定性和成熟度的认可。在 Kubernetes1.13 版本后已经将 CoreDNS 作为默认推荐的 DNS 了。

在 CoreDNS 之前，Kubernetes 最早使用的 DNS 插件是 KubeDNS。KubeDNS 整体架构如图 11-3 所示，主要分为三个组件：kubedns、dnsmasq 和 exechealthz。其中，kubedns 主要有两个作用，第一个作用是负责 list/watch kube-apiserver 的，当有服务或者 Pod 发生变动后，kubedns 将这些信息保存在本地缓存中；第二个作用是提供 DNS 查询服务。dnsmasq 是一个开源的 dns 和 dhcp 服务，业务容器的 DNS 解析首先发送请求到 dnsmasq。如果 dnsmasq 本地没有对应的解析记录，它将会向它的上游 DNS 服务（KubeDNS）查询，之后，

dnsmasq 充当 DNS 缓存，避免每次请求都通过 KubeDNS 解析。exechealthz 是健康检查组件，通过定时发起 DNS 查询请求，检测 KubeDNS 和 dnsmasq 监控状态。

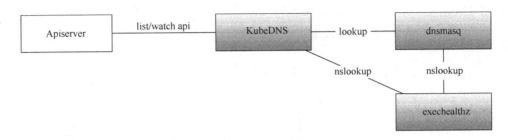

图 11-3　KubeDNS 整体架构

KubeDNS 由于引入了 dnsmasq 导致整体比较复杂，并且 dnsmasq 是一个单线程的程序。性能比较一般，而且还有安全漏洞。为此，社区开发了第二版 Kubernetes DNS 方案 CoreDNS。CoreDNS 编译出来就是一个单独的二进制可执行文件，内置了缓存、后端存储、健康检查等功能，还可以支持各种插件。下面通过 Corefile 配置 CoreDNS，Corefile 是 CoreDNS 的配置文件。

```
#监听5300端口，如果是coredns.io的域名的解析，通过db.coredns.io文件
coredns.io:5300 {
    file db.coredns.io
}
#监听53端口，如果是coredns.io的域名的解析，通过db.coredns.io文件
example.io:53 {
    log
    errors
    file db.example.io
}
#监听53端口，如果是example.net的域名的解析，通过db.example.net文件
example.net:53 {
    file db.example.net
}
#监听53端口，所有访问根（.）的域名都通过Kubernetes及上游8.8.8.8 DNS解析
.:53 {
    Kubernetes
    proxy . 8.8.8.8
    log
    health
```

```
        errors
        cache
}
```

通过上面的配置文件，生成了 DNS 解析流程，如图 11-4 所示。

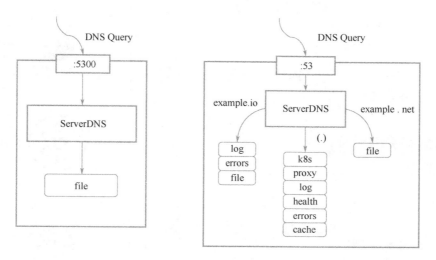

图 11-4 DNS 解析流程

CoreDNS 除了支持 DNS 协议，还支持 TLS 和 gRPC，即 DNS-over-TLS 和 DNS-over-gRPC 模式，从而可以更加灵活、安全地使用 DNS 解析。

11.3 Filebeat

Filebeat 是一款由 Go 语言编写的具有高并发能力的日志采集插件。Filebeat 的工作原理如图 11-5 所示：其中，Harvester 负责逐行读取文件，每个文件都对应一个 Harvester，然后 Harvester 将采集的数据发送到 Spooler，经过 Spooler 整合后发送到不同的后端，如 Elasticsearch 或者 Kafka 等。

容器的日志采集主要分为两部分：一是标准日志输出（控制台日志），另一个是应用输出的日志文件，如 tomcat 的 catalina.out，或者 log4j 生成的不同级别的日志。虽然容器的使用方式更建议使用第一种方式，但很多传统应用还是习惯于采用日志文件方式输出日志。第一种日志的采集相对简单，首先将 Docker 日志设置成 json 输出（ /etc/docker/daemon.json ）。

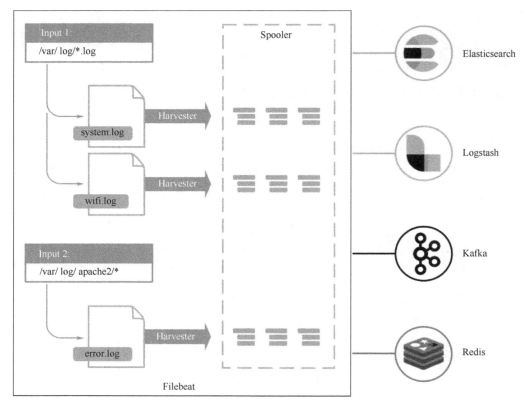

图 11-5　Filebeat 工作原理

```
"log-driver": "json-file",
"log-opts": {
    "max-size": "10m",
    "max-file": "3"
}
```

将会在容器目录下生成 json 格式的日志文件，路径如下：

/var/lib/docker/containers/容器 ID/容器 ID-json.log

接下来，需要在 Filebeat 中设置"/var/lib/docker/containers"路径，以便采集容器的标准输出日志。此时，Filebeat 为了将容器的日志和业务标签关联起来，会调用 Kubernetes 或者 Docker API 获取容器的标签信息，并将每一行日志打上对应的业务标签，从而可以很方便地在 Elasticsearch 里面通过 Kubernetes 定义的标签检索容器日志。

如果是容器内日志文件的采集，通常将日志文件映射到宿主机的某个指定的目录上，然后再配置 Filebeat 去宿主机指定的目录下面采集。这里还需要配合日志定期清理，避免日志不断累加，耗尽主机存储。

由于需要在每个节点都启动一个 Filebeat，下面是官网提供的部署 Yaml 文件，用户自行下载安装即可。

```
curl -L -O https://raw.githubusercontent.com/elastic/beats/master/
deploy/Kubernetes/filebeat-Kubernetes.yaml
```

Yaml 文件主要分为三个部分：第一是通过 DaemonSet 启动 Filebeat 的；第二是通过 ConfigMap 配置 Filebeat 的；第三是通过 RBAC 设置权限的。

日志经过采集后最终将在 Elasticsearch 中存储，Elasticsearch 是一个分布式日志存储和查询系统，其搜索是基于开源库 Lucene 实现的。Elasticsearch 的检索可以通过 RESTful 接口实现，格式如下：

```
curl 'localhost:9200/paas/container/_search' -d '
{
  "query" : { "match" : { "Pod" : "xx-xx" }}
}'
```

其中，paas 是索引，container 是类型。通过匹配某个字段过滤数据。

11.4　Harbor

Kubernetes 启动容器之前需要先从镜像仓库拉取镜像。如果是企业私有化部署 Kubernetes，出于安全和性能考虑，都会搭建私有镜像仓库。必须有支持多租户的镜像仓库，VMware 开源的 Harbor 是最常用的镜像仓库。在 2018 年，Harbor（https://github.com/goharbor/harbor）也成功加入 CNCF 成为孵化项目。

Harbor 是一个集成 Docker Registry 的镜像仓库，主要包括三个组件：Core Service、Job Service 和 Admin Service。其中，Core Service 主要负责 API 和认证，核心 API 包括项目管理、镜像仓库管理、镜像管理。Job Service 负责定时任务管理，通过内部维护的状态机，完成镜像在多个 Harbor 仓库之间的同步。Admin Service 是一个系统配置中心，维护整个系统核心配置参数。Harbor 架构图如图 11-6 所示。

除此之外，Harbor 还集成了原生的 Docker 镜像仓库 Docker Registry，负责镜像的存储；集成了 Clair，负责镜像扫描。Clair 是 CoreOS 开源的镜像扫描组件，通过获取公网开放的 CVE 库，检测镜像中的安全漏洞。前端的 API Routing 路由分发是通过 nginx 实现的。

Architecture

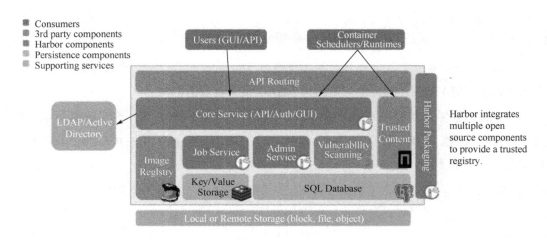

图 11-6   Harbor 架构图

Harbor 中的每一个镜像仓库都属于一个项目，镜像的命名包含了项目名称和镜像仓库名称，格式如下：

```
reg.xxxxxx.xxx/base/adxgwdev:20190311175917
镜像仓库域名/项目名称/镜像仓库名称:标签
```

在 Harbor 中，每个项目可以有三种角色：项目管理员（project admin）、开发者（developer）和访客（guest）。其中，访客只具有只读权限，开发者可以上传和下载镜像；项目管理员不仅具有该项目的读写权限，还可以管理项目，如在项目下添加用户。除此之外，在整个系统中，还设有系统管理员，可以维护镜像同步策略、用户增删等权限。Harbor 还支持公共项目，如默认创建的 Library 项目，可以允许匿名访问，即使用户没有 Docker Login 也可以访问。

Harbor 支持高可用部署，通过将多个 Harbor 放置到负载均衡器后端，每一个 Harbor 通过对接 MySQL 和 Redis，共享集群的元数据，镜像仓库对接对象存储，从而将 Harbor 本身做成无状态应用。

Harbor 镜像的删除只是删除镜像的元数据，真实的分层文件仍然存在。如果是 Harbor 1.7 之前的版本，需要启动官方推荐的 GC 镜像删除分层，如果是 Harbor1.7 之后的版本，则支持在线 GC，通过 Web 管理页面，便可以直接触发 GC 回收无用的镜像分层。

Harbor 的另一个亮点是它的镜像复制功能，在多机房部署场景中，镜像需要在多个镜像仓库之间相互复制。Habor 提供了多个镜像仓库复制功能，用户可以选择某个项目复制

到指定的远程仓库,触发模式包括手动、定时和即刻。Habor 的镜像复制基于 Docker Registry API,内部通过状态机维护镜像推送状态,首先通过本地仓库 API 获取镜像的元数据 mainfest,从而获取分层的 Hash。校验镜像分层是否已经在远程仓库存在。如果不存在,则推送到远端仓库,最后上传元数据,完成镜像推送。Harbor 高可用部署架构图如图 11-7 所示。

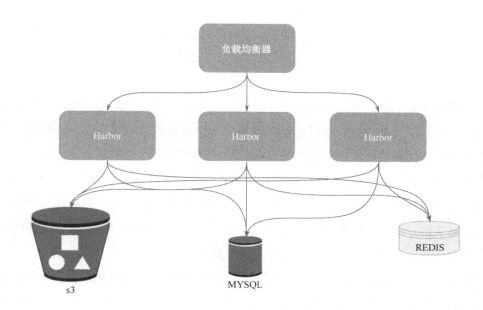

图 11-7　Harbor 高可用部署架构图

11.5　Dragonfly

镜像仓库保存了所有容器的启动镜像。当面对大规模容器集群(1000+节点)时,由于所有的镜像都需要从镜像仓库下载,镜像仓库往往会成为性能的瓶颈。在笔者之前的工作经历中,曾经遇到一次生产环境扩容 2 000 个副本的场景,结果用了 2 个多小时才完成,等到扩容完成,业务的高峰期已经过去了。

临时的解决方案是通过部署多个镜像仓库,然后通过划分区域,将一部分主机节点使用的镜像源指定到特定的镜像仓库(修改域名解析),从而分摊流量,并将两个镜像仓库做同步,保持两个镜像仓库数据一致,如图 11-8 所示。

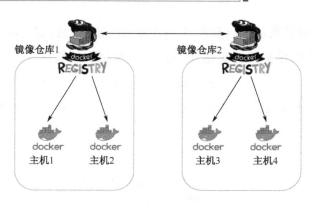

图 11-8　镜像仓库同步

　　这种方案能够很好地解决中型的容器集群，但如果是大规模集群，就需要维护很多套镜像仓库，而且需要配置很多主机的域名解析。维护主机和域名解析的关系很难，多个镜像仓库之间还需要保持数据的一致性，这些都需要花费较多的运维成本。那么有没有一种更加快速、高效的镜像分发技术呢？想必每个人都用过迅雷或者电驴之类的 P2P 下载技术，它的本质原理就是通过将每个下载节点作为数据的服务节点，提供下载文件的能力，从而快速地分发文件，避免单点瓶颈。在这个技术背景下，开源社区有两个相对成熟的项目，即阿里的 Dragonfly（蜻蜓）和 Uber 的 Kraken（海怪）。

　　Dragonfly 是一款基于 P2P 的智能镜像和文件分发工具。借助 P2P 分发技术，提高文件传输的效率和速率，最大限度地利用网络带宽，尤其是在分发大量数据时，例如应用分发、缓存分发、日志分发和镜像分发。

　　Dragonfly 是一种无侵入式的解决方案，并不需要修改 Docker 的源代码。图 11-9 所示为 Dragonfly 整体架构图，在每个节点上面会启动一个 dfdaemon 和 dfget，dfdaemon 是一个代理程序，它会截获 dockerd 上传或者下载镜像的请求，dfget 是一个下载客户端工具。每个 dfget 启动后首先通过 "/peer/registry" 接口将自己注册到 supernode 上。supernode 超级节点以被动 CDN 的方式产生种子数据块，并调度数据块分布。

　　当 dockerd 拉取镜像分层时，dfdaemon 通过 dfget 请求 supernode 下载数据，supernode 会从最终的镜像仓库拉取镜像，分割成多个数据块。dfdaemon 下载数据块，并对外共享数据块，后续如果有其他节点也需要下载该镜像，会直接从之前的节点下载，避免将所有请求都转发到镜像仓库。

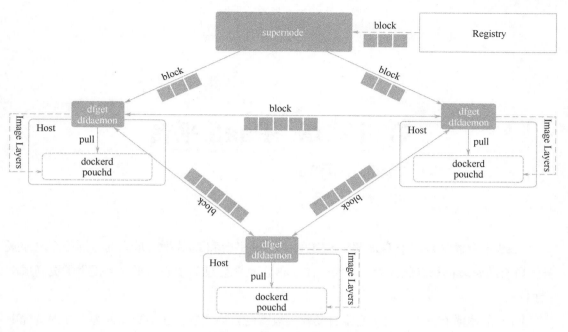

图 11-9　Dragonfly 整体架构图

第 12 章 PaaS 平台

Chapter Twelve

PaaS 平台通常是基于 IaaS 平台构建的，PaaS 平台和 IaaS 平台最大的差别是需求即服务。所有的管理都是以服务为粒度的，在 IaaS 以资源管理为中心的平台上提供了更高层次的抽象。

PaaS 的本质有三点：（1）运维自动化，故障的自动恢复，在不需要人为干涉的情况下能够自愈；（2）面向服务化的管理，围绕服务的发布、升级、调用、监控、日志及服务域名等；（3）软件开发流程化，代码自动编译打包及更新，持续发布，持续集成和更新。

整个 PaaS 平台从下到上主要分为三层，如图 12-1 所示：首先是资源调度层，这一层是直接在构建在物理资源之上的，完成资源调度、集群管理、存储管理等基础服务；中间层是一些服务的依赖中间件服务和监控日志服务，还有 CI/CD 自动构建；最上面的层是开放给平台用户的能力，提供应用服务管理、权限管理及日志检索等功能。

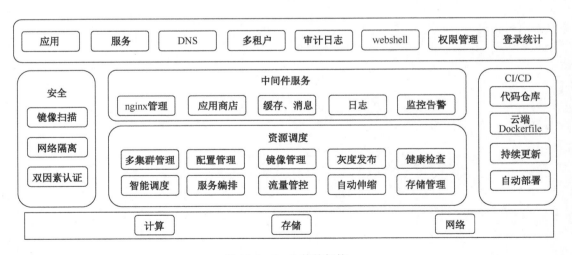

图 12-1　PaaS 整体架构

PaaS 的定义是实现服务的平台化，但并没有规定如何实现。平台的实现有多种方式，并不一定需要 Kubernetes 或者 Docker，只不过当前大多数 PaaS 平台都是基于 "Kubernetes + 容器" 的方案的，这里还需要区分清楚。

12.1　服务和应用管理

PaaS 平台和 IaaS 平台最大的区别是面向服务管理的，所有的资源也都是以服务为最小管理单元。用户不用担心基础资源配置（部署在哪台机器、IP 地址多少、配置的内存多大等），所有的操作都是针对服务的。服务管理包括服务列表查询、服务创建和删除、服务的副本数修改、服务自动伸缩、服务的滚动升级和灰度发布等。

应用是将多个服务组合到一起维护的。一个应用包含了多个服务，譬如，一个网站是一个应用，这个应用是由 MySQL、Spring Boot 等多个服务组成。可以针对一个应用启动和关闭，以及编排。应用和服务逻辑关系图如图 12-2 所示。

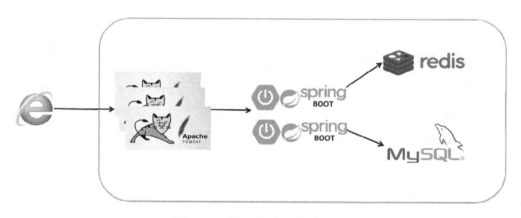

图 12-2　应用和服务逻辑关系图

如果平台是基于 Kubernetes 来搭建的，常用的实现方式是将服务映射成 Deployment 和 Service 组合，当然也可能是 Statefulset。

12.2　监控告警

PaaS 平台的监控与其他监控系统类似，都是经过了数据收集、数据存储和展现，以及基于监控数据和告警规则的指标告警。其中，采集的数据源主要来自三个方面，包括容器性能指标、宿主机性能指标及应用程序指标，如图 12-3 所示。

容器监控通常是针对容器的 CPU、内存、网络 I/O 和磁盘 I/O 进行监控。Google 开源的 cAdvisor 从 cgroup 中获取容器相关指标，并且 cAdvisor 已经被集成到 Kubelet 中，从 Kubernetes 1.10 版本以后，--cadvisor-port 被禁用了，必须使用/metrics/cadvisor 接口从 Kubelet 获取。

容器内应用的监控还需要借助各种 APM 监控，这些 AMP 不仅可以提供 JVM 级别的监控，还可以追踪程序调用，绘制调用链路。APM 在实现上面主要借助 Java 字节码增强、代码埋点或者请求拦截等技术获取并分析请求。常见的 APM 包括 pinpoint、cat、zipkin、skywalking、oneapm、听云等。

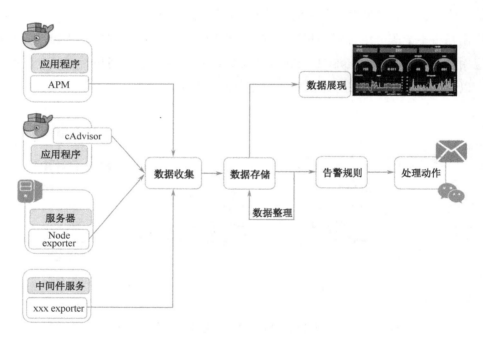

图 12-3　PaaS 平台采集数据源

服务器监控是针对容器运行宿主机的监控，主要包括宿主机 CPU、网络吞吐量、磁盘利用率等常规性能指标。在容器场景中，还需要额外添加进程数、iptables 和 conntrack 数目的监控。

除此之外，整个 PaaS 平台还会使用一些其他中间件，如网络出口 nginx。平台还需要对这些 nginx 进行监控，获取每个域名的请求次数，从而可以关联自动伸缩。

虽然容器及其他指标在采集时是分散的。但在数据展现上，需要聚合到服务维度。在

展示查询服务的资源使用和服务健康状态时，需要将这个服务关联的一组容器的资源利用率求平均得出，还有一些统计指标，如服务的 QPS，即为这一组容器指标的总和。

告警是根据用户设定的告警阈值周期匹配监控指标。一条告警规则通常包括告警条件（指标、比较方式、阈值）、告警次数和告警动作。如果监控数据持续满足告警条件，将会触发告警动作，如发送邮件或者短信等。

12.3　日志管理

单个容器的日志可以通过"docker log"等命令查看，但针对一个 Kubernetes 集群的日志，则需要借助一套针对日志的采集、检索、分析及预警系统。传统的日志系统常用的黄金搭配便是 ELK，传统日志系统整体流程如图 12-4 所示。

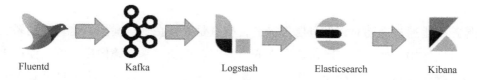

Fluentd　　　　Kafka　　　　Logstash　　　Elasticsearch　　　Kibana

图 12-4　传统日志系统整体流程

● Fluentd 主要负责日志采集，通常和应用服务安装在一起，读取日志文件或者从网络流中接收文本日志并发送到 Kafka 中。除了 Fluentd 以外，还有很多采集插件，如 Fluent Bit、Filebeat、Flume Agent 等。

● Kafka 主要负责汇聚数据，并提供数据整流，避免突发日志流量直接冲击后端系统。在实际生产环境中，Kafka 是集群部署，通过将数据分区到不同节点实现数据的负载均衡。

● Logstash 负责日志整理，可以过滤、修改日志内容，比如过滤日志中的敏感信息。

● Elasticsearch 负责日志的存储和检索。自带分布式存储，可以将采集的日志分片存储。为保证数据的高可用性，Elasticsearch 引入多副本概念，并通过 Lucene 实现日志的索引和查询。

● Kibana 是一个日志查询组件，负责日志展现。

上面介绍了一整套开源日志监控组合。对于 PaaS 平台来说，日志还需要具备以下功能：（1）多租户隔离，每个用户只能读取自己的业务容器；（2）实时日志查看，读取当前最新实时日志，而非从 Elasticsearch 中检索；（3）基于日志的告警，当多次出现某个写关键字后触发告警；（4）基于服务的日志查询，不仅可以查询单个容器的日志，还可以针对这一

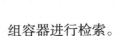
组容器进行检索。

12.4 镜像管理

镜像管理主要给用户提供一个可视化的镜像管理入口，主要包括镜像查看、删除、安全扫描和镜像复制等。虽然 Docker Registry 提供了镜像的存储和查询功能，但并不能在企业内部直接使用，首先是缺乏多租户管理，Docker Registry 只提供了认证功能，并没有一套完善的鉴权机制。其次是缺乏在开发、测试、生产多个环境中的镜像复制功能，镜像在开发环境打包完成，需要经过测试环境的测试后，才可以推送到生产环境部署，并且在镜像生产环境部署前，还需要结合业务审批流程，只有在项目负责人允许的情况下才能发布升级。

镜像扫描是通过周期对镜像分层扫描的，检查是否存在安全漏洞，这对提高系统整体安全性有重要作用。如果是基础镜像存在安全漏洞，更新完基础镜像后，所有使用该基础镜像的业务镜像都需要重新构建镜像。漏洞库通常会本地存储一份，并周期同步公网 CVE 漏洞。图 12-5 所示为开源镜像扫描工具 Clair 工作原理。Clair 会周期地从 CVE 源中拉取漏洞信息放到本地的 PostgreSQL 数据库中，并通过从容器镜像仓库中拉取镜像分层，检查漏洞，发出告警通知。

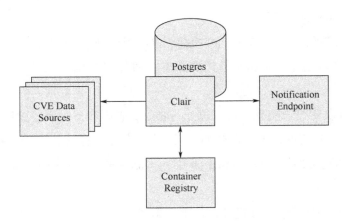

图 12-5　开源镜像扫描工具 Clair 工作原理

镜像管理还需要做好镜像的存储容量监控和定期清理。随着业务被不断迭代，每次都会增加很多新的镜像。为了提供业务代码回滚能力，通常会选择删除创建时间比较早的镜像。

12.5 CICD

CICD 全称为 Continuous Integration Continuous Delivery（持续集成持续交付），CICD 整体流程图如图 12-6 所示，如同一个流水线一样持续运行，循环反馈，不断迭代更新。所谓持续集成是不断进行代码提交、构建和测试。传统的软件开发是每个人或者团队单独负责一个模块，在产品即将发布时，才将各个模块组合到一起。但这种开发模式只适用于产品迭代周期比较长的情况，无法满足当前互联网快速产品迭代的需求。持续集成允许开发工程师将代码不断提交，然后自动触发构建流程，确保代码可以顺利构建（编译），并执行自动单元测试确保功能完善。

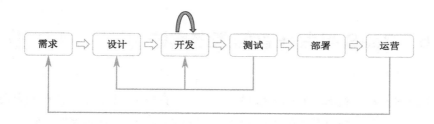

图 12-6   CICD 整体流程图

持续集成需要做好版本控制和自动化构建，每个用户在功能分支（feature 分支）上面开发后，可以随时合并到主干分支中。构建并发布到测试环境，期间以自动化单元测试、功能测试、性能测试工具进行测试，发现问题后及时回滚版本，并进行反馈。构建的过程不单单是代码的编译，还包括依赖、配置及环境。

持续交付也叫做持续部署，是指在构建和测试完成通过后，将部署包发布到生产环境中运行。部署的方式可以通过 Ansible、Puppet 等部署工具，也可以通过容器的方式发布。让最新的功能能够尽快地更新到生产环境中，并通过运营反馈需求，促进产品进一步迭代。持续部署需要保障整个过程的平滑和安全，通常借助蓝绿发布或者金丝雀发布确保过程的平滑和安全。

CICD 本身和 PaaS 平台没有必然关系，它是在容器兴起之前就已经存在，只不过在缺乏容器的时代，CICD 很难落地。通过容器可以很好地完成应用从测试环境到生产环境的快速迁移，所以，CICD 也成为容器平台的标配。Jenkins 目前已经成为 CICD 中最流行的构建工具，图 12-7 所示是 CICD 系统架构图，通过 CICD 系统构建任务，并将镜像推送到 Harbor

镜像仓库，最后触发 Kubernetes 滚动升级。

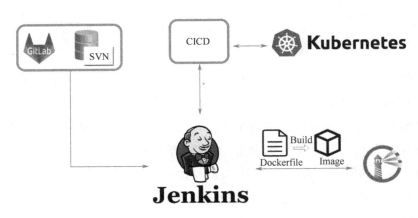

图 12-7　CICD 系统架构图

12.6　PaaS 平台在宜信落地实践

宜信是国内一家知名的互联网金融科技企业，一直将 IT 建设作为企业的重要支撑。随着微服务架构的普及，结合开源的 Dubbo 和 Spring Cloud 等微服务框架，宜信内部很多业务线逐渐从原来的单体架构转移到微服务架构。

微服务的拆分虽然将每个服务的复杂度降低，但服务实例的数目却呈现出爆炸式增长，这给运维增加了难度，一方面是服务部署、升级，另一方面是服务的监控、故障恢复等。

2016 年，容器技术尤其是 Docker 的迅速流行，宜信公司内部开始尝试将容器放到容器内运行，虽然通过容器解决了服务发布问题，但很多容器的运维仍然让运维人员捉襟见肘。作为一家具有金融属性的公司，在引入开源组件的时候，稳定可靠是考量的重要标准。在 2017 年初，随着 Kubernetes 慢慢成熟，成为容器的管理标准，并且被国内外很多公司采用。在这种背景下，宜信借鉴开源社区和商业 PaaS 平台，基于 Kubernetes 自研了一套容器管理平台。目前，该平台已经支撑着宜信大多数业务的运行。下面重点介绍该平台的一些常用功能。

12.6.1　服务编排和管理

系统设计了服务组的逻辑概念，Kubernetes 虽然有服务的概念，但缺少服务之间的关联关系。一个完整的应用通常包括前端页面、后端 API、中间件等多个服务，这些服务存在相互调用和制约的关系，比如一个依赖数据库的 Web 服务，在数据库还没有启动时，

Web 服务是无法启动的。通过定义服务组的概念，可以将一组服务关联到一起。

在一个服务组内的服务，不仅可以定义服务启动的先后顺序，还可以一键启动或关闭整个服务组内的所有服务。服务启动的先后顺序通过 Kubernetes 的 initcontainer 完成。在 initcontainer 中，通过 Go 编写的脚本检测与服务是否启动相关。为了支持外部服务检测，添加了 TCP 和 HTTP 支持。只有当外部服务处于健康的情况下，检测脚本才可以正常退出。

当重启一个被依赖的服务时，页面会提示用户是否重启关联的其他服务，如图 12-8 所示，从而避免依赖服务异常。

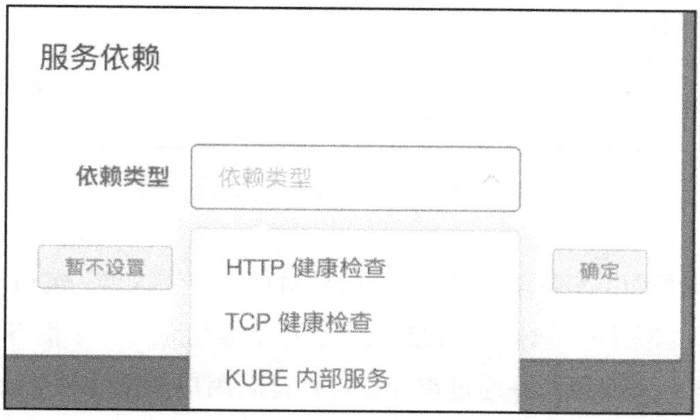

图 12-8　服务依赖界面

服务管理包括了服务创建、停止、升级、修改配置等多个方面，图 12-9 展示了一个服务常用的配置列表，主要包括日志采集路径、健康检查规则、环境变量、域名绑定、预关闭脚本等，这些功能都可以支持用户自定义配置。

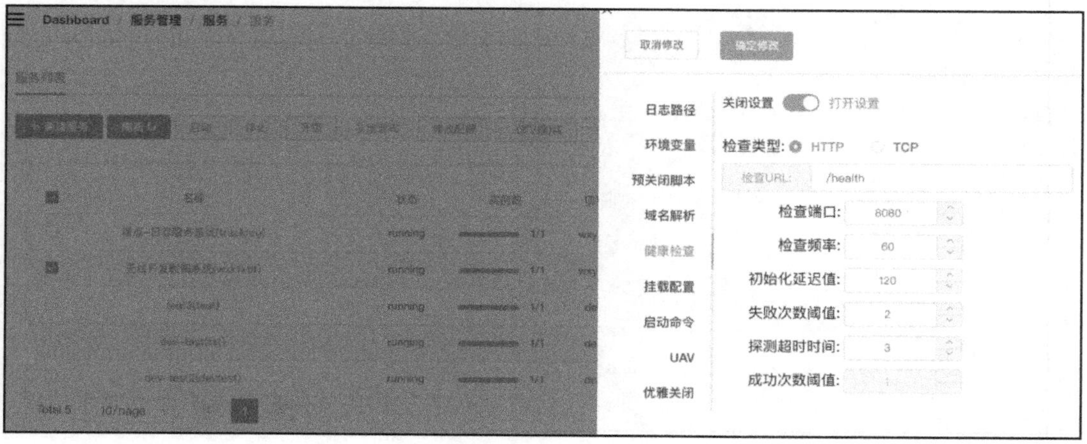

图 12-9　服务常用配置列表

服务除了支持常规的滚动升级，还支持灰度发布（要求副本数大于2）（参见图12-10）。用户可以选择将单个容器升级到新版本，并在nginx上面配置灰度规则（目前支持URL、Header和源IP三种策略）后，便允许将部分灰度流量发送到新版本的容器。

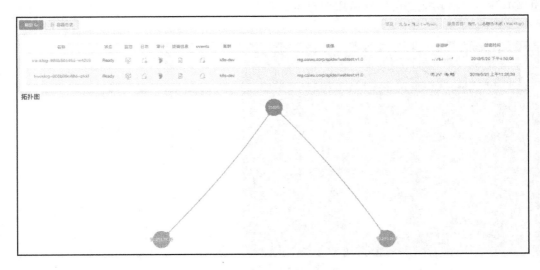

图 12-10　选择灰度分布容器

进入服务内部便可以查看容器列表，可以针对单个容器操作，包括webshell进入容器、容器实时日志、日志文件下载、容器监控及历史容器查询。为了保障资源的安全访问，webshell采用了非root登录，并通过审计日志，记录用户操作的每个命令。历史容器查询是为了追踪一个服务下容器的变化情况的。在生产环境中，由于容器重建导致名称丢失的问题时常发生（Kubernetes重建时，Pod名称将发生变化），导致很难追踪定位问题，为此我们在每次容器发生变化时生成快照，记录当前容器信息（名称和IP），从而在后期可以进入监控和日志系统检索相关信息，排查故障。服务管理页面截图如图12-11所示。

图 12-11　服务管理页面截图

12.6.2　nginx 自助管理

nginx 是一个高并发、高可靠性及可扩展的代理服务器。公司大部分的服务都是通过 nginx 反向代理对外提供服务。为了隔离服务和负载均衡，总计需要十几套 nginx 集群，这些 nginx 的版本、配置方式各有不同，导致单纯靠人工去运维的成本非常高，而且容易出错，并且容器的 IP 地址不固定，无法直接配置到 nginx 后端。自研了一套 nginx 管理系统，主要是为了解决 nginx 的模板化配置，整体架构如图 12-12 所示。

nginx-mgr 提供 HTTP 请求，负责接收 nginx 配置请求，并更新到 Etcd，每个 nginx-agent 通过 watch Etcd 批量刷新 nginx 的配置。在实际的生产环境里，部署的是阿里开源的 Tengine，而并非 nginx，由于配置基本相同，而不做区分。每个服务都配置了健康检查，这样能够保障在后端故障中自动切换。如果有虚拟机场景，需要手动切换，图 12-13 展示了手动切换 nginx 的页面。

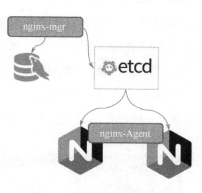

图 12-12　nginx 整体架构

出口名称	test3.caiwu.corp

nginx配置

*域名	test3.caiwu.corp

后端服务列表

* 名称　test3.caiwu.corp

* CheckHTTPSend　GET /

* CheckHTTPExpectAlive　http_2xx　http_4xx　http_3xx

* 权重　0 　* 地址　5.5.5.5　8080　启用

* 权重　0 　* 地址　4.4.4.4　8080　关闭

路径　* path　/　* 后端服务名称　test3.caiwu.corp

图 12-13　手动切换 nginx 页面

除此之外，nginx 管理还有很多定制功能。（1）nginx 配置多版本对比。每次 nginx 配置文件的变动都会生成一个带时间戳的版本号，可以在页面对比任意两个版本配置的差异，方便排查问题。（2）错误检测，配置文件下发前，会在 nginx-mgr 端预先生成一份配置文件，并通过 nginx -t 的方式检测配置文件是否合法，检测通过后才刷新到 Etcd 中。（3）真实状态展现。当变更 nginx 配置后，由于 nginx-agent 故障或者网络异常导致配置文件没有正确下发，导致配置状态和真实状态不一致，真实状态展现就是通过对比配置发送异常节点。（4）配置迁移。一个域名的代理配置可以从一台机器迁移到另一台机器。（5）节点替换。当某个后端出现故障后，能够将该节点从所有的 nginx 上面摘除和替换。（6）灰度发布，服务的灰度发布通过 nginx 切换流量，目前已经支持基于请求 Header、源 IP 地址及 URL 三种方式的灰度策略（界面如图 12-14 所示）。

图 12-14　灰度策略

12.6.3　多集群管理

虽然 Kubernetes 本身采用高可用的部署架构，避免单点故障，但这还远远不够，一方面是因为单个 Kubernetes 集群部署在一个机房内，如果发生机房级别的故障，将会导致服务中断；另一方面，由于单个 Kubernetes 集群本身故障，如集群网络配置错误导致整个网络故障等，都将会影响业务的正常使用。因此，我们将 Kubernetes 部署在多个机房内，机房之间通过专线互连。那么多集群的管理将成为主要难点：第一是如何分配资源。分为两类资源，一类是配置型资源，如 PV、Configmap 之类的，它们可以在每个集群创建；另一类是运行类资源，譬如容器，当用户选择多集群部署后，系统根据每个集群的资源用量，决定每个集群分配的容器数量，并且保证每个集群至少有一个容器。集群自动伸缩时，也

会按照此比例创建和回收容器。第二是故障迁移，如图 12-15 所示的集群控制器主要为了解决多集群的自动伸缩和集群故障时的容器迁移，控制器定时检测集群的多个节点，如果多次失败后，将触发集群容器迁移操作，保障服务可靠运行。第三是网络和存储的互连，由于跨机房的网络需要互连，我们采用 VXLAN 网络方案实现，存储也是通过专线互连的。容器的镜像仓库采用 Harbor，多集群之间设置同步策略，并且在每个集群都设置各自的域名解析，分别解析不同的镜像仓库。

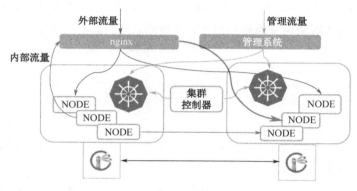

图 12-15　集群控制器

DNS 解析

由于业务人员对容器技术还存在疑虑，所以大部分应用都是虚拟机和容器的混合部署。容器通过域名访问虚拟机和虚拟机通过域名访问容器都是普遍存在的。为了统一管理域名，我们没有采用 Kubernetes 自带的 kube-dns（coreDNS），而是采用 bind 提供域名解析。通过 Kubernetes 支持的 Default DNS 策略将容器的域名指向公司的 DNS 服务器（参见图 12-16），并配置域名管理的 API 动态配置。

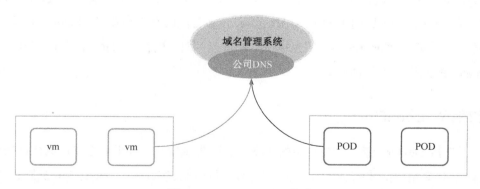

图 12-16　Default DNS 策略

12.6.4　网络方案

Kubernetes 的 CNI 网络方案有很多种，主要分为二层、三层和 overlay 方案。因为机房并不允许跑 BGP 协议，且需要跨机房的容器互连，所以可采用 Flannel 的 VXLAN 方案。为了实现跨机房的互通，两个集群的 Flannel 连接同一个 Etcd 集群，这样保障网络配置的一致性。旧版本的 Flannel 存在很多问题，比如路由条数过多，ARP 表缓存失效等问题。建议修改成网段路由的形式，并且设置 ARP 规则永久有效，避免因为 Etcd 等故障导致集群网络瘫痪。Flannel 网络转发原理如图 12-17 所示。

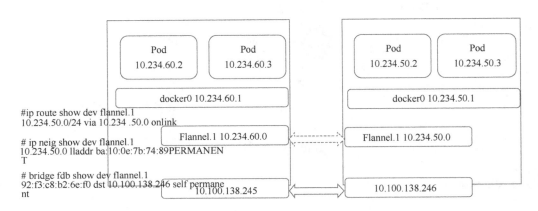

图 12-17　Flannel 网络转发原理

Flannel 的使用还需要注意一些配置上的优化。默认情况下，每天都会申请 Etcd 租约，如果申请失败，会删除 Etcd 网段信息。为了避免网段变化，可以将 Etcd 数据节点的 ttl 置为 0（永不过期）；Docker 默认 masq 所有离开主机的数据包，会导致 Flannel 中无法获取源容器的 IP 地址，通过设置 ipmasq 添加例外，排除目标地址为 Flannel 网段数据包；由于 Flannel 使用 VXLAN 方式，开启网卡的 VXLAN offloading 对性能有很高提升。Flannel 本身没有网络隔离，为了实现 Kubernetes 的 network policy，我们采用了 Canal，它是 Calico 实现 Kubernetes 的网络策略的插件。

12.6.5　CodeFlow

为了支持 DevOps 流程，在最初的版本，我们尝试使用 Jenkins 的方式执行代码编译，但 Jenkins 对多租户的支持方面比较差。在第二版中通过 Kubernetes 的 Job 机制，每个用户对编译都会启动一个编译 Job，首先会下载用户代码，并根据编译语言选择对应的编译镜像，编译完成后生成执行程序，比如 jar 或者 war 文件。通过 Dockerfile 打成 Docker 镜像，并推送到镜像仓库，通过镜像仓库的 Webhook 触发滚动升级流程（代码发布流程参见图 12-18）。

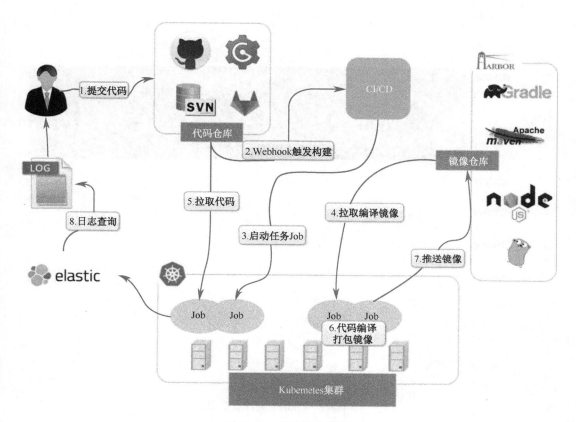

图 12-18　代码发布流程

镜像发布测试环境后，触发自动测试系统，执行测试用例。通过公司自研的 GebAT 自动化测试系统执行所有的测试用例，并生成测试报告，CodeFlow 配置页面如图 12-19 所示。

其中，镜像来源既可以是用户指定的代码仓库地址，也可以选择编译过后的二进制（这些二进制需要在构建时上传），编译脚本允许用户自定义编译命令。当编译完成后，系统将"编译结果"下的构建产物打包到镜像内的"部署路径"中。用户还可以关联自己上传的 Dockerfile。

上一步　提交

镜像来源　源码库

* 仓库地址　http://　gitlab.creditease.corp/paas/counter2.git

* 编译环境　Java / 1.8

* 编译脚本
```
1  mvn clean package   -Dmaven.test.skip=true
2
```

* 编译结果　output

* 部署路径　/app/tomcat/webapps/ROOT

* 启动命令　/app/tomcat/bin/catalina.sh start 2>&1

高级 ▲

RUN命令

Dockerfile

依赖文件　添加

图 12-19　CodeFlow 配置页面

12.6.6　日志

容器的日志归集使用公司自研的 UAV 日志系统，每台宿主机通过 DaemonSet 方式部署日志采集 Agent，Agent 通过 Docker API 获取需要采集的容器和日志路径，采集日志并发送到日志中心（见图 12-20）。日志中心基于 Elasticsearch 开发，提供多维度日志检索和导出。

日志通过目录挂载的方式映射到宿主机上，为了在宿主机上区别日志属于哪个容器，每个容器需要根据容器的名称映射到宿主机不同目录。由于 Kubernetes 并不支持针对单个容器（Pod）指定挂载目录，所以我们修改了 Kubelet 逻辑。在 Kubelet 启动容器前，检查容器是否有 KUBENETES_LOG 环境变量。如果存在，则将 KUBENETES_LOG 指定的目录挂载到宿主机的 "/logs/pod 名称/日志文件" 下。建议将 "/logs" 单独分一个逻辑卷，避免日志过多造成操作系统故障。如果日志采集插件没有日志清理功能，还需要借助自动清理脚本回收该目录空间。

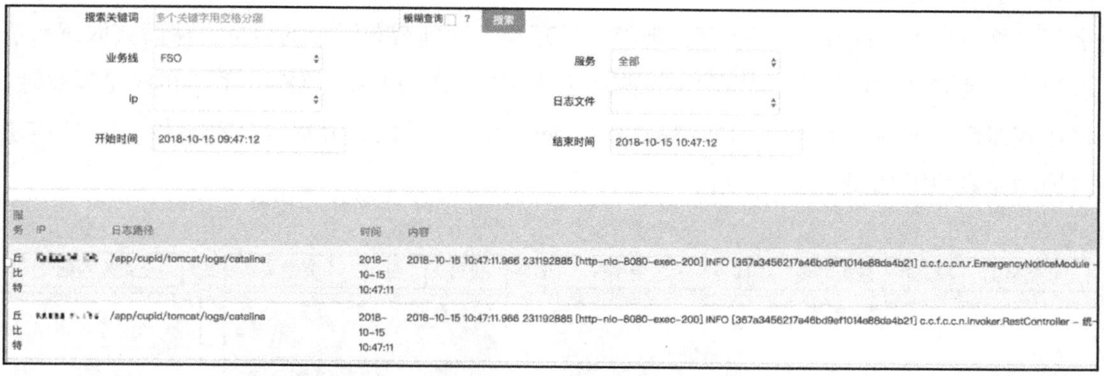

图 12-20　日志中心

12.6.7　监控

容器监控分为两部分，一部分是容器的性能监控，如图 12-21 所示。我们通过 cAdvisor（Kubelet 已经集成）、Node exporter 结合 Prometheus 搭建，Prometheus 负责采集多个集群的容器及宿主机指标，主要包括 CPU、内存、网络、磁盘、连接数、进程数等。监控的数据除了可以直接在页面展现，更重要的是用于多集群副本伸缩，通过周期（30s）计算用户自定义的伸缩策略和监控数据，计算出对应的容器副本数。

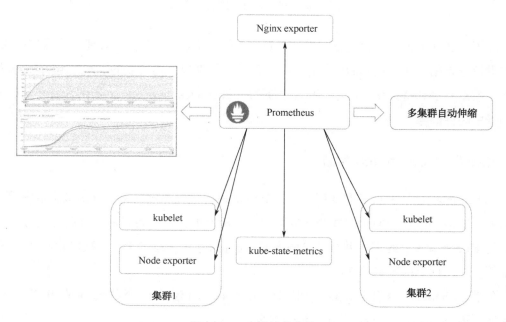

图 12-21　容器性能监控

另一部分是容器内业务的监控。通过集成公司开源的 APM 监控系统 UAV
（https://github.com/uavorg/uavstack），进行应用的性能监控。UAV 的链路跟踪基于 Java Agent
字节码修改技术。修改 Tomcat 等其他核心处理类，达到截获请求的目的，从而获取每次请
求的执行耗时及调用层次。如果用户部署应用勾选了使用 UAV 监控，系统在构建镜像时，
将在容器启动前通过 Initcontainer 将 UAV Agent 植入镜像内，并修改启动参数。UAV 应用
监控功能模块图如图 12-22 所示。

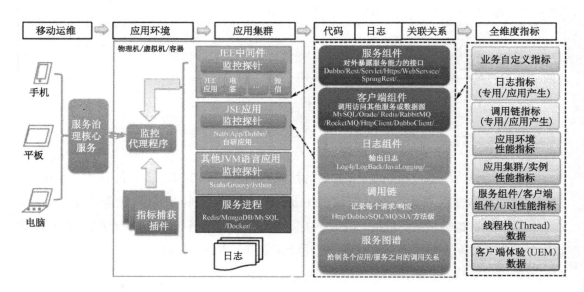

图 12-22　UAV 应用监控功能模块图

除了上述几个模块外，系统还具备 Harbor 完成容器镜像的多租户管理和镜像扫描功能；
日志审计记录用户在管理界面的操作；存储管理主要集成公司商业的 NAS 存储，为容器直
接提供数据共享和持久化；应用商店主要通过 Kubernetes 的 operator 提供开发和测试使用
的场景中间件服务。

12.6.8　Kubernetes 实践

Kubernetes 自带了很多调度算法，如节点亲和、主机端口冲突、资源最少请求等。在
启动容器之前，会逐一使用这些调度的算法，对所有的主机进行过滤，并打分排序，虽然
新版的 Kubernetes 已经采用并行计算的方式，但仍然耗费很多时间，通过删除一些无用的
调度算法，从而提高部署的速度。

虽然 Kubernetes 开启了 RBAC，但 Kubernetes token 还是不建议挂载到业务容器内，通
过关闭 ServiceAccountToken 提升系统的安全。

关闭计算节点的 Swap 分区。如果 Swap 分区开启，在系统内存不足时，将会使用 Swap 分区，导致性能下降，出现服务不稳定的情况。

Docker 镜像存储使用 direct-lvm 的方式，这样性能更优，在部署的时候可划分单独的 vg，避免因为 Docker 问题影响操作系统。通过 devicemapper 存储限制每个容器系统盘为 10GB，避免业务容器耗尽宿主机磁盘空间，容器运行时需要限制每个容器的最大进程数量，避免 fork 炸弹。

Etcd 里面记录了 Kubernetes 的核心数据，所以，Etcd 高可用和定时备份是必须的。在 Kubernetes 集群超过一百个节点以后，查询速度就会降低。通过 SSD 能够有效地提升速度。本系统通过关系数据库保存整个集群的状态信息，避免所有请求都直接调用 Kubernetes 的接口，只有在应用配置发生变化时才去请求 Kubernetes，从而减少不必要的请求。

注意关注证书的有效期。在部署 Kubernetes 集群时，很多都是自签的证书。在不指定的情况下，openssl 默认一年的有效期。更新证书需要非常谨慎，因为整个 Kubernetes 的 API 都是基于证书构建的，所有关联的服务都需要修改。

第 13 章 云原生应用

Chapter Thirteen

13.1 CNCF

13.1.1 简介

2015 年，谷歌与 Linux 基金会及众多行业合作伙伴一起建立了一个云原生计算基金会（CNCF，Cloud Native Computing Foundation）。CNCF 旨在创建并推动一个新的计算范式，这个范式的目的是增强现代分布式系统，使其能够扩展到数千个且具备故障自愈的多租户节点。

CNCF 在最近两年发展迅猛，管理项目从 2016 年的 14 个发展到 32 个，项目贡献者更是多达四万多人，并且在北美、欧洲和中国定期举行开源会议。

13.1.2 KSCP

如果企业想对外提供 Kubernetes 支持，CNCF 提供了一个针对企业的认证 KCSP（Kubernetes Certified Service Provider）。需要满足以下条件：（1）三名以上工程师通过认证 Kubernetes 管理员（CKA）考试；（2）将 Kubernetes 以一定的商业模式提供给客户，包括驻场办公；（3）成为 CNCF 会员。

如何成为 CNCF 会员呢？这个相对简单，就是"充值"。CNCF 官方明码标价，分为：

- Silver Member（银牌会员）；
- Gold Member（金牌会员）；
- Platinum Member（铂金会员）；
- Academic/Nonprofit Member（学术非盈利会员）；
- End User Member（终端用户会员）。

当然，成为会员也有一定福利，主要是有 CNCF 大会门票，在 CNCF 和 Kubernetes 官

网发博客，以及社区里面拥有更多的话语权。目前国内包括阿里云、华为云等多家公司获得 KSCP 认证。全部的厂家可以在 Kubernetes 官网查询(https://Kubernetes.io/partners/#kcsp)。

13.1.3　CNCF 项目

　　截止 2019 年 2 月份，CNCF 已经有四个项目顺利毕业，分别是容器管理系统 Kubernetes、监控系统 Prometheus、路由转发组件 Envoy 和域名解析系统 CoreDNS。还有一些正在孵化的项目，包括链路跟踪组件 OpenTracing、日志采集组件 Fluentd、远程方法调用 gRPC、容器运行时 rkt 和容器网络 CNI 等，其中值得一提的是容器镜像仓库 Harbor，它是在 2018 年加入 CNCF 孵化项目的，它是由 VMware 中国团队开发的。CNCF 所有项目如图 13-1 所示。

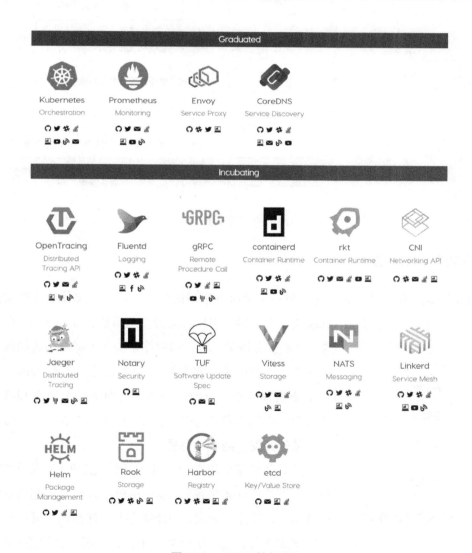

图 13-1　CNCF 所有项目

13.2 云原生应用规范

云原生应用其实就是需要严格的分离架构（程序）和数据，包含三个核心概念：微服务、DevOps 和容器化，如图 13-2 所示。

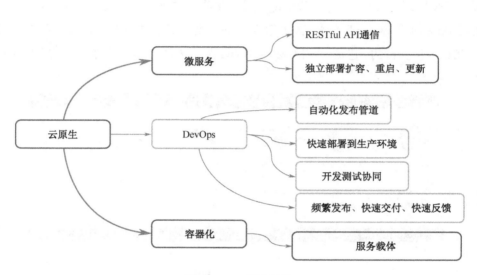

图 13-2　云原生结构

13.2.1　微服务

在介绍微服务之前，我们先了解一下微服务出现的背景。传统的单体应用架构都是三层模式：表示层（用户可见的交互页面，如 Web 页面）、业务层（核心业务逻辑处理）和数据访问层（将应用数据保存到后端存储，如数据库、磁盘等）。然后将它们打包编译后放到一个 Web 容器（如 Tomcat、Jetty）里面运行，如图 13-3 所示。这种单体架构在面对小规模、简单的业务场景应用时得心应手，易于开发、测试和部署。

图 13-3　传统单体应用架构

随着业务越来越复杂，用户数（并发数）不断增多，可维护性和可扩展性越来越低。惯用的解决方案是前端通过负载均衡分流，后端分库分表，增加缓存等。这些调整可以在一定范围内增加并发，但系统仍然是单体，仍然存在很多问题。

（1）维护性差，业务是耦合在一个项目中，任何代码的变动都需要重新上线整个项目。试想几十人维护十几万行代码的场景，系统的任何变化都需要构建整个系统。而且需要开发人员非常熟悉整个系统的架构，否则很容易导致出现"修复一个 bug，引发两个 bug"的问题。一个典型的案例是 Oracle 的 2 500 万行 C 代码，每次修复一个 bug 需要开发人员花两周时间理解 bug，然后修复 bug 后提交测试，大约花 20～30 个小时测试 bug 是否修复。

（2）扩展性差，单体的应用始终无法避免的问题是数据库的性能瓶颈，并且在资源扩容的时候很难做到精准控制，比如将一个计算密集型的业务和一个 I/O 密集型的业务放到一个单体服务中，那么部署该服务的机器就必须同时满足这两点需求，这会造成资源浪费。

（3）交付能力差，尤其在互联网企业，具备较强的交付能力是非常重要的。市场和需求不断变化，需要产品能随之变动。单体应用随着功能不断增多，多个团队需要严密配合，每个开发代码提交的窗口就需要严格被限制，这极大地降低了开发效率，并且单体应用的构建时间随着代码的增多也随之增加。

在此背景下，微服务的概念越来越被大家认同。那么什么是微服务呢？简单来说就是将一个单体服务按照业务逻辑拆解成独立运行的微小服务，服务之间使用轻量级的机制通信。微服务具有以下特征和优点。

- 业务划分

以业务边界确定服务边界，构建出若干个小而自治的微服务。由多个团队维护一个耦合性很高的系统是非常困难的。微服务可以很好地将架构与组织结构匹配。一个微服务由一个小团队独立完成，这也更符合康威定律。比如可以将产品、合同、订单拆分成三个微服务。一个微服务就是一个 SRP（Single Responsibility Principle，单一职责）的独立个体。根据业务边界来确定服务边界，避免与其他服务共用资源。

- 轻量级通信

服务之间通过轻量级的通信协议（如 HTTP、GRPC）互相通信，而无须关系具体的技术栈，一个 Go 语言的项目可以通过 HTTP 协议访问 Java 项目，只需要大家遵循共同的通信协议即可。

- 弹性伸缩

整个系统中，部分服务由于被频繁调用或者该服务本身耗时较多，导致它成为整个系统的性能瓶颈。当系统出现压力时，可以将该服务水平扩展，并通过负载均衡访问该服务。相比单体服务的"整体"扩容，微服务更加灵活、高效。

- 独立部署

每一个服务都可以独立开发、构建、测试和部署。每一个服务只需要连接自己数据库，而不用担心与别的服务之间的耦合，部署更加简单。

● 可复用可组合

在微服务的架构下，服务不再属于某一应用，而是可以为不同的应用提供相应的能力，这体现了微服务的最大价值，重用微服务避免了重新编写代码，大大降低了开发成本。在一个企业中，随着公共的微服务，如邮件、短信、OA 等不断增多，每个新的项目只需要编写自己的业务逻辑，通过服务调用的方式接入各种外部系统。

微服务将应用拆分后势必导致服务个数的暴增，传统的"写死"服务调用地址的方式已经不适用了，必须有一套服务自动发现与注册机制。如图 13-4 所示，服务端首先将自己的访问地址注册到注册中心，当客户端通过 Proxy 访问服务端时，会先通过本地代理，本地代理通过注册中心获取服务端地址，并通过负载均衡策略，将请求转发到服务端，完成服务之间的调用。调用的方式包括 HTTP、RPC 等。

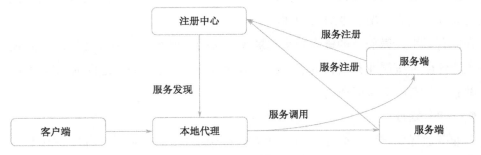

图 13-4 自动发现与注册机制

微服务中有很多服务需要对外提供，每个服务都需要编写认证鉴权、流量控制、访问日志等，这不仅增加了代码量，维护性也极差。为此，微服务中还需要一个公共的 API 网关服务。网关服务主要提供了路由转发功能，将请求转发到对应的后端，不仅如此，还可以将一次对网关的服务调用转化成多个微服务调用，比如购物 App 的个人信息页面，不仅有历史订单、物流情况、红包卡券、收藏夹等多个功能模块，还可以通过请求一次网关服务，网关分布调用这些后端服务，并将结果合并到一起发送客户端。

除此之外，网关可以完成以下几个功能：（1）协议转化，将 SOAP 转化为 Rest，将 xml 转化为 json 等；（2）认证鉴权，统一拦截请求，校验权限；（3）日志审计，记录每个请求的访问日志；（4）流量管控，控制请求的并发数，防止恶意攻击。网关功能如图 13-5 所示。在生产环境中，通常微服务网关会部署多套，分别是内部网关、无线网关、第三方网关等多个网关，并且每个网关都是高可用部署，防止单台故障造成整个服务不可用。

除此之外，微服务系统还需要提供统一的服务配置中心、服务监控、服务熔断和降级等多方面支撑。不得不说，应用从单体到微服务，对底层框架的技术要求更高，分布式系统排查问题的难度也会加大，所以，应用是否需要微服务还得根据实际的生产场景判断，如果只是几个人维护的一个简单应用，是没有必要折腾微服务的，毕竟"适合自己的才是最好的"。

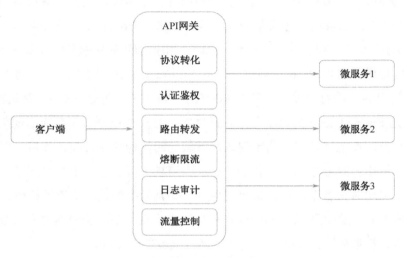

图 13-5　网关功能模块图

13.2.1.1　Spring Cloud

Spring Cloud 是目前最流行的微服务框架（见图 13-6），它有很多组件，其中，常用的包括注册中心 Eureka、熔断组件 Hystrix、负责均衡 Ribbon、路由网关 Zuul、配置中心 Config 及安全组件 Security 等。

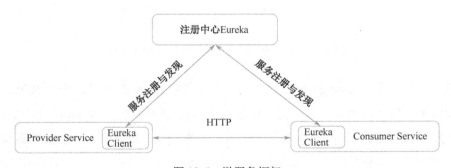

图 13-6　微服务框架

Eureka 是 Spring Cloud 的注册中心，虽然 Spring Cloud 也支持 Consul 和 ZooKeeper，但 Eureka 和 Spring Cloud 其他组件（Ribbon、Zuul）搭配更好。

首先，服务提供者 Provider Service 启动后将通过 Eureka Client 以 REST API 的方式将

自己的名称、地址和端口注册到 Eureka Register Service 中，同时，服务消费者 Consumer Service 也通过相同的方式将自己注册到 Eureka Register Service 中，并获取一份服务列表。该列表包括了所有注册到 Eureka Register Service 中的服务。当消费者需要调用服务提供者的时候，便可以通过服务列表找到服务提供地址，发送 HTTP 请求。

Ribbon 是 Spring Cloud 的客户端负载均衡组件，之所以说是客户端负载均衡是为了与 nginx 或者 HAProxy 之类的服务端负载均衡区分开来，Ribbon 是和服务的调用者封装到一起。Ribbon 通过 zone 亲和、最少请求数、轮训、相应时间等多种算法选择一个合适的服务提供者，服务提供者列表 Ribbon 通过定时从 Eureka Client 同步最新的服务列表并缓存。Ribbon 发送请求客户端有两种，一种是 RestTemplate，另一种是 Feign（默认客户端）。

Hystrix 是 Spring Cloud 的熔断器。它通过熔断方式阻止分布式系统出现级联故障。熔断器的设计来自家用电器开关。当出现线路过载的时候能够主动断开连接，保护电器。在一个分布式系统中，服务之间相互调用，在一次请求中可能涉及十几个服务。当有一个服务出现问题不可用时，整个调用链将出现阻塞，并且后续的请求仍然不断进入，最终导致雪崩效应，从而搞垮整个系统。Hystrix 在后端服务出现问题后将快速返回失败，防止其他服务一直等待，扩散故障。Ribbon、Hystrix 及 Feign 的关系如图 13-7 所示。

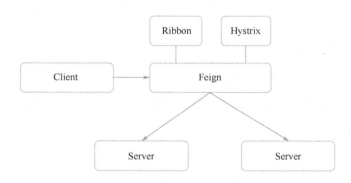

图 13-7　Ribbon、Hystrix 及 Feign 关系示意图

服务需要对外暴露，Sping Cloud 提供了一个网关项目 Zuul。Zuul 结合了 Ribbon、Eurake 实现智能路由和负载均衡，并且支持流量监控和认证鉴权等功能。Zuul 的核心是过滤器，Zuul 的过滤器设计模仿了 iptables 的钩子函数，分为"pre"过滤器（请求发送到服务之前，常用于参数校验和认证鉴权）、"routing"过滤器（将请求转发到微服务，默认使用 Http Client 发送请求）、"post"过滤器（微服务结果返回时执行，主要用于收集信息、添加返回头等）和"error"过滤器（当其他过滤器发生异常时执行，"error"之后还是会经过"post"过滤器）。Zuul 过滤器处理流程如图 13-8 所示。

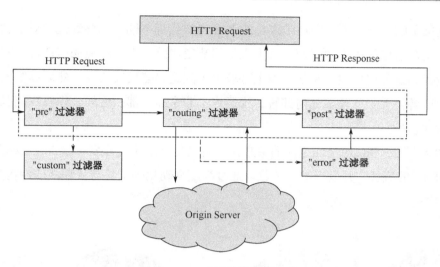

图 13-8　Zuul 过滤器处理流程

分布式系统中，每个组件都需要配置文件，众多配置文件分散到每台机器上面，维护难度很大。为了解决这个问题，Spring Cloud 引入了配置中心 Config Server。Config Server 从本地文件目录或者 Git（笔者更推荐）中读取配置文件，并通过 HTTP 接口提供配置文件读取。由于 Config Server 本身是无状态的，所以可以部署多套保障高可用性，Config Server 部署如图 13-9 所示。

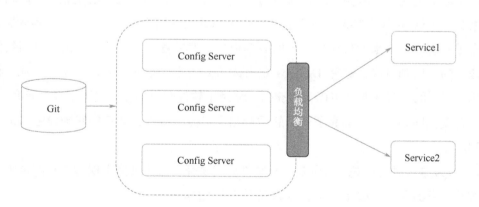

图 13-9　Config Server 部署

13.2.2　DevOps

随着软件发布迭代频次越来越高，传统"瀑布式"（开发—测试—发布）软件开发流程已经不能满足需求，即传统的开发人员只负责代码开发，而运维人员只负责运行环境的维护，并且研发通常关注功能开发，总是想尽快上线新业务，不断满足新的客户需求，而运维总是想使环境稳定，少出故障，"稳定压倒一切"。任何差错都有可能对生产环境中的用

户造成直接影响。开发人员和运维人员的 KPI 考核指标不同，也导致他们对于软件的侧重点不同，这样造成了很大的隔阂。开发人员不清楚代码在生产环境如何运行，而运维人员也不清楚代码是如何构建出来的。线上环境出了问题只能反馈研发，然后运维人员还得给研发人员讲解一下生产环境如何部署，沟通成本非常高，部门之间合作解决问题导致故障的响应时间较长。

2009 年，DevOps 应运而生。简单来说，就是更好地优化开发（DEV）、测试（QA）、运维（OPS）的流程，开发运维一体化。通过高度自动化的工具与流程使软件构建、测试、发布更加快捷、频繁和可靠。

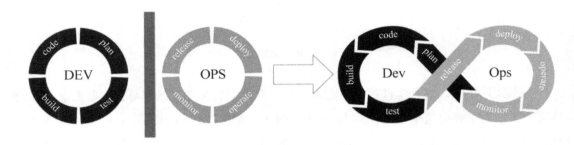

图 13-10　开发和运维关系转变

这里加上笔者一点脑洞，DevOps 本质上是一个开发人员干完所有的活，从代码开发到服务上线，DevOps 最先都是一些硅谷的初创公司的大牛们为了节省成本，艺高人胆大，自己干完了所有事，后来发现这样办事的效率很高，然后各个互联网公司也都争相效仿，才慢慢普及的。回到主线，这种 DevOps 的开发方式带来了很多好处，首先，开发流程高度自动化，每次的代码修改都可以直接交付，缩短了软件交付周期，提高了开发效率。其次，持续的自动化回归测试，提高了产品的质量和稳定性，最后，共享的基础设施，提高了资源的利用率。

DevOps 是一种方法论，或者是一种软件开发文化。它的具体实现方式和实现工具有很多，按照开发流程，这些工具主要分为以下几个大类。

代码库：Gitlab、GitHub、gogs、svn、BitBucket；

自动构建：Ant、Maven、Gradle；

CI/CD：Jenkins、Travis CI、Fabric、Gitlab CI、buildbot；

配置管理：puppet、chef、saltstack、ansible；

部署平台：Kubernetes、OpenShift、Mesos。

工具的作用是辅助。在这些工具的基础之上需要制定 DevOps 的开发规范和流程，工程师需要遵循这套流程，并且熟练使用这些工具。

当前，国内外很多公司都采用 DevOps 开发流程，其中最著名的就是 AWS 和 Netflix。Netflix 通过 DevOps 每天完成几百次的服务上线，这是非常惊人的产品迭代速度。AWS 更是 DevOps 的先驱，AWS 工程师需要具备开发和运维的能力。

13.2.3　容器化

之前已经详细阐述了容器。容器化是指将应用放到容器里面运行。这与传统的将应用从物理机迁移到虚拟机运行还是有很大差别的。从物理机到虚拟机对应用几乎是无感知的，除了切换一下 IP 地址。而容器的使用和运维方式和虚拟机还是存在很大差别的，容器化对应用本身还是有一定要求的。

在容器推广的初期，业务开发人员对容器还不是很熟悉，会下意识地认为容器就是虚拟机，这也造成了很多困惑。容器和虚拟机的差别不仅体现在实现原理上在使用方式上，也有很大差别，譬如容器内 proc 文件系统是没有隔离的，在容器内看到的都是宿主机 proc 信息，这给很多应用程序带来了困扰，JVM 初始的堆大小为内存总量的 1/4，如果容器被限制在 2GB 的内存上限，而宿主机通常都是 200G+内存，很容易导致 JVM 的 OOM。

将应用迁移到容器最主要的改造是将应用变成"无状态"，那么，什么是"状态"？状态指的是应用里面的数据状态，具体来说，就是应用的会话、用户数据、中间变量、文件等。"无状态"就是将应用的状态信息从应用中剥离出去，保存到对应的存储中间件中，如通过 Redis 保存会话和 Token，通过 MySQL 保存关系型数据，通过对象存储保存图片，如图 13-11 所示。

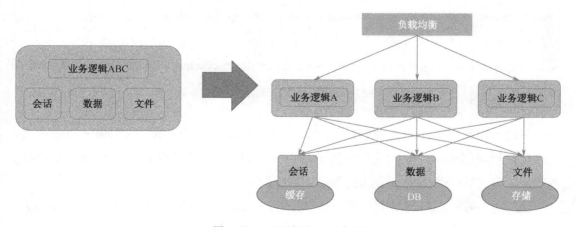

图 13-11　"无状态"示意图

容器的使用方式是允许随意重启，当应用出现问题时，可以通过重启解决。将应用变成无状态，就是为了解决重启带来的数据丢失和不一致问题。这需要对之前单体的有状态

的应用进行微服务改造，容器化和微服务是相辅相成的。只有通过微服务才能将复杂的业务逻辑拆分、去状态，独立管理。而微服务最好的载体便是容器，容器对应用的要求也是无状态，容器的快速启停、快速部署正适合微服务快速迭代的要求。

13.2.4　云原生项目概览

云原生技术借助于容器、服务网格（Service Mesh）、微服务、不可变基础设施及申明式 API 等技术，不断增强企业在公有云、私有云及混合云上构建并运行可伸缩应用的能力。CNCF 维护的项包括了基础云设施、配置管理、运行时、编排，以及应用管理等多方面全栈项目。图 13-12 所示为 CNCF 推荐云原生项目的缩略图。

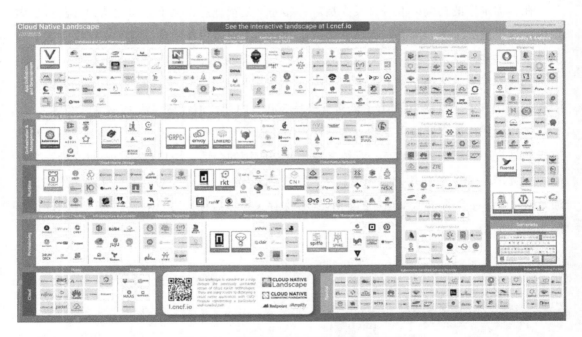

图 13-12　CNCF 推荐云原生项目的缩略图

基础云服务（Cloud）主要包括了 AWS、OpenStack、华为云等，主要提供 IaaS 能力。

配置管理（Provisioning）主要包括了 Ansible、Chef 等配置管理工具，Harbor、Dragonfly 等镜像管理工具，以及 notry、clair 等安全工具。

运行时（Runtime）主要包括了 CSI、Ceph、Swift 等云原生存储，CRI、rkt、kata 等容器运行时，以及 CNI、Flannel、Calico 等云原生网络。

编排管理（Orchestration&Management）主要包括了 Kubernetes、Swarm 等调度编排，CoreDNS、Etcd 等服务发现组件，envoy、HAProxy 服务调用代理，linkd、istio 等 service mesh。

应用开发（App Definition Development）主要包括了 MariaDB、MongoDB、cassandra 数据库服务，spark、flink 等流处理，helm 等应用定义以及 Jenkins。drone 等 CICD 组件。

右侧是辅助的监控服务分析服务包括日志相关的 fluentd、logstash，调用链跟踪的 jaeger、opentracing，监控相关的 Prometheus、grafana 等。

13.3　Service Mesh

前面已经介绍了微服务框架 Spring Cloud，但这种微服务框架也存在一些不足。首先框架代码和业务代码的耦合，尽管这些框架已经进行了很好封装但无可避免地仍需要代码的植入，框架 API 的调用以及编译时的依赖；其次每种微服务框架只能对特定语言的支持，譬如 Sping Cloud 只能用在 Java 技术栈，并且传统应用迁移到微服务框架上面也需要很多的代码改造。微服务框架缺乏整个集群的链路跟踪、全局限流、流量调度等高级特性。

在 2017 年，一个新的微服务治理理念 Service Mesh（服务网格）诞生了。Service Mesh 本质上讲微服务的客户端负载均衡以 sidercar 的模式绑定业务容器，并且配合 Service Mesh 控制平面，控制流量的转发。Service Mesh 分流示意图如图 13-13 所示，主要分为控制平面和数据平面，在数据平面主要是负责数据流量的转发而在控制平面主要负责生成并下发转发规则。数据平台由一系列代理网关组成，与传统的 nginx 之类的代理相比，这些数据平台代理网关最大的特点是可编程性，可以通过接口动态接收配置并生效。控制平面除了规则配置以外，还包括监控、限流、日志收集等。

技术的发展总是朝着简化开发、便于使用的方式演进的。在蛮荒计算机时代（20 世纪六七十年代），任何一个模块都需要开发人员自己完成的，如何解决多核并发、如何解决数据存储等一系列复杂问题需要开发人员考虑，为此诞生了操作系统。开发人员没有必要面对丑陋的硬件接口。后来大家觉得网络很复杂，如何建立连接，如何高效传输数据及如何断开连接等问题需要开发人员控制，因此诞生了协议栈，将复杂的网络连接转化为简单的接口调用。但这还是比较复杂的，有没有一种方法能够直接调用远程的接口操作呢？ HTTP +（xml | json）和 RPC 因此诞生了，客户端可以直接通过网络请求调用远程接口。技术的发展从未停歇，如何自动发送服务端地址，有很多服务端如何负载流量，如果请求失败如何重试，服务端故障如何熔断，微服务框架正是为了解决这些问题而出现的。大家还是觉得不过瘾，能不能有一个跨语言的流量转发平台，再加上一个统一的流量控制和链路追踪平台呢？至此，Service Mesh 的概念被正式提出并迅速流行起来。

就像我们使用 TCP 协议时不用担心数据包重传和网络拥塞处理一样，Service Mesh 的定位就是将流量控制做到业务透明。但遗憾的是，目前 Service Mesh 项目并不是很成熟，稳定性也有所欠缺。但这并不能否认它作为技术先驱者所做出的贡献，或许是因为"它太超前了"。Service Mesh 整体架构如图 13-13 所示。

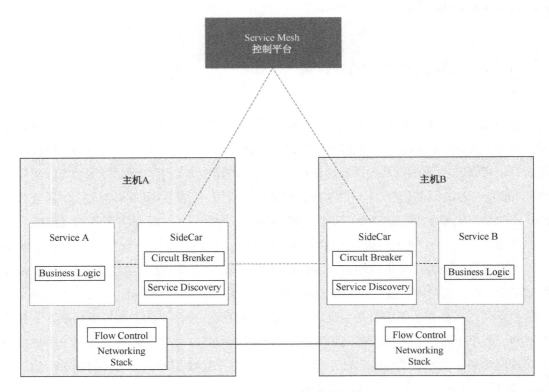

图 13-13　Service Mesh 整体架构

13.3.1　Envoy

之所以先介绍 Envoy 是因为 Istio 本身依赖于 Envoy 的。Envoy 是一个由 C++开发的高性能代理，用于调解服务网格中服务的入站和出站流量。2017 年 9 月 14 日，Envoy 加入 CNCF，成为 CNCF 的第二个 Service Mesh 项目。2018 年 11 月 28 日，CNCF 宣布 Envoy 毕业，成为继 Kubernetes 和 Prometheus 后，第三个孵化成熟的 CNCF 项目。目前 Envoy 已经成为数据转发平面的标准。

Envoy 的功能非常完善，包括了服务动态发现、负载均衡、TLS 终止、HTTP2 & gRPC 代理、熔断器、健康检查、基于百分比流量拆分的灰度发布、故障注入及非常丰富的监控指标。如图 13-14 所示，Envoy 通过配置的路由规则将 99%的流量打到 version:v1.5 的后端服务，1%的流量打到 version:v2.0-alpha 中。

Envoy 定义了几个核心概念。

Cluster（集群）：这里的集群指的是应用集群，代表一组运行相同业务的主机。每个业务可以有多个集群代表业务的不同版本。

Endpoint（端点）：是具体的一个应用实例，包括 IP 地址和端口。每个集群由相同版本的多个端点组成。

Listener（监听器）：Envoy 启动的监听端口，它与 nginx 监听器类似，监听端口，并通过各种过滤器后转发流量。一个 Envoy 可以启动多个监听器。

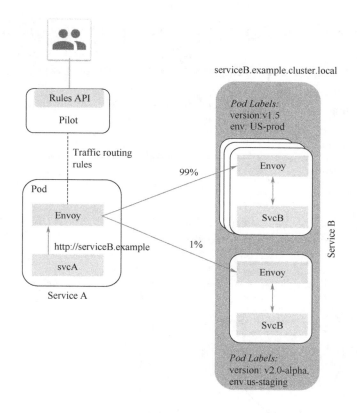

图 13-14　Envoy 分流示意图

Route（路由）：设置 Envoy 流量转发规则。Envoy 根据路由规则将流量转发到不同的集群。

和上面核心概念对应的是 Envoy 动态发现的 API 被称为 xDS，常用的包括 CDS（集群发现服务）、EDS（端点发现服务）、LDS（监听发现服务）、RDS（路由发现服务），以及 ADS（聚合发现服务，它是将上面的服务统一封装到一个请求中）。通过这些服务发现 API，xDS 便可以动态调整流量转发。除此之外 Envoy 也支持静态配置。图 13-15 所示是 Envoy 静态配置样例，请求先到达 Listener，经过指定的过滤器后通过 Route 转发到对应的 Cluster

中的 Endpoint。

如果是在有控制器的环境中，上面的这些配置便可以通过 xDS 方式动态更新。为了便于集成，Envoy 社区提供了实现 xDS 数据平台接口的 Go 语言项目 envoyproxy/go-control-plane，Istio 也是使用这个 SDK 和 Envoy 交互。

Envoy 是作为一个 sidecar 的方式和业务绑定到一起运行的，那么如何将流量导入到容器里面呢？Istio 的实现是通过 iptables 将出去和进入的流量都导入 Envoy 中，关键规则如下：

```
iptables -t nat -A ISTIO_REDIRECT -p tcp -j REDIRECT --to-port
"${PROXY_PORT}"
iptables -t nat -A ISTIO_INBOUND -p tcp -j ISTIO_IN_REDIRECT
```

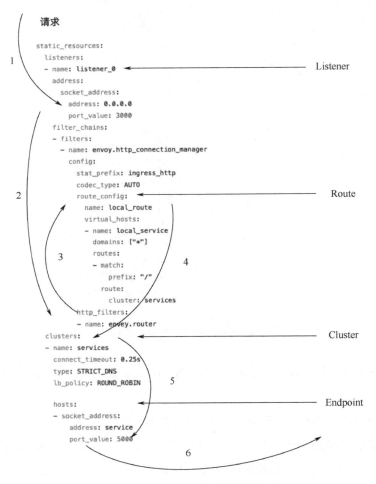

图 13-15　Envoy 静态配置样例

除了 Istio 使用 Envoy 以外，还有包括 AWS 的 App Mesh、微软的 Service Frabric Mesh、腾讯的 Tecent Service Mesh、阿里的 Dubbo Mesh 等网格平台都采用 Envoy 作为数据转发，Envoy 目前已经成为了 Service Mesh 在数据平面上面的标准。

但 Envoy 这种拦截请求再转发的方式本身也存在一定的性能损耗。一方面是上面介绍的 iptables 本身带来的性能损耗（规则匹配及数据在内核态和用户态之间拷贝数据），另一方面是 Envoy 本身转发数据存在的性能损耗，除了经过层层过滤器，在每个数据包转发时，还需要和控制中心（如 Mixer）通信。这些性能损耗是需要在生产环境中考虑的，用户可以借助 BPF 或者 DPDK 等方案加速转发效率。

13.3.2　Istio

Istio 是 Google 在 2017 年 5 月推出的服务网格产品。到 2018 年 7 月 31 日，Istio 发布了 1.0 GA 版本，官方宣称所有核心功能都可以用于生产环境。

Istio 功能非常强大，不仅支持丰富的路由规则、重试、故障转移和故障注入，还可以对流量行为进行细粒度控制。支持访问控制、速率限制和配额、流量监控、链路追踪等。配合身份的验证和授权，可以在集群中实现安全的服务间通信。

Istio 流量分发中定义了两个重要概念：DestinationRule（目标规则）和 VirtualService（虚拟服务）。其中，DestinationRule 定义后端服务的集合 subset 及负载均衡规则。比如，下面定义的 DestinationRule 有两个 subset，通过标签分别筛选不同的后端实例。如果结合 Kubernetes 考虑，每个 subset 都是一个 Deployment，与 Kubernetes 每个 Deployment 对应一个 Service 的方式不同，Istio 采用一个 Service 对应多个不同标签的 Deployment，这是由于 Istio 只是使用了 Service 的服务发现功能，并不是通过 kube-proxy 分发流量（而是通过 sidecar 容器 Envoy 转发）。

```
apiVersion: networking.istio.io/v1alpha3
kind: DestinationRule
metadata:
  name: reviews
spec:
  host: reviews
  subsets:
  - name: v1
    labels:
      version: v1
```

```
    - name: v2
      labels:
        version: v2
```

VirtualService 是将路由规则和 DestinationRule 相结合打包管理的。如下例所示，定义的 VirtualService 中将 80%流量打到上面定义的 v1 版本的 subset 中，20%打到 v2 版本的 subset 中。多个版本的 weight 和需要保证为 100%。

```
apiVersion: networking.istio.io/v1alpha3
kind: VirtualService
metadata:
  name: reviews
spec:
  hosts:
    - reviews
  http:
  - route:
    - destination:
        host: reviews
        subset: v1
      weight: 80
    - destination:
        host: reviews
        subset: v2
      weight: 20
```

如果用于金丝雀发布，还可以定义 match 匹配请求 header、uri、scheme、method 等，如下例子中所示通过请求 header 匹配 end-user:jason 请求转发到 v2 版本。

```
  http:
  - match:
    - headers:
        end-user:
          exact: jason
    route:
    - destination:
        host: reviews
        subset: v2
  - route:
```

```
        - destination:
            host: reviews
            subset: v1
```

由此可以看到 Istio 里面定义的很多概念和 Envoy 是非常类似的。其实，本质上 Pilot 就是将这些对象转化为 Envoy 接口对象。

Istio 主要包含以下组件。

Mixer：负责收集代理上采集的度量数据，进行集中监控；

Pilot：主要为 SideCar 提供服务发现、智能路由（如 A/B 测试）、弹性（超时、重试、断路器）的流量管理功能；

Citadel：负责安全控制数据的管理和下发。

Istio 整体架构如图 13-16 所示。

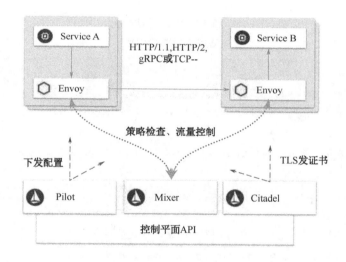

图 13-16　Istio 整体架构

其中，Pilot 是 Istio 的核心组件，整体架构如图 13-17 所示。它通过 Platform Adapter 对接各种容器管理平台获取资源对象，将它们注册的对象统一抽象转化为 Istio 内部数据结构，并下发到数据平台，如 Envoy。目前，对 Istio 支持最好的平台就是 Kubernetes。

下面通过简单源码概要介绍一下 Pilot 的工作原理，首先，关于 Pilot 启动，参照以下代码 pilot/pkg/bootstrap/server.go。

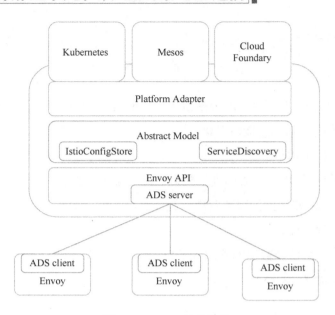

图 13-17　Pilot 整体架构

```
//初始化kube client，用于连接Kubernetes集群
if err := s.initKubeClient(&args); err != nil {
    return nil, fmt.Errorf("kube client: %v", err)
}

//初始化mesh配置，可以通过静态文件或者Configmap方式加载配置
if err := s.initMesh(&args); err != nil {
    return nil, fmt.Errorf("mesh: %v", err)
}

//初始化网络配置，在mesh中存在多个网络，定义互相访问的端点
if err := s.initMeshNetworks(&args); err != nil {
    return nil, fmt.Errorf("mesh networks: %v", err)
}

//初始化Kubernetes crd资源监听
if err := s.initConfigController(&args); err != nil {
    return nil, fmt.Errorf("config controller: %v", err)
}

//初始化服务控制器，如Kubernetes、consul等
if err := s.initServiceControllers(&args); err != nil {
    return nil, fmt.Errorf("service controllers: %v", err)
}

//初始化发现服务，主要是启动供Envoy调用的grpc server
if err := s.initDiscoveryService(&args); err != nil {
```

```
        return nil, fmt.Errorf("discovery service: %v", err)
    }
    //初始化监控，启动Prometheus调用的/metrics服务
    if err := s.initMonitor(&args); err != nil {
        return nil, fmt.Errorf("monitor: %v", err)
    }
    //多集群注册，主要针对多个Kubernetes集群的场景
    if err := s.initClusterRegistries(&args); err != nil {
        return nil, fmt.Errorf("cluster registries: %v", err)
    }
```

其中，initConfigController 启动了针对每一种 crd 的服务监听，具体每种服务在 pilot/pkg/model/config.go 中定义。当这些 crd 资源发送变化时，Pilot 便可以立刻获取。

```
IstioConfigTypes = ConfigDescriptor{
    VirtualService,
    Gateway,          //网关
    ServiceEntry,     //外部服务
    DestinationRule,
    EnvoyFilter,      //Envoy过滤器
    Sidecar,
    HTTPAPISpec,
    HTTPAPISpecBinding,
    QuotaSpec,        //配额
    QuotaSpecBinding, //配额绑定
    AuthenticationPolicy,
    AuthenticationMeshPolicy,
    ServiceRole,      //RABC服务角色
    ServiceRoleBinding, //RABC服务角色绑定
    AuthorizationPolicy,
    RbacConfig,
    ClusterRbacConfig,
}
```

initServiceControllers 如果对接 Kubernetes，主要负责监听 Kubernetes 原生资源（Pod、Service、Node、Endpoint）的变化。

```
    //监听Service变化
    svcInformer := sharedInformers.Core().V1().Services().Informer()
    out.services = out.createCacheHandler(svcInformer, "Services")
```

```
//监听Endpoints变化
epInformer := sharedInformers.Core().V1().Endpoints().Informer()
out.endpoints = out.createEDSCacheHandler(epInformer, "Endpoints")
//监听Node变化
nodeInformer := sharedInformers.Core().V1().Nodes().Informer()
out.nodes = out.createCacheHandler(nodeInformer, "Nodes")
 //监听Pod变化
podInformer := sharedInformers.Core().V1().Pods().Informer()
out.pods = newPodCache(out.createCacheHandler(podInformer, "Pod"),
out)
```

通过上面两个函数，Pilot 便可以获取 Kubernetes 原生资源（Pod、Service、Node、Endpoint）变化及用户定义的 crd（DestinationRule、VirtualService 等）变化情况，并缓存这些数据。当接收到数据平面发送的 ADS 请求后，Pilot 生成流量规则，并通过 go-control-plane 的 StreamAggregatedResources 方法发送流量规则，StreamAggregatedResources 主要通过在一个死循环里面不断接收消息，并根据请求的类型下发对应的策略。

```
for {
select {
case discReq, ok := <-reqChannel:
    switch discReq.TypeUrl {
     //Cluster类型
    case ClusterType:
     . . .
     err := s.pushCds(con, s.globalPushContext(), versionInfo())
//Listener类型
    case ListenerType:
     . . .
     err := s.pushLds(con, s.globalPushContext(), versionInfo())
//Route类型
    case RouteType:
     . . .
        err := s.pushRoute(con, s.globalPushContext())
    // Endpoint类型
    case EndpointType:
     . . .
     err := s.pushEds(s.globalPushContext(), con, nil)
    }
}
```

具体推送数据是通过 pushCds、pushLds、pushRoute、pushEds 等方法发送到 Envoy，下面以 pushCds 发送集群信息为例。

```go
func (s *DiscoveryServer) pushCds(con *XdsConnection, push
*model.PushContext, version string) error {
    . . .
        //组装cluster
    rawClusters, err := s.generateRawClusters(con.modelNode, push)
    . . .
    //发送Cluster
    response := con.clusters(rawClusters)
        err = con.send(response)
    . . .
    }
```

generateRawClusters 方法通过 BuildClusters-->buildOutboundClusters 方法构建 cluster (pilot/pkg/networking/core/v1alpha3/cluster.go)。

```go
func (configgen *ConfigGeneratorImpl) buildOutboundClusters(env
*model.Environment, proxy *model.Proxy, push *model.PushContext)
[]*apiv2.Cluster {
        clusters := make([]*apiv2.Cluster, 0)
    //从缓存中，根据proxy获取服务列表
    for _, service := range push.Services(proxy) {
    //从缓存中，根据proxy和服务获取DestinationRule
        config := push.DestinationRule(proxy, service)
        for _, port := range service.Ports {
            //创建默认cluster
            defaultCluster := buildDefaultCluster(env, clusterName,
discoveryType, lbEndpoints, model.TrafficDirectionOutbound, proxy)
            //更新EDS
            updateEds(defaultCluster)
            setUpstreamProtocol(defaultCluster, port)
            clusters = append(clusters, defaultCluster)

            if config != nil {
                //类型转换为destinationRule
                destinationRule :=
config.Spec.(*networking.DestinationRule)
```

```
                    //遍历destinationRule
                    for _, subset := range destinationRule.Subsets {
                        //创建subset cluster
                        subsetCluster := buildDefaultCluster(env,
subsetClusterName, discoveryType, lbEndpoints, model.TrafficDirectionOutbound,
proxy)
                        updateEds(subsetCluster)
                        //加入clusters集合
                        clusters = append(clusters, subsetCluster)
                        }
                    }
                }
        return clusters
    }
```

具体发送方法为 send 通过 go-control-plane 里面 gRPC 的 Send 方法发送到 Envoy。除了 Pilot 外，Mixer 也是 Istio 非常重要的组件，它是负责服务之间的调用策略及调用监控的组件。Mixer 采用中心化架构，内部通过 Adapter API 对接多个后端，如日志后端、配额后端、鉴权后端、遥测后端等，用户还根据 Adapter API 规范自定义后端。每当请求到达 proxy（默认是 Envoy）的时候，proxy 都要请求一次 Mixer 进行检查（check），判断是否可以转发，并且在转发后，还需要做一次汇报，整体架构如图 13-18 所示。这种"一次请求变成三次请求"的做法不仅对于性能损耗很多，而且中心化的 Mixer 如果宕机，还会造成整个集群不可用，那么影响将是灾难性的。

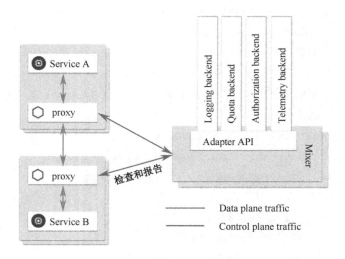

图 13-18　Mixer 架构图

首先要解决性能的问题，主要有两种思路，一种是逻辑下沉，将 Go 编写的 Mixer 代码在 Envoy 里面用 C++重写一遍，另一种思路是数据下沉，将 Mixer 里面数据放到 Envoy 里面缓存，避免每次请求都通过 Mixer 校验。当前，Istio 采用的是第二种方案，但第一种的呼声最近也很高，蚂蚁金服内部就是采用第一种，所以未来还不太确定。

一个好汉三个帮，Istio 生态中也借助了很多其他的开源组件。比如，（1）Jaeger 是 Uber 开源的分布式调用链跟踪组件，它不仅支持多语言，如 Java、Go、Scala 等，而且无须埋点，对业务没有侵入。Jaeger 在 Istio 中非常重要，在 Service Mesh 环境中服务的调用错综复杂，需要一套链路追踪系统获取服务组件调用关系，并协助排查和诊断故障。（2）Prometheus 在前面 Kubernetes 容器监控时候已经介绍过，在 Istio 环境中，除了使用 Prometheus 监控容器指标外，还从 Mixer 获取数据平面转发指标，如 QPS 等。

可以看到 Istio 的很多功能和 Spring Cloud 是重叠的，譬如服务注册发现、熔断、服务网关等，可以说 Istio 是一套升级版本的 Spring Cloud，增加了多语言和非侵入等优点。但它真得那么好吗？官方公布的 Istio 1.0 版本已经可以用于生产环境，但笔者在这里还是建议大家慎重选择，一方面因为当前还有很多严重的 Bug 未修复，另一方面是目前性能还远达不到生产环境标准，与 gRPC 直连动辄 10w QPS 相比，Istio 目前只能达到几千 QPS，这不得不令人唏嘘。但我们相信，Service Mesh 未来是光明的，但路途是坎坷的。

读者调查表

尊敬的读者：

　　自电子工业出版社工业技术分社开展读者调查活动以来，收到来自全国各地众多读者的积极反馈，他们除了褒奖我们所出版图书的优点外，也很客观地指出需要改进的地方。读者对我们工作的支持与关爱，将促进我们为你提供更优秀的图书。你可以填写下表寄给我们（北京市丰台区金家村 288#华信大厦电子工业出版社工业技术分社　邮编：100036），也可以给我们电话，反馈你的建议。我们将从中评出热心读者若干名，赠送我们出版的图书。谢谢你对我们工作的支持！

姓名：_____　　　　　　　性别：□男　□女

年龄：_____　　　　　　　职业：_____

电话（手机）：_____　　E-mail：_____

传真：_____　　　　通信地址：_____

邮编：_____

1. 影响你购买同类图书因素（可多选）：

□封面封底　　　□价格　　　　□内容提要、前言和目录

□书评广告　　　□出版社名声

□作者名声　　　□正文内容　　□其他_____

2. 你对本图书的满意度：

从技术角度　　　□很满意　　　□比较满意

　　　　　　　　□一般　　　　□较不满意　　　□不满意

从文字角度　　　□很满意　　　□比较满意　　　□一般

　　　　　　　　□较不满意　　□不满意

从排版、封面设计角度　　　　　□很满意　　　□比较满意

　　　　　　　　□一般　　　　□较不满意　　　□不满意

3. 你选购了我们哪些图书？主要用途？

_____

4. 你最喜欢我们出版的哪本图书？请说明理由。

_____

5. 目前教学你使用的是哪本教材？（请说明书名、作者、出版年、定价、出版社），有何优缺点？

_____

6. 你的相关专业领域中所涉及的新专业、新技术包括：

_____

7. 你感兴趣或希望增加的图书选题有：

_____

8. 你所教课程主要参考书？请说明书名、作者、出版年、定价、出版社。

_____

邮寄地址：北京市丰台区金家村288#华信大厦电子工业出版社工业技术分社　邮编：100036

电　　话：010-88254479　E-mail：lzhmails@phei.com.cn　　　微信 ID：lzhairs

联 系 人：刘志红

电子工业出版社编著书籍推荐表

姓名		性别		出生年月		职称/职务	
单位							
专业				E-mail			
通信地址							
联系电话				研究方向及 教学科目			

个人简历（毕业院校、专业、从事过的以及正在从事的项目、发表过的论文）

你近期的写作计划：

你推荐的国外原版图书：

你认为目前市场上最缺乏的图书及类型：

邮寄地址：北京市丰台区金家村 288#华信大厦电子工业出版社工业技术分社　邮编：100036
电　　话：010-88254479　E-mail：lzhmails@phei.com.cn　　微信 ID：lzhairs
联 系 人：刘志红

反侵权盗版声明

　　电子工业出版社依法对本作品享有专有出版权。任何未经权利人书面许可，复制、销售或通过信息网络传播本作品的行为；歪曲、篡改、剽窃本作品的行为，均违反《中华人民共和国著作权法》，其行为人应承担相应的民事责任和行政责任，构成犯罪的，将被依法追究刑事责任。

　　为了维护市场秩序，保护权利人的合法权益，我社将依法查处和打击侵权盗版的单位和个人。欢迎社会各界人士积极举报侵权盗版行为，本社将奖励举报有功人员，并保证举报人的信息不被泄露。

举报电话：（010）88254396；（010）88258888
传　　真：（010）88254397
E-mail：　dbqq@phei.com.cn
通信地址：北京市万寿路 173 信箱
　　　　　电子工业出版社总编办公室
邮　　编：100036